金工实习

Mechanical Manufacturing Practicum

陈继兵　编著

化学工业出版社

·北京·

内 容 简 介

《金工实习》是普通高等教育"新工科"实践教学环节教材，内容包括：金工实习课程的相关知识，工程材料基础知识，金属切削加工原理，各种传统机械加工工艺（铸造、焊接、锻压、金属热处理等热加工，钳工、车削、铣削、刨削、磨削等冷加工）的原理、设备、实践操作，现代制造技术如数控车、数控铣、加工中心加工、特种加工和增材制造技术等。

本书既可作为高等学校本科和高职机械类、近机械类专业的教材，也可作为相关专业工程训练的辅助参考书。

图书在版编目（CIP）数据

金工实习 / 陈继兵编著. -- 北京 ：化学工业出版社, 2025. 3. --（国家级一流本科专业建设成果教材）.
ISBN 978-7-122-47159-8

Ⅰ. TG-45

中国国家版本馆 CIP 数据核字第 20243DY278 号

责任编辑：李玉晖　　　　　　装帧设计：孙　沁
责任校对：李露洁

出版发行：化学工业出版社
　　　　　（北京市东城区青年湖南街 13 号　邮政编码 100011）
印　　装：北京云浩印刷有限责任公司
787mm×1092mm　1/16　印张 22$\frac{1}{2}$　字数 487 千字
2025 年 7 月北京第 1 版第 1 次印刷

购书咨询：010-64518888　　　售后服务：010-64518899
网　　址：http://www.cip.com.cn
凡购买本书，如有缺损质量问题，本社销售中心负责调换。

定　　价：68.00 元

前　言

　　为了适应新工科应用型本科院校的教学需求，提高应用型本科人才培养的质量，编者通过学习和汲取全国各地应用型本科院校的经验，编写此《金工实习》教材。

　　本书涉及内容广泛，涵盖了传统机械制造工艺教学中的金属切削原理、金属材料，冷加工中钳、车、铣、刨、磨，热加工中铸造、焊接、锻压、热处理等内容，对数控车、数控铣、加工中心加工，以及特种加工和增材制造等也作了介绍。本书既可作为高校机械类、近机械类专业的教材，也可以作为相关专业工程训练的辅助参考教材。

　　本书根据本科学生在校四年期间"工程训练不断线"的新思想，以金工实习工程实训为载体，以全面提高工科学生的工程素质为目的，紧紧围绕金工实习实践教学课程体系、教学内容、教学方法与手段的改革，充分利用学科建设优势，注重实践教学基地建设与学科建设、课群建设及科研相融合，利用最新科学研究成果，不断更新实训实习内容，扩展金工实习工程实训内涵，提升实训水平，建立了分阶段、多层次、模块化、开放型、综合性工程实训教学新模式，形成指导本科学生进行大工程、大机械以及工程集成综合工程实训的特色。

　　本书"金工实习报告"中带星号的内容适用于机械类专业学生。

　　由于编者水平有限，书中不妥之处在所难免，敬请读者批评指正。

编　者

目　录

———————————— 第一篇　金工实习基础 ————————————

———————————— 第二篇　热机械加工 ————————————

—————————— 第三篇 冷机械加工 ——————————

―――――――― 第四篇　现代制造技术 ――――――――

第五篇　先进制造技术

金工实习报告

第一篇 金工实习基础

第1章 概论

教学目标	本章重点
（1）熟悉金工实习的目的和任务；	金工实习的内容和重要性。
（2）掌握金工实习的内容和有关规定；	**本章难点**
（3）了解金工实习的安全知识。	金工实习的内容。

思政目标
通过对金工实习概论的学习，学生可掌握本章的学习目的、任务和主要内容，以增强学生的责任感和使命感，引导学生了解机械制造基础的重要性，进一步增强国家荣誉感和民族自豪感。

1.1 金工实习的目的与任务

1.1.1 金工实习的目的

金工实习是一个重要的高等教育新工科实践性教学环节，是学生获得工程实践知识、建立工程意识、训练操作技能的主要教育形式，是学生接触实际生产、获得生产技术及管理知识、进行工程师基本素质训练的必要途径。金工实习是一门实践性很强的技术基础课，是大学生进行工程训练，学习机械制造工艺知识，增强实践能力，提高综合素质，培养创新意识和创新能力不可缺少的重要环节。金工实习的目的如下：

（1）学习机械制造工艺知识　建立起对机械制造生产基本过程的感性认识，学习机械制造工艺的基础知识，了解机械制造生产的主要设备。在实训中，学生要学习机械制造的各种主要加工方法及其所用主要设备的基本结构、工作原理和操作方法，并正确使用各类工具、夹具、量具，熟悉各种加工方法、工艺技术、图纸文件和安全技术，了解加工工艺过程和工程术语，对工程问题从感性认识上升到理性认识。这些实践知识将为后续专业技术基础课、专业课的学习及毕业设计等打下良好的基础。

（2）增强实践能力　培养实践动手能力，进行工程师的基本训练。工科院校是工程师的摇篮，为培养学生的工程实践能力，强化工程意识，学校安排了各种实验、实训、设计等多种实践性教学环节和相应的课程，金工实习就是其中一门重要的实践性教学课程。在实训中，学生通过直接参加生产实践，操作各种设备，使用各类工具、夹具、量具，独立完成简单零件的加工制造全过程，形成对简单零件初步选择加工方法和分析工艺过程的能力，并具备操作主要设备和执行加工作业的技能，初步奠定工程师应具备的知识和技能基础。

（3）提高综合素质　全面开展素质教育，树立实践观点、劳动观点和团队协作观点，培养高质量人才。金工实习一般在学校工程训练中心的现场进行，实习现场不同于教室，它是生产、教学、科研三结合的基地，教学内容丰富，实习环境多变，接触面宽广，这样一个特定的教学环境正是对学生进行思想作风教育的好场所、好时机。例如，增强劳动观念，遵守组织纪律，培养团队协作的工作作风；爱惜公共财产，建立经济观点和质量意识，培养理论联系实际和一丝不苟的科学作风；初步培养学生在生产实践中调查、观察问题的能力，以及运用所学知识分析问题、解决工程实际问题的能力。这都是全面开展素质教育不可缺少的重要组成部分，也是机械制造工程实训为提高人才综合素质，培养高质量人才需要完成的一项重要任务。

（4）培养创新意识和创新能力　启蒙式的潜移默化对培养学生的创新意识和创新能力非常重要。在金工实习中，学生要接触到很多机械、电气与电子设备，并了解、熟悉和掌握其中一部分设备的结构、原理和使用方法。这些设备是人类的创造发明，映射出创造者们历经长期追求和苦苦探索所燃起的智慧火花，在这种环境下学习有利于培养学生的创新意识。在实习过程中，还应有意识地安排一些自行设计、自行制作的创新训练环节，以培养学生的创新能力。

1.1.2　金工实习的任务

通过金工实习，使学生熟悉机械制造的一般过程，掌握金属加工的主要工艺方法和工艺过程，熟悉各种设备和工具的安全操作使用方法；了解新工艺和新技术在机械制造中的使用；培养对简单零件冷热加工方法选择和工艺分析的能力；培养学生识读工程图样、加工符号及技术条件的能力；通过实训让学生养成热爱劳动、遵守纪律的好习惯，培养务实严谨和理论联系实际的作风，并为后续课程的学习和以后的工作打下良好的实践基础。

1.2　金工实习的内容及有关规定

1.2.1　金工实习的主要内容

1.2.1.1　铸造实习

（1）基本知识要求

1）了解铸造生产过程、特点及应用。

2）了解型砂、芯砂应具备的性能、组成及制备。

3）了解铸型结构，分清零件、模型和铸件的区别。

4）了解型芯的作用、结构及制造方法。

5）熟悉分型面的选择；掌握手工两箱造型（含整模、分模、挖砂、活块等）的特点及应用；了解三箱、刮板等造型方法的特点及应用；了解机器造型的特点。

6）了解浇注系统的作用和组成。

7）了解熔炼设备及浇注工艺、铸铁和有色金属的熔化过程、铸铁浇注的基本方法。

8）掌握铸件的落砂、清理，了解常见铸造缺陷的特征、产生原因及防止方法。

9）了解特种铸造。

10）了解现代铸造技术及发展方向。

（2）基本技能要求

1）会使用造型工具，掌握两箱造型的操作技能，独立完成手工两箱等造型作业。

2）独立完成考核作业件"带芯分模造型""挖砂造型"操作，并用石蜡模拟进行浇注。

3）对铸件初步进行造型工艺方法的分析。

4）识别常见缺陷，分析其产生原因和防止方法。

1.2.1.2　焊接实习

（1）知识要求

1）了解焊接生产工艺的过程、特点和应用。

2）了解手弧焊机的种类结构、性能和使用方法。

3）了解电焊条的组成及作用、酸性焊条和碱性焊条的性能特点，熟悉结构钢焊条的牌号及其含义。

4）熟悉手工电弧焊接工艺参数对焊缝质量的影响。

5）了解常用焊接接头形式、坡口形式及作用、不同空间位置的焊接特点。

6）了解气焊、气割设备的组成和作用，气焊火焰的种类和应用，焊丝和焊剂的作用；熟悉氧气切割原理、气割过程及金属切割条件。

7）了解其他焊接方法（埋弧自动焊、气体保护焊、电阻焊、钎焊）的特点和应用。

8）了解常见焊接缺陷产生的原因及防止方法。

9）了解焊接生产安全技术及简单经济分析。

（2）基本技能要求

1）正确选择焊接规范，独立完成简单手工电弧焊操作。

2）能进行简单的气焊操作。

1.2.1.3　锻压实习

（1）基本知识要求

1）了解锻压生产过程、特点及应用。

2）了解坯料加热目的和方法，加热炉的大致结构和操作，常见加热缺陷，碳钢的锻造温度范围，锻件的冷却方法。

3）了解自由锻设备结构及作用，掌握自由锻的基本工序的特点、操作方法及主要用途，以及典型零件的自由锻工艺过程。

4）了解胎模锻的特点、锻模的结构、模锻的工艺过程及应用范围。

5）了解冲压设备的结构和工作原理、板料冲压基本工序、冲模结构及模具安装方法。

6）了解锻压生产安全技术，能进行简单的经济分析。

（2）基本技能要求

1）掌握简单自由锻的操作技能，分析锻造缺陷原因。

2）独立完成简单冲压件的加工。

1.2.1.4　金属热处理

（1）基本知识要求

1）了解金属及合金的组织结构、结晶过程、塑性变形与再结晶、二元合金相图的基本理论。

2）了解热处理的基本原理、工艺和目的。

3）熟悉常用碳钢、合金钢、铁的成分、牌号、性能和用途；了解常用有色金属的性能特点和用途。

4）了解钢的淬火、回火、正火、退火。

（2）基本技能要求

1）能正确使用金相显微镜、金相试样、抛光机、砂轮机、金相砂纸、镶嵌机。

2）了解热处理加热设备、坩埚回火炉、冷却设备、冷却剂、布氏硬度计、洛氏硬度计、常用工具的使用。

1.2.1.5　钳工加工

（1）基本知识要求

1）了解钳工工作在机械制造及维修中的作用。

2）掌握划线、锯切、锉削、钻孔、螺纹加工的基本操作方法和应用。

3）熟悉各种工具、量具的操作方法。

4）了解錾削、刮削的方法和应用。

5）了解钻床的主要结构、传动系统和安全使用方法；了解扩孔、铰孔等方法。

6）了解机器装配的基本知识。

7）了解钳工安全生产技术。

（2）基本技能要求

1）掌握常用工具、量具的使用方法，正确独立完成钳工的各种操作。

2）独立完成考核作业件"工具锤锤头""垫铁""六角螺母"的加工。

3）初步具备独立进行"创新设计与制作"的技能。

4）初步具备拆装简单部件的技能。

1.2.1.6 车削加工

（1）基础知识要求

1）了解金属切削加工的基本知识。

2）了解车削加工的工艺特点和加工范围，车削所能达到的尺寸精度和表面粗糙度值范围及测量方法。

3）熟悉普通车床的组成及其功用；了解普通车床的传动系统、通用车床的型号。

4）熟悉常用车刀的组成和结构，车刀的主要角度和作用，车刀刃磨和安装方法，常用的车刀材料；了解对车刀切削部分材料的性能要求。

5）了解车床常用的工件装夹方法及特点，常用附件的大致结构和用途。

6）掌握车外圆、车端面、钻孔和镗孔的基本方法。

7）熟悉切槽、切断和圆锥面、成形面、螺纹车削的方法。

8）了解车削加工安全技术及简单经济分析。

（2）基本技能要求

1）掌握车床的基本操作技能，能按零件的加工要求正确选择刀、夹、量具，独立完成简单零件的车削加工。

2）独立完成考核作业件"手锤柄""短轴和轴套"组件的车削加工。

3）能制定一般零件的车削加工工艺。

4）初步具备独立进行"创新设计与制作"的技能。

1.2.1.7 铣削加工

（1）基本知识要求

1）了解铣削加工的工艺特点及加工范围、加工精度和表面粗糙度。

2）了解铣床的种类、组成及其作用。

3）了解铣削加工方法及所用刀具种类、用途和安装方法，工件装夹方法。

4）了解常用附件的大致结构、用途及其使用方法。

5）了解铣削加工安全技术及简单经济分析。

（2）基本技能要求

1）掌握铣刀的安装和使用、量具的正确使用，会使用分度头进行简单分度。

2）掌握平面、沟槽等普通的铣削操作。

3）独立完成考核作业件"六面体""槽扁轴"的铣削加工。

1.2.1.8 刨削加工

（1）基本知识要求

1）了解刨削加工的特点及加工范围。

2）了解刨床种类、组成及其作用，牛头刨床的传动系统；熟悉摆杆机构和棘轮棘爪机构的作用。

3）了解刨削的加工方法及刀具、工件的安装方法。

4）了解和遵守刨削安全操作技术。

（2）基本技能要求

1）正确调整刨床的行程长度、起始位置、移动速度和进给量。

2）正确装夹工件，完成平面、沟槽等普通的刨削操作。

3）独立完成考核作业件"六面体""槽扁轴"的刨削加工。

1.2.1.9　磨削加工

（1）基本知识要求

1）了解磨削加工特点、加工范围、加工精度和表面粗糙度。

2）了解磨床的种类、用途，磨床的组成、运动，磨床的液压传动特点。

3）了解砂轮的组成与分类、磨削安全操作。

（2）基本技能要求　掌握基本的磨床操作。

1.2.1.10　数控车削加工

（1）基本知识要求

1）了解数控车床的型号规格、主要结构、各组成部分的名称及作用等。

2）了解数控机床的加工原理及主要加工特点。

3）掌握加工编程中涉及的工艺路线确定、刀具确定、工件材料、加工速度的综合应用。

4）掌握数控车常用编程指令代码的使用方法和代码意义。

5）在编程软件中独立完成数控车程序的编辑。

（2）基本技能要求　掌握数控车机床的操作。

1.2.1.11　数控铣削加工

（1）基本知识要求

1）了解数控铣床的型号、性能特点、加工范围、机床结构、各组成部分名称、工作原理和西门子的数控系统。

2）掌握机床操作面板、机床坐标系和工件坐标系的确定以及对刀的方法。

3）掌握编程方法、编程的主功能代码G代码和辅助代码、M代码编程。

4）掌握机床的操作和加工零件的方法。

（2）基本技能要求　掌握数控铣机床的操作。

1.2.1.12　加工中心

（1）基本知识要求　掌握数控加工中心在铣削系统中的手工编程和计算机辅助编程方法及其基本操作步骤。

（2）基本技能要求　掌握数控加工中心的操作。

1.2.1.13 特种加工

（1）基本知识要求

1）熟悉电火花和线切割加工安全操作规程。

2）了解电火花和线切割的基本知识。

3）了解线切割机床的基本构造、组成、用途。

4）了解电极的常用材料和制作方法。

5）了解电加工的适用范围和数控编程的基本操作。

6）掌握基础的绘图方法，掌握电火花和线切割的基础技能。

7）了解激光束、电子束、离子束的高能束加工基本知识。

8）了解快速成形制造技术基本知识。

9）了解电化学和超声波加工方法。

（2）基本技能要求

1）掌握线切割的绘图方法。

2）掌握线切割机床的操作。

1.2.1.14 塑料成形加工

（1）基本知识要求

1）熟悉塑料的基础知识。

2）了解塑料的特性。

3）了解塑料常用的成形方法。

（2）基本技能要求　掌握塑料的注射成形操作。

1.2.1.15 粉末成形技术

（1）基本知识要求

1）熟悉粉末的基础知识。

2）了解粉末的模具和冶金材料。

3）了解粉末常用制品的结构工艺性。

（2）基本技能要求　掌握粉末成形的基本操作。

1.2.1.16 增材制造技术

（1）基本知识要求

1）熟悉增材制造技术的基础知识。

2）了解几种常见的增材制造技术。

3）了解增材制造技术的成形特点。

（2）基本技能要求　掌握增材制造技术的基本操作。

1.2.2 金工实习的有关规定

1.2.2.1 关于考勤的规定

1）实训人员须按工厂规定的时间上、下课。

2）实训时间中途不得擅离岗位，否则按旷课处理。

3）实训中不得请假、外出，如有特殊情况需经批准。

4）实训中需请病假的，必须有医生证明，到医院看病需指导人员批准。

5）实训中因故请假而影响某工种实训，应予补做，否则该工种不予评定成绩。

1.2.2.2 关于遵守实训纪律

1）应虚心听从指导人员的指导，注意听课及示范。

2）按指定地点工作，不得随便离岗走动、高声喧哗和嬉戏打闹。

3）实训中，要尊敬实训指导人员，虚心请教，热情礼貌，如有意见可向上级反映。

4）不带与实训无关的物品进厂，不穿拖鞋、凉鞋、高跟鞋进厂。

5）一切机器设备，未经许可，不准擅自动手；否则所发生事故，由本人自负责任并酌情赔偿。

6）操作机器须严格遵守安全操作规程，严禁两个人同时操作一台机床。

1.2.3 金工实习的注意事项

1）学生进车间实训，均应由教学主管人员、教师进行严格的入厂教育和安全教育，在每道工序教学实训过程中，必须有教学师傅分工负责，严守安全操作规程。

2）工作前必须按规定穿戴好防护用品，女工、女同学要把发辫放入帽内，旋转机床严禁戴手套操作。

3）保证安全防护、信号保险装置齐全、灵敏、可靠，保持设备润滑及通风良好。

4）不准带小孩进入工作场所，不准赤脚、赤膊、穿拖鞋、穿裙、戴头巾，上课前不准饮酒。

5）工作中应集中精力、坚守岗位，不准擅自把自己的工作交给他人，不准打闹、睡觉和做与本职工作无关的事。

6）不准跨越机床传递工件和触动危险部位，不得用手拿、用嘴吹铁屑，不准站在砂轮正前方进行磨削。调整检查设备需要拆卸防护罩时，要先停电关车，不准无罩开车。各种机具不准超限使用。中途停电，应关闭电源。

7）强调文明实训，文明生产，保持厂区、车间、库房、通道马路等整齐清洁和畅通无阻，严禁乱堆乱放。

第2章 工程材料基础

教学目标 （1）熟悉工程材料的定义和分类； （2）了解工程材料的基本知识； （3）掌握工程材料中的金属材料。	本章重点 　　工程材料的基本知识和常见的金属材料。
	本章难点 　　工程材料中常见的金属材料。

思政目标

　　通过对工程材料基础知识的学习，学生可了解工程材料的基本知识和分类，掌握常见的几种金属材料。通过实习增强学生的科学研究精神，引导学生了解工程材料的重要性，进一步增强学生刻苦学习的积极性。

2.1　工程材料概述

　　工程材料是指在机械、船舶、建筑、化工、交通运输、航空航天等各行各业的工程中经常使用的各类材料，是用来制造各种产品的物质，是生产和生活的物质基础。

　　工程材料可分为金属材料、非金属材料和特种金属材料三大类。

　　（1）金属材料　分为钢铁金属材料（又称黑色金属材料）和非铁金属材料（又称有色金属材料）两类。钢铁金属材料主要指各类钢和铸铁，包括含铁 90%以上的工业纯铁、含碳2%~4%的铸铁、含碳小于 2%的碳钢，以及各种用途的结构钢、不锈钢、耐热钢、高温合金、精密合金等。非铁金属材料主要指铝及铝合金、铜及铜合金、钛及钛合金等。非铁金属是指除铁、铬、锰以外的所有金属及其合金，通常分为轻金属、重金属、贵金属、半金属、稀有金属和稀土金属等。有色合金的强度和硬度一般比纯金属高，且其电阻大、电阻温度系数小。

　　（2）非金属材料　包括高分子材料、陶瓷材料和复合材料等。高分子材料可分为塑料、合成纤维、橡胶和胶黏剂四类。陶瓷材料可分为普通陶瓷、特种陶瓷、金属陶瓷等。复合材料是由两种或两种以上的材料组合而成的材料。

　　（3）特种金属材料　按照不同用途分为结构金属材料和功能金属材料两类。其中有通过快速冷凝工艺获得的非晶态金属材料，以及准晶、微晶、纳米晶等结构金属材料。功能金属材料有隐身、超导、形状记忆、耐磨、减振阻尼等特殊功能合金以及金属基复合材料等。

2.2　工程用金属材料

　　金属材料在现代工农业生产中占有极其重要的地位，是工业、农业、国防、科学技术及

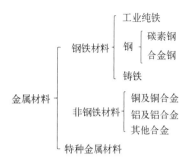

图 2-1　金属材料按化学成分的分类

日常生活用品的重要物资。我国劳动人民使用金属材料制造生产工具及生活用具已有悠久的历史，创造和积累了许多经验。石器时代之后出现的铜器时代、铁器时代，均以金属材料的应用为其时代的显著标志。随着社会的发展，材料科学技术的突飞猛进，现在金属材料的品种繁多、性能各异、应用广泛。

金属材料通常按其化学成分、质量等级、用途、金相组织和冶炼方法进行分类。按化学成分是最为常用的分类方法，分类如图 2-1 所示。

在选择材料时，必须选择能满足零件工作要求的材料，另外要考虑材料的工艺性能和经济性。满足零件工作要求主要是指满足零件工作中的受力、工作环境和工作介质要求。例如，吊装用钢丝绳为防止过载断裂应用抗拉强度高的材料。满足工艺性能主要是指依据所设计零件的制造方法，选用工艺性能优良的材料，以降低制造成本和减少废品的产生。例如，设计焊接件时应优先选用焊接性能优良的低碳钢或低碳合金钢；盆形或桶形冲压件要选用塑性优良的低碳钢。考虑经济性主要是指优先选用价格低廉的材料，用最低的成本生产出优质成品。

钢材在工业生产中应用非常广泛。钢材按其化学成分不同可分为碳素钢和合金钢两大类。其编号主要用字母和符号来表示。常用钢材的编号方法如表 2-1 所示。

表 2-1　常用钢材的编号

类别	牌号	说明
碳素结构钢	Q215A	屈服强度为 215MPa 的 A 级镇静钢
	Q235AF	屈服强度为 235MPa 的 A 级沸腾钢
优质碳素结构钢	08F	碳平均质量分数为 0.08% 的沸腾钢
	20g	碳平均质量分数为 0.20% 的锅炉钢
	45	碳平均质量分数为 0.45% 的优质碳素结构钢
碳素工具钢	T8	碳平均质量分数为 0.8% 的碳素工具钢
	T10A	碳平均质量分数为 1.0% 的高级优质碳素工具钢
低合金高强钢	Q345A	屈服强度为 345MPa 的 A 级低合金高强度结构钢
合金结构钢	20CrMnTi	碳平均质量分数为 0.20%，铬、锰和钛的平均质量分数均小于 1.50% 的合金结构钢
	40Cr	碳平均质量分数为 0.40%，铬平均质量分数小于 1.50% 的合金结构钢
	60Si2MnA	碳平均质量分数为 0.60%，硅平均质量分数为 2%，锰平均质量分均小于 1.50% 的高级优质合金结构钢

类别	牌号	说明
合金工具钢	9SiCr	碳平均质量分数为 0.9%，硅和铬的平均质量分数均小于 1.50%低合金工具钢
	W18Cr4V	钨平均质量分数为 18%，铬平均质量分数为 4%，钒平均质量分数小于 1.50%的高速工具钢（高速工具钢的碳质量分数数字在牌号中不标出）
特殊性能钢	20Cr13	碳平均质量分数为 0.2%，铬平均质量分数为 13%的不锈钢
	42Cr9Si2	碳平均质量分数为 0.4%，铬平均质量分数为 9%，硅平均质量分为 2%的耐热钢

2.2.1 碳钢

碳钢是碳的质量分数小于 2.11%的铁碳合金。碳钢冶炼方便，加工容易，价格低，其性能在许多场合可以满足使用要求，在工业中应用非常广泛。

实际生产中使用的碳钢含有少量的锰、硅、硫、磷等元素，这些元素是从矿石、燃料和冶炼等渠道进入钢中的。硫和磷是钢中的有害杂质。磷可使钢的塑性、韧性下降，特别是使钢低温时的脆性增加，为此通常将钢的含磷量限制在 0.045%以下。含硫量较高的钢在高温热加工时容易产生裂纹，通常将钢的含硫量限制在 0.05%以下。硅和锰可提高钢的强度，锰还可以抵消硫的有害作用，它们是钢中的有益元素。

碳钢的分类方法很多，通常主要按碳的质量分数、钢的质量、钢的用途、钢冶炼时脱氧的程度不同来分类（见表 2-2）。

表 2-2　碳钢的分类

分类方法	钢种	质量分数或脱氧情况	特点
碳的质量分数	低碳钢	$w(C) \leq 0.25\%$	强度低，塑性和焊接性能较好
	中碳钢	$w(C) = 0.25\% \sim 0.6\%$	强度较高，但塑性和焊接性能较差
	高碳钢	$w(C) > 0.6\%$	塑性和焊接性能很差，强度和硬度高
钢的质量	普通钢	$w(S) \leq 0.055\%$，$w(P) \leq 0.045\%$	含 S、P 量较高，质量一般
	优质钢	$w(S) \leq 0.040\%$，$w(P) \leq 0.040\%$	含 S、P 量较少，质量较好
	高级优质钢	$w(S) \leq 0.030\%$，$w(P) \leq 0.035\%$	含 S、P 量很少，质量好
用途	结构钢	$w(C) = 0.08\% \sim 0.65\%$	制造各种工程构件和机器零件
	工具钢	$w(C) > 0.65\%$	制造各种刀具、量具和模具
脱氧程度	沸腾钢（F）	仅用弱脱氧剂脱氧，FeO 较多	钢锭内分布有许多小气泡，偏析严重
	镇静钢	浇注时完全脱氧，凝固时不沸腾	气泡疏松少，质量较高
	半镇静钢（b）	介于沸腾钢和镇静钢之间	质量介于沸腾钢和镇静钢之间

常用的碳钢主要有碳素结构钢、优质碳素结构钢、碳素工具钢和工程铸造碳钢。其常用的牌号及用途如表 2-3 所示。

表 2-3　常用碳钢的牌号及用途

分类	举例	说明	常用牌号	用途
碳素结构钢	Q235AF	屈服强度为 235MPa，质量为 A 级的沸腾钢	Q195、Q215A、Q235B、Q255A、Q255B、Q275A 等	以型材供应的工程结构件，制造不太重要的机械零件及焊接件
优质碳素结构钢	45	平均含碳量 w（C）=0.45% 优质碳素结构钢	08F、10、20、35、40、50、60、65	用于制造曲轴、传动轴、齿轮、连杆等重要零件
碳素工具钢	T8A	平均含碳量 w（C）=0.8% 的碳素工具钢，A 表示高级优质	T7、T8Mn、T9、T10、T11、T12、T13	制造需较高硬度、耐磨性，又能承受一定冲击的工具，如手锤、冲头等
工程铸造碳钢	ZG200-400	屈服强度为 200、抗拉强度为 400 MPa 的碳素铸钢	ZG230-450、ZG270-500、ZG310-570、ZG340-640	形状复杂的需要采用铸造成形的钢质零件

2.2.2　合金钢

在铁碳合金中加入一些其他的金属或非金属元素构成的钢称为合金钢，其目的是改善普通碳钢的组织和性能，加入的元素称为合金元素。合金元素的加入使碳钢的淬透性、强度、硬度、耐热性、耐腐蚀性、耐磨性等都得到了很大程度的提高。合金钢主要包含合金结构钢、合金工具钢、合金调质钢、合金渗碳钢、合金弹簧钢、特殊性能钢等。

（1）合金结构钢　合金结构钢是用于制造工程结构和机器零件的钢。用于工程结构的钢大多是普通质量钢，承受静载荷的作用。用于机器零件的钢大多是优质钢，承受动载荷的作用，一般均需热处理，以充分发挥钢材的潜力。常用低合金高强度结构钢的用途及新旧牌号对照如表 2-4 所示。

表 2-4　常用低合金高强度结构钢的用途及新旧牌号对照

牌号	质量等级	用途举例	对应旧牌号
Q295	A、B	低、中压化工容器，低压锅炉汽包，车辆冲压件，建筑金属构件，输油管，储油罐，有低温要求的金属构件等	09MnV、09MnNb、09Mn2、12Mn
Q345	A、B、C、D、E	各种大型船舶、铁路车辆、桥梁、管道、锅炉、压力容器、石油储罐、水轮机涡壳、起重及矿山机械、电站设备、厂房钢架等承受动载荷的各种焊接结构件、一般金属构件、零件等	12MnV、14MnNb、16Mn、16MnRE、18Nb

牌号	质量等级	用途举例	对应旧牌号
Q390	A、B、C、D、E	中、高压锅炉汽包，中、高压石油化工容器，大型船舶，桥梁，车辆，承受较高载荷的大型焊接结构件，承受动载荷的焊接结构件如水轮机涡壳等	15MnV、15MnTi、15MnNb
Q420	A、B、C、D、E	大型焊接结构、大型桥梁、大型船舶、电站设备、车辆、高压容器、液氨罐车等	15MnVN、14MnVRE
Q460	C、D、E	可淬火、回火，用于大型挖掘机、起重运输机、钻井平台等	

注：屈服强度试样厚度（直径、边长）≤16mm。

（2）合金工具钢　工具钢是制造刃具、量具、模具等各种工具用钢的总称。工具钢应具有高硬度、高耐磨性、高淬透性和足够的强度、韧度。合金工具钢中 S、P 含量均小于 0.03%，故合金工具钢都是高级优质钢。

合金工具钢牌号中 $w(C)$ 以千分之几表示，当 $w(C) \geqslant 1.0\%$ 时，不标出数字。合金元素的含量表示方法与合金结构钢相同。如 W18Cr4V，$w(C)=0.70\%\sim1.65\%$，$w(W)=17.5\%\sim18.5\%$，$w(Cr)=3.8\%\sim4.4\%$，$w(V)=1.00\%\sim1.40\%$。常用合金工具钢的牌号及用途如表 2-5 所示。

表 2-5　常用合金工具钢牌号及用途

牌号	用途举例
9SiCr	板牙、丝锥、铰刀、搓丝板、冷冲模等
CrMn	各种量规和块规等
9Mn2V	各种变形小的量规、丝锥、板牙、铰刀、冲模等
CrWMn	板牙、拉刀、量规及形状复杂、高精度的冷冲模等

（3）合金调质钢　合金调质钢用来制造对综合力学性能要求高的重要零件，如坦克中重要的连接螺栓、轴等。合金调质钢按其淬透性不同分为低淬透性、中淬透性、高淬透性三类，其典型的牌号及用途如表 2-6 所示。

（4）合金渗碳钢　合金渗碳钢是指经渗碳、淬火及低温回火热处理后的合金钢。主要用于制造对性能要求较高或截面尺寸较大，在工作时承受较强烈的冲击和磨损的重要零件。合金渗碳钢按淬透性不同可分为低淬透性、中淬透性、高淬透性三类，其典型的牌号及用途如表 2-7 所示。

表 2-6　常用合金调质钢的牌号及用途

类别	牌号	用途举例
低淬透性	40Cr	重要的齿轮、轴、曲轴、套筒、连杆
	40Mn2	轴、半轴、蜗杆、连杆等

类别	牌号	用途举例
低淬透性	40MnB	可代替 40Cr 用于小截面重要零件，如汽车转向节、半轴、蜗杆、花键轴
	40MnVB	可代替 40Cr 用于柴油机缸头螺栓、机床齿轮、花键轴等
中淬透性	35CrMo	用于截面不大而要求力学性能高的重要零件，如主轴、曲轴、锤杆等
	30CrMnSi	用于截面不大而要求力学性能高的重要零件，如齿轮、轴、轴套等
	40CrNi	用于截面较大且要求力学性能较高的零件，如轴、连杆、齿轮轴等
	38 CrMoAl	渗氮零件专用钢，用于磨床、自动车床主轴，精密丝杠，精密齿轮等
高淬透性	40CrMnMo	用于截面较大，要求强度高、韧度高的重要零件，如汽轮机轴、曲轴等
	40 CrNiMo	用于截面较大，要求强度高、韧度高的重要零件，如汽轮机轴、叶片曲轴等
	25Cr2Ni4WA	用于 200mm 以下要求淬透的大截面重要零件

注：试样尺寸为 φ5mm；钢试样尺寸为 φ30mm。

表 2-7 常用合金渗碳钢的牌号及用途

类别	牌号	用途举例
低淬透性	15Cr	用于截面不大，心部韧度较高的受磨损零件，如齿轮、活塞、活塞环、小轴等
	20Cr	用于心部强度要求较高的小截面受磨损零件，如机床齿轮、活塞环、凸轮轴等
	20MnV	用于凸轮、活塞销等
中淬透性	20CrNi3	用于承受重载荷的齿轮、凸轮、机床主轴、传动轴等
	20MnVB	代替 20CrMnTi，用于汽车齿轮、重型机床上的轴、齿轮等
高淬透性	20Cr2Ni4	用于大截面重要渗碳件，如大齿轮、轴、飞机发动机齿轮等
	18Cr2Ni4WA	用于大截面、高强度、高韧度的重要渗碳件，如大齿轮、传动轴、曲轴等

（5）合金弹簧钢 合金弹簧钢是指用于制造各种弹簧和弹性元件的合金钢。合金弹簧钢按其化学成分组成可分为硅锰系、硅铬系、铬锰系、铬钒系四种类型，其典型牌号及用途如表 2-8 所示。

表 2-8 常用合金弹簧钢的牌号及用途

类别	牌号	用途举例
硅锰系	55Si2Mn	有较好的透性和较高的弹性极限、屈服强度和疲劳强度，广泛用于制作汽车、铁道车辆的弹簧、止回阀和安全弹簧，并可用来制作在 250℃ 以下使用的耐热弹簧
	60Si2Mn	
硅铬系	60Si2CrA	用来制作承受重载荷和重要的大型螺旋弹簧和板簧，如汽轮机汽封弹簧、调节阀和冷凝器弹簧等，并可用来制作在 300℃ 以下使用的耐热弹簧
	60Si2CrVA	
铬锰系	55CrMnA	用来制作载荷较重、应力较大的载重汽车、拖拉机和小轿车的板簧和直径较大（50mm）的螺旋弹簧
	60CrMnA	
铬钒系	50CrVA	用来制作特别重要的、承受大应力的各种尺寸的螺旋弹簧，并可用来制作在 400℃ 以下使用的耐热弹簧
	30W4Cr2VA	用来制作在高温（≤500℃）下使用的重要弹簧，如锅炉主安全弹簧等

（6）特殊性能钢 特殊性能钢是指具有特殊物理、化学性能的钢及合金。机械工程中常用的特殊性能要有不锈钢、耐热钢、耐磨钢三类。

1）不锈钢 不锈钢是指腐蚀介质中具有耐腐蚀性能的钢。不锈钢按组织不同，可分为奥氏体型、奥氏体-铁素体型、铁素体型、马氏体型及沉淀硬化型等。常用不锈钢的典型牌号及用途如表 2-9 所示。

表 2-9 常用不锈钢的牌号及用途

类别	牌号	用途举例
奥氏体型	1Cr18Ni9	生产硝酸、化肥等化工设备零件，建筑用装饰部件
	00Cr18Ni10N	化学、化肥、化纤工业的耐蚀材料
奥氏体-铁素体型	0Cr26Ni5Mo3Si2	有较高的强度、抗氧化性，用于防海水腐蚀的零件
	00Cr18Ni5Mo3Si2	有较高强度，耐应力腐蚀，用于化工行业的热交换器、冷凝器
铁素体型	1Cr17	重油燃烧部件、化工容器、管道、食品加工设备、家庭用具等
	00Cr30Mo2	与乙酸等有机酸有关的设备、制苛性碱设备
马氏体型	1Cr13	汽轮机叶片及阀、螺栓、螺母、日常生活用品等
	3Cr13	要求硬度较高的医疗工具、量具、不锈弹簧阀门等
	1Cr17Ni2	要求有较高强度的耐硝酸、有机酸腐蚀的零件、容器和设备
沉淀硬化型	0Cr17Ni7Al	用于耐蚀的弹簧、垫圈等

2）耐热钢 耐热钢是指在高温条件下工作具有抗氧化性和不起氧化皮，并具有足够强度的合金钢。耐热钢按正火状态下组织不同，分为奥氏体型、铁素体型、马氏体型等。常用耐热钢的典型牌号及用途如表 2-10 所示。

表 2-10 常用耐热钢的牌号及用途

类别	牌号	用途举例
奥氏体型	4Cr14Ni14W2Mo	有较高的热强性，用于内燃机重负荷排气阀
	3Crl8Mn12Si2N	有较高的高温强度和一定的抗氧化性，较好的抗碱、抗增性，用于渗碳炉构件
铁素体型	0Cr13Al	因冷却硬化少，用于燃气透平压缩机叶片、退火箱、淬火台架
	1Cr17	用于 900℃ 以下耐氧化部件，如散热器、炉用部件、油喷嘴等
马氏体型	4Cr9Si2	有较高的热强性，用于内燃机进气阀、轻负荷发动机的排气阀
	1Cr13	用于 800℃ 以下耐氧化部件

3）耐磨钢 耐磨钢是指主要用于制造承受严重磨损和强烈冲击的零件或构件，对耐磨钢的主要性能要求是要有很高的耐磨性、塑性和韧性。常用高锰耐磨钢铸件牌号及用途如表 2-11 所示。

表 2-11　常用高锰耐磨钢铸件牌号及用途

牌号	用途举例
ZGMn13-1	低冲击耐磨零件，如齿板、铲齿等
ZGMnl3-2	普通耐磨零件，如球磨机
ZGMnl3-3	高冲击耐磨零件，如坦克、拖拉机履带板等
ZGMn13-4	复杂耐磨零件，如铁道道岔等
ZGMnl3-5	用于特殊耐磨铸钢件

2.2.3　铸铁

　　铸铁也是应用广泛的一种铁碳合金，其 w（C）>2.11%。铸铁材料基本上以铸件形式应用，但近年来连续铸铁板材、棒材的应用也日渐增多。铸铁中的碳除极少量固溶于铁素体中外，还因化学成分、熔炼处理工艺和结晶条件的不同，或以游离状态（石墨）、或以化合形态（渗碳体或其他碳化物）存在，也可以二者并存。

　　铸铁可分为一般工程应用铸铁和特殊性能铸铁两类。一般工程应用铸铁中，碳主要以石墨形态存在。按照石墨形貌的不同，这类铸铁又可分为灰铸铁（片状石墨）、可锻铸铁（团絮状石墨）、球墨铸铁（球状石墨）和蠕墨铸铁（蠕虫状石墨）四种。特殊性能铸铁既有含石墨的，也有不含石墨的（如白口铸铁）。这类铸铁的合金元素含量较高，w（me）>3%，可应用于高温、腐蚀或磨料磨损的工作条件。

　　铸铁成本低，铸造性能良好，体积收缩不明显，其力学性能、可加工性、耐磨性、耐蚀性、热导率和减振性之间有良好的配合，由于先进的生产技术和检测手段的应用，铸铁件的可靠性有明显的提高。球墨铸铁在铸铁中力学性能最好，兼有灰铸铁的工艺优点，故其应用领域正在扩大。铸铁用于基座和箱体类零件，可充分发挥其减振性和抗压强度高的特点，在批量生产中与钢材焊接制造法相比，可以明显降低制造成本。

　　（1）灰铸铁　按 GB/T 9439 规定，灰铸铁有八个牌号：HT100、HT150、HT200、HT225、HT250、HT275、HT300 和 HT350（牌号及用途见表 2-12）。HT 表示"灰铁"汉语拼音的首字母，后续数字表示直径为 30mm 铸件试样的最低抗拉强度（单位：MPa）值。

表 2-12　灰铸铁的牌号及用途

铸铁类别	牌号	用途举例
铁素体灰铸铁	HT100	受力很小不重要的铸件，如防护罩、盖、手轮、支架、底板等
铁素体-珠光体灰铸铁	HT150	受力中等的铸件，如机座、支架、罩壳、床身轴承座、阀体等
珠光体灰铸铁	HT200 HT225 HT250	受力较大的铸件，如气缸、齿轮、机床床身、齿轮箱、冷冲模上托、底座等
孕育铸铁	HT275 HT300 HT350	受力大，耐磨和高气密性的重要铸件，如中型机床床身、机架、高压油缸、泵体、曲轴、气缸体等

（2）可锻铸铁　将白口铸件在高温下经长时间的石墨化退火或氧化脱碳处理，可获得团絮状石墨的铸铁件，称为可锻铸铁。可锻铸铁常用于制造承受冲击振动的薄小零件，如汽车、拖拉铁的后桥壳，管接头，低压阀门等。根据 GB/T 9440—2010，可锻铸铁分为珠光体可锻铸铁（如 KTZ550-04）、黑心可锻铸铁（如 KTH330-08）和白心可锻铸铁（如 KTB380-12）等。常用可锻铸铁的牌号及用途如表 2-13 所示。

表 2-13　可锻铸铁的牌号及用途

种类	牌号	用途举例
黑心可锻铸铁	KTH300-06	弯头、三通管件、中低压阀门等
	KTH3308	扳手、犁刀、犁柱、车轮壳等
	KTH350-10	汽车、拖拉机前后轮壳、减速器壳、转向节壳、制动器及铁道零件
	KTH370-12	
珠光体可锻铸	KTZ450-06	载荷较高和耐磨损零件，如曲轴、凸轮轴、连杆、齿轮、活塞环、轴套、铁耙片、万向联轴器头、棘轮、扳手、传动链条
	KTZ550-04	
	KTZ650-02	
	KTZ700-02	

（3）球墨铸铁　球墨铸铁的组织特征是：在室温下钢的基体上分布着球状的石墨。它是向铁水中加入定量的球化剂（如镁、稀土元素等）进行球化处理而获得，其成本低廉，但强度较好，是以铁代钢的重要材料，近年来得到广泛应用。按照热处理方法不同，球墨铸铁可分为铁素体球墨铸铁（QT400-18、QT400-15、QT450-10）和珠光体球墨铸铁（QT500-7、QT600-3、QT700-2、QT800-2）。常用的球墨铸铁的牌号及用途如表 2-14 所示。

表 2-14　球墨铸铁的牌号及用途

牌号	用途举例
QT400-18	承受冲击、振动的零件，如汽车、拖拉机的轮毂、驱动桥壳、差速器壳、拨叉，农机具零件，中低压阀门，上、下水及输气管道，压缩机上高低压气缸，电动机壳，齿轮箱，飞轮壳等
QT400-15	
QT450-10	
QT500-7	机器座架、传动轴、飞轮、电动机架、内燃机机油泵齿轮、铁路机车车辆轴瓦等
QT600-3	载荷大、受力复杂的零件，如汽车、拖拉机的曲轴、连杆、凸轮轴、气缸套，部分磨床、铣床、车床的主轴，机床的蜗杆、蜗轮，轧钢机轧辊，大齿轮，小型水轮机主轴，气缸体，桥式起重机大小滚轮等
QT700-2	
QT800-2	
QT9002	高强度齿轮，如汽车后桥螺旋锥齿轮、大减速器齿轮、内燃机曲轴、凸轮轴等

（4）蠕墨铸铁　蠕墨铸铁基体中的石墨主要以蠕虫状存在，是 1960 年开始发展并逐步受到重视起来的材料。其石墨形状和性能介于灰铸铁和球墨铸铁之间，力学性能优于灰铸铁，铸造性能优于球墨铸铁，并具有优良的热疲劳性。根据 JB/T 4403，其牌号为 RuT420、RuT380、RuT340、RuT300、RuT260 等。其力学性能一般以单铸 Y 形试块的抗拉强度作为验收依据。

常用蠕墨铸铁的牌号及用途如表 2-15 所示。

表 2-15　蠕墨铸铁的牌号及用途

牌号	用途举例
RuT260	增压器废气进气壳体汽车底盘零件等
RuT300	排气管、变速箱体、气缸盖、液压件、纺织机零件、钢锭模等
RuT340	重型机床件，大型齿轮箱体、盖、座、飞轮、起重机卷筒等
RuT380	活塞环、汽缸套、制动盘、钢球研磨盘、吸淤泵体等
RuT420	

（5）合金铸铁　通过合金化来达到某些特殊性能要求（如耐磨、耐热、耐蚀等）的铸铁称为合金铸铁。

1）耐磨铸铁

① 冷硬铸铁　冷硬铸铁用于制造需要高硬度、高抗压强度及耐磨的工作表面，同时需要有一定的强度和韧度的零件，如轧辊、车轮等。

② 抗磨铸铁　抗磨铸铁分为抗磨白口铸铁和中锰球墨铸铁。抗磨白口铸铁硬度高，具有很高的抗磨性能，但由于脆性较大，应用受到一定的限制，不能用于承受大的动载荷或冲击载荷的零件。根据 GB/T 8263—2010，其牌号有 KmTBMn5W3 等。中锰球墨铸铁具有一定的强度和韧度，耐磨料磨损。抗磨铸铁可制造承受干摩擦及在磨料磨损条件下工作的零件，在矿山、冶金、电力、建材和机械制造等行业有广泛的应用。

2）耐热铸铁　耐热铸铁是指在高温下具有较好的抗氧化和抗生长能力的铸铁。所谓"生长"是指氧化性气体沿石墨片的边界和裂纹渗入铸铁内部而造成的氧化，以及 Fe_3C 分解而发生的石墨化引起的铸铁体积膨胀。为了提高铸铁的耐热性，可在铸铁中加入 Si、Al、Cr 等元素，使铸铁在高温下表面形成一层致密的氧化膜，保护内层不被继续氧化。根据 GB/T 9437—2009，其牌号有 HTRCr、QTRAl22 等。

3）耐蚀铸铁　耐蚀铸铁广泛应用于化工部门。提高铸铁耐蚀性主要靠加入大量的 Si、Al、Cr、Ni、Cu 等元素，其作用是提高铸铁基体组织的电位，使铸铁表面形成一层致密的保护膜，并且最好具有单相基体加孤立分布的球状石墨，而且尽量使石墨量减少。其牌号有 HTS-Si11Cu2CrR 等。

2.2.4　非铁金属材料

钢、铁以外的金属材料称为非铁金属材料，也称有色金属材料。非铁金属元素有 80 余种，一般分为：轻金属，密度不大于 $4.5g/cm^3$，常用轻金属有铝、镁、钛、钾、钠、钙、锂等；重金属，密度大于 $4.5g/cm^3$，常用重金属有铜、铅、锌、镍、钴、锑、锡、铋、汞、镉等；贵金属，包括金、银及铂族元素；高熔点金属，包括钨、钼、钽、铌、锆、铪、钒、铼等；稀土金属，包括钪、钇和澜系元素；放射性金属，包括钋、镭、锕、钍、铀等元素；半金属，其物理和化学性质介于金属与非金属之间的元素，如硅、硒、砷、硼等。

目前，全世界的金属材料总产量约 10.11 亿吨，其中钢铁约占 95%，是金属材料的主体，非铁金属材料约占 5%，处于补充地位，但它的作用却是钢铁材料无法代替的。

就消耗量的增率而言，非铁金属的增长率大大超过了钢的增长率。目前，世界原铝产量达 1900 万吨，其中 50% 用来制取型材与深加工产品。我国的铝合金品种约为美国的一半，然而规格却不足美国的 1/4。

在金属材料中，铝的产量仅次于钢铁，为非铁金属材料产量之首。铝用途广泛，主要是由于它有如下的特性：密度小，约为铁的密度的 1/3；可强化，通过添加其他元素和热处理而获得不同程度的强化，其最佳者的比强度可与优质合金钢媲美；易加工，可铸造、压力加工、机械加工成各种形状；导电、导热性能好，仅次于金、银和铜，室温时，铝的导电能力约为铜的 62%，如按单位质量的导电能力计算，则为铜的 200%。铝的强度低（R_m=80~100MPa），经冷塑性变形之后明显提高（R_m=150~200MPa）。纯铝强度很低，所以不能用来制造承受载荷的结构件。但在铝中加入适量的 Si、Cu、Mg、Mn 等合金元素，就可得到具有较高强度的铝合金。

在非铁金属材料中，铜的产量仅次于铝。铜用途广泛是由于它有如下优点：优良的导电性和导热性，优良的冷热加工性能和良好的耐腐蚀性能。其导电性仅次于银，导热性在银和金之间。铜为面心立方结构，强度和硬度较低，而冷、热加工性能都十分优良，可以加工成极薄的片和极细的丝（包括高纯高导电性能的丝）；易于连接。铜还可与很多金属元素形成许多性能独特的合金。

滑动轴承因承压面积大，承载能力强，工作平稳无噪声，且检修方便，在动力机械中广泛应用。为减少轴承对轴颈的磨损，确保机器的正常运转，轴承应具有良好的磨合性、抗振性，与轴瓦之间的摩擦系数应尽可能小。制造轴瓦及其内衬的合金称为轴承合金。最常用的轴承合金是锡基或铅基"巴氏合金"。

常用非铁合金的类型、主要性能特点、典型牌号、主要用途如表 2-16 所示。

表 2-16 非铁合金的类型、主要性能特点、典型牌号、主要用途

大类	主要性能特点	类别			典型牌号	主要用途
铝及铝合金	熔点低、密度小、比强度高；优良的加工工艺性；良好的导电性和导热性；良好的耐大气腐蚀性能	铝合金	变形铝合金	防锈铝合金	5A05、5A21	容器、管道、铆钉等
				硬铝合金	2A11	叶片、骨架、铆钉等
				超硬铝合金	7A04	飞机大梁、桁架等
				锻铝合金	1A50、2A70	重载锻件等
			铸造铝合金	Al-Si 系铸造铝合金	ZAlSi12	仪表壳体、水泵壳体等
				Al-Cu 系铸造铝合金	ZAlCu5Mn	发动机机体、气缸体等
				Al-Mg 系铸造铝合金	ZAlMg10	舰船配件、氨用泵体等
				Al-Zn 系铸造铝合金	ZAlZn11Si7	结构形状复杂的汽车零件等

大类	主要性能特点	类别			典型牌号	主要用途
铜及铜合金	良好的加工工艺性能；极佳的导电性和导热性；良好的耐蚀性；色泽美观，具有抗磁性	铜合金	黄铜	普通黄铜	H62	铆钉、螺母、散热器等
				特殊黄铜	HPb59-1	销、螺钉等冲压件或加工件
			青铜	锡青铜	QSn4-3	弹簧、管配件等
				铝青铜	QAl7	重要的弹簧和弹性元件
				铍青铜	QBe2	重要仪表的弹簧、齿轮等
轴承合金	较高的抗压强度、硬度；高的疲劳强度、足够的塑性和韧性；高的耐磨性、良好的磨合能力、较小的摩擦系数；有良好的耐蚀性、导热性、较小的膨胀系数；良好的工艺性，价格便宜	锡基轴承合金			ZSnSb11Cu6	汽轮机、发动机的高速轴承
		铅基轴承合金			ZPbSb10Sn6	重载、耐蚀、耐磨轴承
		铜基轴承合金			ZCuPb30	航空发动机、高速柴油机轴承
		铝基轴承合金			ZAlSn6CulNi1	高速、重载下工作的轴承

第二篇　热机械加工

第 3 章　铸造

教学目标	本章重点
（1）熟悉铸造的定义和分类； （2）了解铸造的造型和造芯； （3）掌握铸造中的熔炼和浇注。	铸造的基本知识、造型和浇注工艺。
	本章难点
	铸造中熔炼和浇注工艺。
思政目标 　　通过对铸造基础知识的讲解，学生可了解我国铸造成形技术的悠久历史，增强学生的文化自信，通过对铸造成形工艺和方法的学习培养学生精益求精的精神。	

3.1　概述

　　将熔融的金属浇入与零件形状相适应的铸型型腔中，经冷却、凝固，从而获得一定形状和性能铸件的金属成形方法称为铸造，大多数铸件只是毛坯，需要经过机械加工后才能成为各种零件。铸造在机械制造中的应用十分广泛，例如，在普通机床中，铸件占总质量的 60%～80%，在起重机械、矿山机械、水力发电等设备中，铸件占 80%以上。

　　铸造的主要优点是：适用性强，可以铸造出外形和内腔十分复杂、不同尺寸的各种金属材料及其合金铸件，且不受生产批量的限制；铸造生产的原材料来源丰富，即使是铸造生产中的金属废料，大部分也可以回炉再利用；设备投资较少，成本较低。

　　铸造的主要缺点是：生产工序较多；铸件的力学性能较锻件低；质量不稳定，废品率高。此外，传统的砂型铸造在劳动条件和环境污染方面存在一定的问题。

　　熔融金属和铸型是铸造的两大基本要素。铸件常用金属有：铸铁、铸钢、铝合金、镁合金等。铸型由砂、金属或其他耐火材料制成，用来形成铸件形状的空腔等部分。

3.1.1　铸造的分类

　　铸造的工艺方法有很多，按造型方法一般分为砂型铸造和特种铸造两大类。

（1）砂型铸造　砂型铸造又称砂铸、翻砂。用型（芯）砂制造铸型，将液态金属浇注后获得铸件的铸造方法称为砂型铸造。砂型铸造的生产工序很多，其生产过程如图 3-1 所示。砂型铸造按造型方法分为手工造型铸造、机器造型铸造、湿型铸造、干型铸造和表干型铸造等。

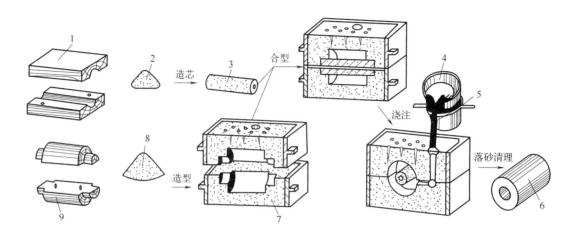

图 3-1　轴套铸件的生产过程

1—芯盒；2—芯砂；3—型芯；4—浇包；5—金属液；6—铸件；7—砂型；8—型砂；9—模样

砂型铸造工艺流程包含：型（芯）砂配制、造型、造芯、合型、金属熔炼、浇注、落砂清理和检验等工序，具体如图 3-2 所示。型芯的制造方法是根据型芯尺寸、形状、生产批量及具体生产条件进行选择的。在生产中从总体上可分为手工制芯和机器制芯。

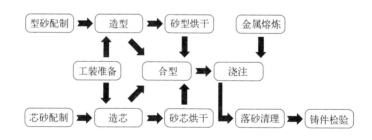

图 3-2　砂型铸造的工艺流程

（2）特种铸造　特种铸造分为熔模铸造、金属型铸造、压力铸造、连续铸造、低压铸造、离心铸造等。不同于砂型铸造的所有铸造方法，统称为特种铸造，如金属型铸造、离心铸造、压力铸造、熔模铸造等。铸造是机械制造工业中提供毛坯的主要途径之一，是人类掌握比较早的一种金属热加工工艺，已有约 6000 年的历史。铸造的优越性在于它适合各种金属，生产成本低、设备简单，对各种结构、形状复杂的毛坯有很好的适应性，原材料来源广泛。近年来，随着铸造合金及铸造工艺技术的发展，各种新合金材料、新技术广泛应用，铸件的表面质量、力学性能、尺寸精度显著提高，铸造生产应用范围正在日益扩大。

3.1.2 铸造的特点

铸造在现代工业中应用非常广泛，主要是由于铸造具有以下特点。

1）可制成形状复杂，特别是具有复杂内腔的毛坯。

2）工业上常用的金属材料（如碳素钢、合金钢、铸铁、铜合金、铝合金等）都可用于铸造。其中广泛应用的铸铁件只能用铸造方法获得。

3）铸件的质量大小几乎不限，质量从几克到几百吨，壁厚可由 1mm~1m 都能用铸造方法获得。

4）生产方法灵活。适用于大批量生产，也适用于单件、小批量生产。

5）节约生产成本。铸造可直接利用成本低廉的废机件和切屑，而且铸造设备费用小，成本低。

6）铸件加工余量小，节省金属，减少切削加工量，从而降低制造成本。

3.2 铸型

3.2.1 铸型的组成

铸型是根据零件形状用造型材料制成的。图 3-3 所示为铸型装配图，其组成部分的名称与作用见表 3-1。砂型外围常用砂箱加固。一般铸件的砂型多由上、下两个半型装配组成；有些复杂铸件的砂型则可分为多个组元，各组元之间的配合面称为分型面。在分型面上应撒分型砂，使上、下型在分型面上互不黏合。用于在铸造生产中形成铸件本体的空腔称为型腔。型腔中的型芯可形成铸件上的孔或凹槽等内腔轮廓。型芯上用来安放和固定型芯的部分称为芯头，芯头坐落在砂型的芯座上。

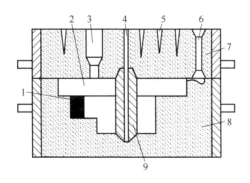

图 3-3　铸型的装配

1—冷铁；2—型腔；3—冒口；4—排气道；5—通气孔；6—浇注系统；7—上型；8—下型；9—型芯

砂型设有浇注系统，金属液从浇口杯浇入，经直浇道、横浇道及内浇道流入型腔。型腔

23

最高处开有冒口，其作用是显示金属液是否流满、排除型腔中的气体等。型芯及砂型上均扎有通气孔，以排出浇注时型芯及砂型中的气体。合格的砂型应达到的质量要求：型腔表面光洁，轮廓清晰，尺寸准确；浇注系统位置开设合理；砂型的紧实程度适当，能承受搬运、翻转及金属液冲刷等外力作用，还能保证砂型排气畅通。

表 3-1   砂型各组成部分的名称与作用

名称	作用与说明
上型（上箱）	浇注时铸型的上部组元
下型（下箱）	浇注时铸型的下部组元
分型面	铸型组元间的接合面
型砂	按一定比例配制的、经过混制、符合造型要求的混合料
浇注系统	为金属液填充型腔和冒口而开设于铸型中的一系列通道，通常由浇口杯、直浇道、横浇道和内浇道组成
冒口	在铸型内储存熔融金属的空腔，该空腔中充填的金属也称为冒口，冒口有时还起排气、集渣的作用
型腔	铸型中造型材料所包围的空腔部分，型腔不包括模样上芯头部分形成的相应空腔
排气道	在型砂及型芯中，为排除浇注时的气体而设置的沟槽或孔道
型芯	为获得铸件的内孔或局部外形，用芯砂或其他材料制成的，安装在型腔内部的铸型组元
出气孔	在砂型或砂芯上，用针或成形扎气板扎出的通气孔，出气孔的底部要与型腔离开一定距离
冷铁	为加快局部的冷却速度，在砂型、砂芯表面或型腔中安放的金属物

3.2.2 造型（芯）材料

造型（芯）材料包括制造砂型的型砂和制造型芯的芯砂，以及砂型和型芯的表面涂料。造型材料性能的好坏将直接影响着造型和造芯工艺及铸件质量。型（芯）砂的组成原料有原砂、水、有机或者无机黏结剂和其他附加物。

（1）原砂 砂子是型砂及芯砂的骨干材料，属于耐高温的物质。并非所有砂子都能用于铸造，铸造用砂必须满足一定的条件，符合一定的技术要求。最常用的原砂是硅砂，其二氧化硅含量为80%~98%，二氧化硅含量越高，杂质含量越少，原砂的耐火度越高。原砂的粒度大小及均匀性、表面状态、颗粒形状对铸造性能有很大影响。

（2）黏结剂 黏结剂的作用是将砂粒黏结起来，从而使型砂具有一定的强度和可塑性。黏土是铸造生产中应用量最大的一种黏结剂，此外，水玻璃、植物油、合成树脂、水泥等也是常用的黏结剂。

用黏土做黏结剂制成的型砂又称为黏土砂，其造型

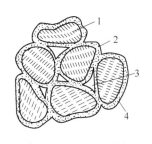

图 3-4 黏土砂的结构

1—砂粒；2—黏土；3—空隙；4—附加物

如图 3-4 所示。黏土资源丰富，价格低廉，耐火度高，复用性好。水玻璃可以适应造型、造芯工艺的多样性，在高温下有较好的退让性。油类黏结剂具有很好的流动性和溃散性，很高的干强度，适合于制造复杂的砂芯。

（3）涂料和其他辅助材料　为了使铸件表面光洁，防止高温金属液熔化型腔表面的砂粒，造成铸件黏砂，常在型腔及型芯的表面涂刷液状涂料或喷洒粉状涂料。铸铁件的干砂型（芯）用石墨粉、黏土、水和少量其他添加剂调成的涂料，湿型（芯）则直接将石墨粉喷洒到砂型（芯）表面。铸钢件熔点高，含碳量低，其砂型（芯）需用不含碳的硅石粉或锆石粉涂料；有色合金铸件砂型（芯）可用滑石粉涂料。型砂中除含有原砂、黏结剂、水等材料外，还要加入一些辅助材料，如煤粉、重油、锯木屑、淀粉等，使砂型和型芯增加透气性、退让性，提高铸件黏砂能力和铸件的表面质量，使铸件具有一些特定的性能。

3.2.3　型（芯）砂的性能要求

砂型（芯）的材料为型（芯）砂，其质量好坏直接影响着铸件的质量、生产效率和成本。它们必须具备一定的铸造工艺性能，才能保证造型、造芯、起模、修型、下芯、合模、搬运等顺利进行，同时还要能承受高温金属液的冲刷与烘烤，铸件的一些缺陷（如砂眼、夹砂、气孔等）往往与造型材料直接相关，因此要求型（芯）砂要具备以下性能。

（1）透气性　型砂让气体通过的能力称为透气性。当高温金属液浇入砂型时，砂型中的水分在高温作用下会产生水蒸气，有机物挥发、分解和燃烧会产生大量气体，金属液在熔化过程中所吸收的气体也会在金属液冷凝时随温度降低而析出。型腔中的空气及浇注时随金属液卷入的气体，都应在金属液开始凝固以前排出型外，否则气体便会留在铸件内，形成内表面光滑的气孔缺陷。

型砂透气性的好坏取决于型砂颗粒间的空隙通道。空隙通道越大，数量越多，型砂的透气性就越好。显然，粗颗粒型砂的透气性比细颗粒型砂的好；相同粒度的砂子，圆形颗粒型砂的透气性比其他粒型型砂的好。当砂粒间的空隙通道被堵塞时，型砂的透气性就会下降。例如，反复浇注后的旧砂，在高温金属液的热作用和机械作用下会破碎变细，甚至形成部分粉尘，使透气性显著降低。此外，型砂的紧实度过大，其透气性也会下降。

（2）强度　紧实的型砂在外力作用下不被破坏的性能称为强度，一般用型砂强度仪进行测定。若型砂强度不足，当搬运、翻转及经受金属液冲刷时，就易使铸件形成垮砂、冲砂、砂眼及胀砂等缺陷。强度过高时，会限制型砂自身的受热膨胀，阻碍铸件收缩及降低型砂的透气性，使铸件产生夹砂、裂纹和气孔等缺陷。因此，型砂的强度应适当。

砂子本身无黏结能力，型砂之所以具有强度，主要是因为在砂粒表面黏附着一层均匀的黏结剂膜，它使砂粒间产生黏结强度。黏结剂的质量和最佳用量是决定型砂强度的主要因素。此外，型砂的紧实程度也影响其强度。

（3）耐火性　型砂在高温金属液作用下不软化和不烧结的性能称为耐火性。耐火性差的型砂易被金属液熔化，并粘在铸件表面，产生粘砂缺陷。粘砂严重时，不仅清理铸件困难，且难以进行切削加工，甚至使铸件成为废品。

耐火性主要取决于原砂的物理化学性质。原砂成分越纯，颗粒越粗、越圆，其耐火性越高。

（4）退让性　铸件在冷凝收缩过程中，型砂的体积可随之被压缩的性能称为退让性。型砂的退让性不好时，会阻碍铸件自由收缩，使铸件产生裂纹。

凡促使型砂在高温下烧结的因素，均导致其退让性降低。例如，用黏土作黏结剂时，由于黏土在高温下产生烧结，强度进一步增加，故型砂的退让性降低。使用有机黏结剂（如油类、树脂等），在型砂中加入少量木屑等附加物，可提高型砂的退让性。

此外，型砂还需具有回用性好、发气性低和出砂性好等待点。回用性好的型砂可重复使用，由此降低铸件成本。发气性低的型砂，浇注时自身产生的气体少，铸件不易产生气孔。出砂性好的型砂，浇注冷却后所残留的强度低，铸件易于清理，节约工时。

型芯大部分被金属液包围，受高温金属液流的热作用、冲击力、浮力大，排气条件差，冷却后被铸件收缩力包紧，清理困难，所以，对芯砂性能的要求应比型砂更高。

（5）型（芯）砂的类型　型（芯）砂根据使用黏结剂的不同，可分为黏土砂、水玻璃砂和树脂砂等类型。

黏土砂是以黏土（包括膨润土和普通黏土）为黏结剂的型砂。其用量占整个铸造用砂量的 70%~80%。其中湿型砂使用最为广泛。湿型铸造的优点是：不用烘干，可节省烘干设备和燃料，成本低；工序简单，生产率高；便于组织流水生产，实现铸造机械化和自动化。但湿型砂强度不高，不能用于大铸件生产。

为节约原材料，合理使用型砂，往往把湿型砂分为面砂和背砂两种。与模样接触的那层型砂，称为面砂，其强度、透气性等要求较高，需专门配制。远离模样在砂箱中起填充加固作用的型砂称为背砂，一般使用旧砂。在机械化造型生产中，为提高生产率，简化操作，一般不分面砂和背砂，而用单一砂。

水玻璃砂是用水玻璃（硅酸钠的水溶液）作为黏结剂配制而成的型砂。水玻璃加入量为砂子质量的 6%~8%。水玻璃砂型浇注前需进行硬化，以提高强度。硬化的方法主要是通入 CO_2，使其产生化学反应后自行硬化。由于取消或缩短了烘干工序，水玻璃砂的出现使大件造型工艺大为简化。但其溃散性差，落砂、清砂及旧砂回用都很困难，在铸铁件浇注时粘砂严重，故不适合铸铁件的生产，主要应用在铸钢件生产中。

树脂砂是以合成树脂（酚醛树脂和呋喃树脂等）为黏结剂的型砂。树脂加入量为砂子质量的 3%~6%，另加入少量催化剂水溶液，其余为新砂。树脂砂加热 1~2min 可快速硬化，干强度很高，做出的铸型尺寸精确、表面光洁、溃散性极好，落砂时只要轻轻敲打铸件，型砂就会自动溃散落下。由于有快干自硬特点，造型过程易于实现机械化和自动化。树脂砂主要用于制造复杂的砂芯及大铸件造型。

3.2.4　型（芯）砂的制备

黏土砂根据在合箱和浇注时的砂型烘干方法，可分为湿型砂、干型砂和表面烘干型砂。湿型砂造型后不需要烘干，生产效率高，主要应用在生产中小铸件。干型砂需要烘干，它主要靠涂料保证铸件表面质量，可采用粒度较粗的原砂，其透气性好，铸件不易产生冲砂、粘砂等缺陷，主要用于浇注中大型铸件。表面烘干型砂只在浇注前对型腔表面用适合的方法烘干一定程度，其性能兼备湿型砂和干型砂的特点，主要用于中型铸件的生产。

型砂及芯砂主要由原砂、黏结剂、附加物和水混制而成。制备型（芯）砂的工序是将上述各种造型材料按一定比例定量加入混砂机，经过混砂过程，在砂粒表面形成均匀的黏结剂膜，使其达到造型或造芯的工艺要求。型（芯）砂的性能可用型砂性能试验仪（如锤击式制样机、透气性测定仪、SQY 液压万能强度试验仪等）进行检测。检测项目包括型（芯）砂的含水量、透气性、型砂强度等。单件小批量生产时，可用手捏法检验型砂性能，如图 3-5 所示。

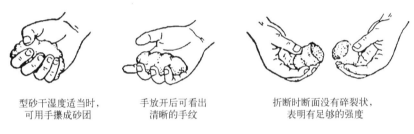

型砂干湿度适当时，　　　　手放开后可看出　　　　折断时断面没有碎裂状，
可用手攥成砂团　　　　　清晰的手纹　　　　　表明有足够的强度

图 3-5　检验型砂性能

3.2.5　模样与芯盒

模样和芯盒是造砂型和型芯的模具。模样的形状和铸件外形相同，只是尺寸比铸件增大了一个合金的收缩量，用来形成砂型型腔。芯盒用来造芯，它的内腔与铸件内腔相似，所造出型芯的外形与铸件内腔相同。图 3-6 所示为零件与模样的关系示意图。

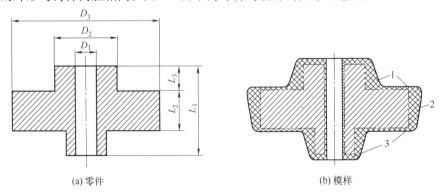

(a) 零件　　　　　　　　　　　　　(b) 模样

图 3-6　零件与模样关系示意图

1—铸造圆角；2—起模斜度；3—加工余量

27

制造模样和芯盒的材料很多，现在使用最多的是木材。用木材制造出来的模样称为木模，使用金属制造出来的模样称为金属模。木模适用于小批量生产；大批量生产大多采用金属模。金属模比木模耐用，但制造困难，成本高。模样和芯盒的形状尺寸由零件图的尺寸、加工余量、金属材料及制造和造芯方法确定。

在设计制造模样和芯盒时，必须注意分型面和分模面的选择。应选择铸件截面尺寸最大、有利于模样从型腔中取出、并使铸造方便和有利于保证铸件质量的位置作为分型面。此外还应注意零件需要加工的表面要留有加工余量；垂直于分型面的铸件侧壁要有起模斜度，以利于起模；模样的外形尺寸要比铸件的外形尺寸大出一个合金收缩量。为便于造型及避免铸件在冷缩时尖角处产生裂纹和粘砂等缺陷，模壁间交角处要做成圆角；铸件上大于 25mm 的孔均要用型芯铸造。为了安放和固定型芯，型芯上要有芯头；模样的相应部分要有在砂型中形成芯座的芯头，且芯头端部应有斜度。

模样是铸造生产中必要的工艺装备。对具有内腔的铸件，铸造时内腔由砂芯形成，因此还需要制造砂芯用的芯盒。模样和芯盒常用木材、金属或塑料制成。在单件、小批量生产时广泛采用木质模样和芯盒，在大批量生产时多采用金属或塑料模样、芯盒。金属模样与芯盒的使用寿命长达 10 万～30 万次，塑料的使用寿命最多几万次，而木质的仅 1000 次左右。

为了保证铸件质量，在设计和制造模样和芯盒时，必须先设计出铸造工艺图，然后根据工艺图的形状和尺寸，制造模样和芯盒。在设计工艺图时，要考虑下列问题。

1）分型面的选择。分型面是上、下砂型的分界面，选择分型面时必须使模样能从砂型中取出，并使造型方便和有利于保证铸件质量。

2）拔模斜度。为了易于从砂型中取出模样，凡垂直于分型面的表面，要设置 0.5°~4° 的拔模斜度。拔模斜度的存在使毛坯上的平直面变为斜面，不利于后期机械加工过程中零件的装夹，所以对形状简单、无实际起模困难的铸件，可不设置拔模斜度。

3）加工余量。铸件需要加工的表面，均需留出适当的加工余量（为保证零件精度和表面粗糙度，在毛坯上增加的而在切削加工中切除的金属层厚度）。

4）收缩量。铸件冷却时要收缩，模样的尺寸应考虑铸件收缩的影响。通常用于铸铁件的模样要加大 1%；铸钢件的模样加大 1.5%~2%；铝合金件的模样加大 1%~1.5%。

5）圆角铸件上各表面的转折处要做成过渡性圆角，以利于造型及保证铸件质量。

6）芯头有砂芯的砂型，必须在模样上做出相应的芯头。

图 3-7 为压盖零件的铸造工艺图及相应的模样图。从图中可见模样的形状和零件图往往是不完全相同的。形状上，模样相对零件增加了斜度、圆角和芯头，尺寸上，模样相对于零件，其对应尺寸要大一个加工余量和收缩量。

3.2.6　造型

在砂型铸造中，主要的工作是用型砂和模样制造铸型。按紧实型砂的方法，造型分为手工造型和机械造型。

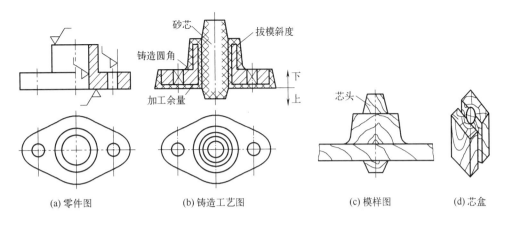

(a) 零件图   (b) 铸造工艺图   (c) 模样图   (d) 芯盒

图 3-7　压盖零件的铸造工艺图及相应的模样图

3.2.6.1　手工造型

造型主要工序为填砂、舂砂、起模和修型。填砂是将型砂填充到已放置好模样的砂箱内，舂砂则是把砂箱内的型砂紧实，起模是把形成型腔的模样从砂型中取出，修型是起模后对砂型损伤处进行修理。手工完成这些工序的操作方式即手工造型。手工造型方法很多，有砂箱造型、脱箱造型、刮板造型、组芯造型、地坑造型和泥芯块造型等。砂箱造型又可分为两箱造型、三箱造型、叠箱造型和劈箱造型等。各种造型方法的特点及应用见表 3-2。下面介绍几种常用的手工造型方法。

（1）整模两箱造型　整模造型的特点是模样为整体，铸型的型腔一般只在下箱。造型时，整个模样能从分型面方便地取出。整模造型操作简便，铸型型腔不受上下砂箱错位的影响，所得铸型型腔的形状和尺寸精度较好，适用于外形轮廓上有一个平面可作分型面的简单铸件，如齿轮坯、轴承、皮带轮、罩等。图 3-8 所示为整模造型的基本过程。

表 3-2　常用手工造型方法的特点和应用范围

分类	造型方法	特点			应用范围
		模样结构和分型面	砂箱	操作	
按模样特征	整模造型	整体模；分型面为平面	两个砂箱	简单	较广泛
	分模造型	分开模；分型面多为平面	两或三个砂箱	较简单	回转类铸件
	活块造型	模样上有妨碍起模的部分，做成活块；分型面多为平面	两或三个砂箱	较费事	单件小批量
	挖砂造型	整体模，铸件最大截面不在分型面处，造型时须挖去阻碍起模的型砂；分型面一般为曲面	两或三个砂箱	费事，对操作技能要求高	单件小批生产的中小铸件

29

分类	造型方法	特点			应用范围
		模样结构和分型面	砂箱	操作	
按模样特征	假箱造型	为免去挖砂操作，用假箱代替挖砂操作；分型面为曲面	两或三个砂箱	较简单	需挖砂造型的成批铸件
	刮板造型	与铸件截面相适应的板状模样；分型面为平面	两箱或地坑	很费事	大中型轮类、管类铸件，单件小批生产
按砂箱特征	两箱造型	各类模样手工或机器造型均可，分型面为平面或曲面	两个砂箱	简单	较广泛
	三箱造型	铸件截面为中间小两端大，用两箱造型取不出模样，必须用分开模；分型面一般为平面，有两个	三个砂箱	费事	各种大小铸件，单件小批生产
	地坑造型	中、大型整体模、分开模、刮板模均可；分型面一般为平面	上型用砂箱、下型用地坑	费事	大、中件单件生产

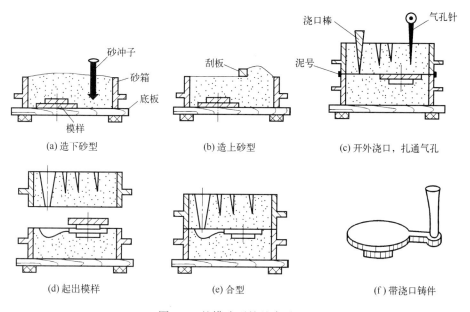

(a) 造下砂型　　(b) 造上砂型　　(c) 开外浇口，扎通气孔

(d) 起出模样　　(e) 合型　　(f) 带浇口铸件

图 3-8　整模造型的基本过程

（2）分模两箱造型　分模造型的特点是当铸件截面中间小两端大时，如做成整体造型，很难从铸型中起模，因此将模样在最大截面处分开（用销钉定位，可合可分）以便于造型时顺利起模。

分模造型操作较简便，适用于形状较复杂的铸件，特别是广泛用于有孔或带有型芯的铸件，如套筒、水管、阀体、箱体等。图 3-9 所示为轴套零件的分模造型操作过程。

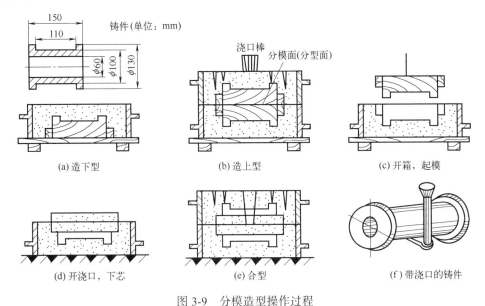

图 3-9　分模造型操作过程

（3）挖砂造型　有些铸件的最大截面在中部，且不宜做成分开结构，必须做成整体，在造型过程中局部被砂型埋住不能起出模样，这时就需要采用挖砂造型，即沿着模样最大截面挖掉一部分型砂，形成不太规则的分型面，如图 3-10 所示。挖砂造型工作麻烦，适用于单件或小批量的铸件生产。对于分型面为阶梯面或曲面的铸件，当生产数量较多时，可用成形底板代替平面底板，并将模样放置在成形底板上造型，可省去挖砂操作。成形底板可根据生产数量的不同，分别用金属、木材制作；如果件数不多，也可用黏土较多的型砂舂紧制成砂质成形底板，称为假箱，假箱造型是利用预先制好的成形底板或假箱来代替挖砂造型中所挖

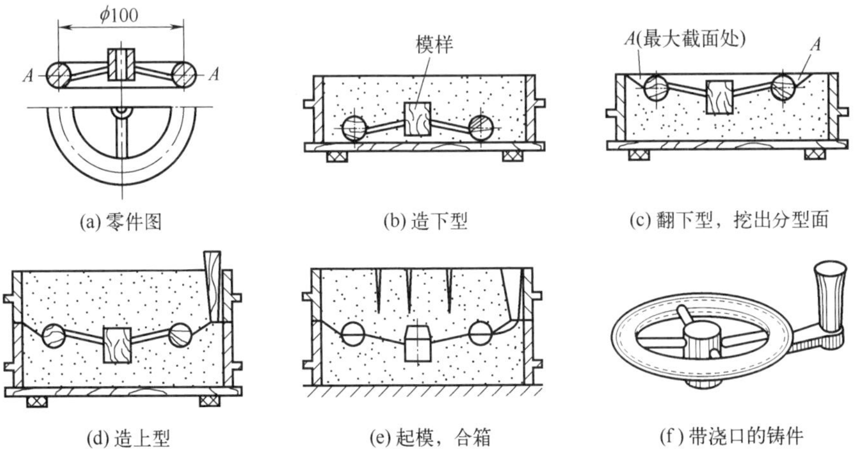

（a）零件图　　　　（b）造下型　　　　（c）翻下型，挖出分型面

（d）造上型　　　　（e）起模，合箱　　　　（f）带浇口的铸件

图 3-10　手轮的挖砂造型过程

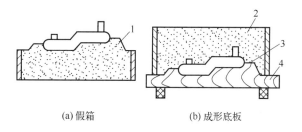

(a) 假箱　　　　　　　　　　(b) 成形底板

图 3-11　用假箱或成形底板造型

1—假箱；2—下砂型；3—最大分型面；4—成形底板

去的型砂，如图 3-11 所示。

（4）活块造型　有些零件侧面带有凸台等突起部分时，造型时这些突出部分会妨碍模样从砂型中起出，故在模样制作时，将凸起部分做成活块，用销钉或燕尾槽与模样主体连接。起模时，先取出模样主体，然后从侧面取出活块。这种造型方法称为活块造型，如图 3-12 所示。

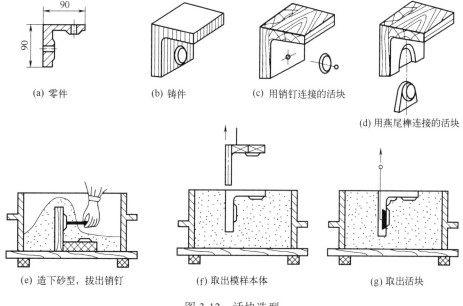

图 3-12　活块造型

（5）刮板造型　刮板造型是用与铸件断面形状相适应的刮板代替模样的造型方法。造型时，刮板围绕固定轴回转，将型腔刮出，如图 3-13 所示。这种造型方法可以节省制模时间以及材料，但操作麻烦，要求较高的操作技术，生产率低，多用于单件或小批量生产的较大回转体铸件。

（6）三箱造型　一些形状复杂的铸件，只用一个分型面的两箱造型难以正常取出型砂中的模样，必须采用三箱或多箱造型的方法。三箱造型有两个分型面，操作过程较两箱造型复杂，生产效率低，只适用于单件小批量生产，其工艺过程如图 3-14 所示。

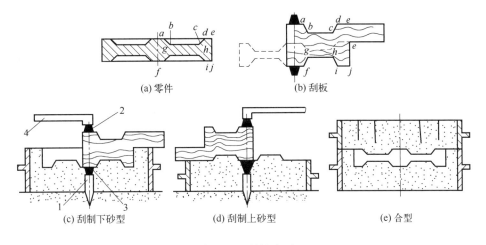

(a) 零件　　　　　　(b) 刮板

(c) 刮制下砂型　　　　(d) 刮制上砂型　　　　(e) 合型

图 3-13　刮板造型

1—木桩；2—下顶针；3—上顶针；4—转动臂

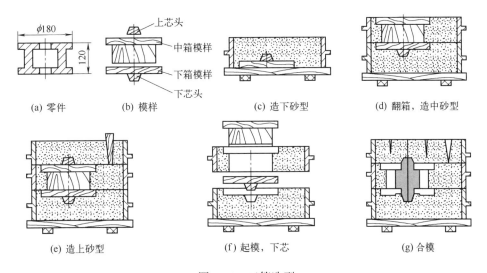

(a) 零件　　(b) 模样　　(c) 造下砂型　　(d) 翻箱，造中砂型

(e) 造上砂型　　(f) 起模，下芯　　(g) 合模

图 3-14　三箱造型

（7）地坑造型　直接在铸造车间的砂地上或砂坑内造型的方法称为地坑造型。大型铸件单件生产时，为节省砂箱，降低铸型高度，便于浇注操作，多采用地坑造型。图 3-15 所示为地坑造型结构，造型时需考虑浇注时能顺利将地坑中的气体引出地面，常以焦炭、炉渣等透气物料垫底，并用铁管引出气体。

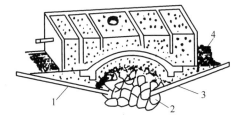

图 3-15　地坑造型结构

1—通气管；2—焦炭；3—草垫；4—定位桩

3.2.6.2 机械造型

手工造型虽然投资少，灵活性和适应性强，但生产效率低，铸件质量差，因此适合单件小批量生产时采用，而成批大量生产时，就要采用机械造型。

用机械全部地完成或至少完成紧砂操作的造型工序，叫作机械造型。机械造型实质上是用机械方法取代手工进行造型过程中的填砂、春砂和起模。填砂过程常在造型机上用加砂斗完成，要求型砂松散，填砂均匀。春砂就是使砂型紧实，达到一定的强度和刚度。型砂被紧实的程度通常用单位体积内型砂的质量表示，称作紧实度。机械造型可以降低劳动强度，提高生产效率，保证铸件质量，适用于批量铸件的生产。

机械造型的主要方法有振压造型、抛砂造型、射砂造型、静压造型、多触头高压造型、垂直分型无箱射压造型、真空密封造型等。振实造型机的工作原理示意图如图3-16所示。

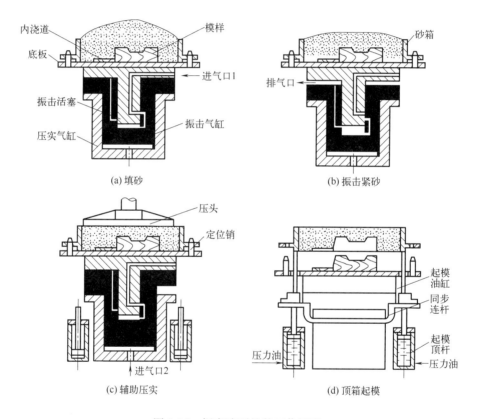

图 3-16　振实造型机的工作原理

机械造型方法的选择应根据多方面的因素综合考虑，铸件要求精度高、表面粗糙度值低时，选择砂型紧实度高的造型方法；铸钢、铸铁件与非铁合金铸件相比对砂型刚度要求高，也应选用砂型紧实度高的造型方法；铸件批量大、产量大时，应选用生产率高或专用的造型设备；铸件形状相似、尺寸和质量相差不大时，应选用同一造型机和统一的砂箱。

机械起模也是铸造机械化生产的一道工序。机械起模比手工起模平稳，能降低工人劳动强度。机器起模有顶箱起模和翻转起模两种。

（1）顶箱起模　顶箱起模如图 3-17 所示，起模时利用液压或油气压，用 4 根顶杆顶住砂箱四角，使之垂直上升，而固定在工作台上的模板不动，砂箱与模板逐渐分离，实现起模。

（2）翻转起模　翻转起模如图 3-18 所示，起模时用翻台将砂型和模板一起翻转 180°，然后用接箱台将砂型接住，而固定在翻台上的模板不动，接着下降接箱台使砂箱下移，完成起模。

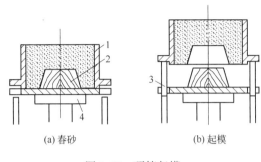

(a) 春砂　　　　　(b) 起模

图 3-17　顶箱起模

1—砂箱；2—模板；3—顶杆；4—造型机工作台

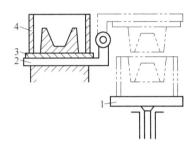

图 3-18　翻转起模

1—接箱台；2—翻台；3—模板；4—砂箱

3.2.7　造芯

型芯的主要作用是形成铸件的内腔和孔，有时也用于形成铸件外形上妨碍起模的凸台和凹槽。浇注时型芯被金属液冲刷和包围，因此要求型芯有更好的强度、透气性、耐火性和退让性。

（1）造芯工艺

1）放芯骨　芯骨又称为型芯骨，由芯砂包围，其作用是加强型芯的强度。通常芯骨由金属制成。根据型芯的尺寸不同，用来制造芯骨的材料、形状也不同。小型芯的芯骨用铁丝、铁钉制成；中、大型型芯一般采用铸铁芯骨或由型钢焊接而成的芯骨，如图 3-19 所示。为了保证型芯的强度，芯骨应伸入型芯头，但不能露出型芯表面，应有 20~50mm 的吃砂量，以免阻碍铸件收缩，大型芯骨还须做出吊环，以利吊运。

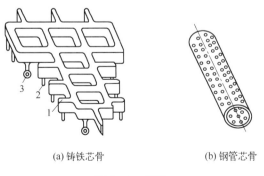

(a) 铸铁芯骨　　　　　(b) 钢管芯骨

图 3-19　芯骨

1—芯骨框架；2—芯骨齿；3—吊环

2）开通气孔 在型芯中开设通气孔，可提高型芯的排气能力。通气孔应贯穿型芯内部，并从芯头引出。形状简单的型芯大多用通气针扎出通气孔；形状复杂的型芯（如弯曲芯），可在型芯中埋放蜡线，在烘干时蜡线熔化或燃烧后形成通气孔；大型型芯为了使气体易于排出和改善韧性，可在型芯内部填放焦炭，以减小砂层厚度，增加孔隙。常见的提高型芯通气性的方法如图 3-20 所示。

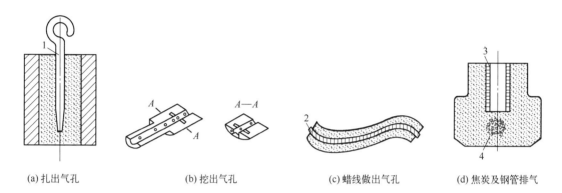

(a) 扎出气孔　　　　(b) 挖出气孔　　　　(c) 蜡线做出气孔　　　　(d) 焦炭及钢管排气

图 3-20　提高型芯通气性的方法

1—通气针；2—蜡线；3—钢管；4—焦炭

3）上涂料 涂刷涂料可降低铸件表面的粗糙度值，减少铸件黏砂、夹砂等缺陷。一般中、小铸钢件和部分铸铁件可用硅粉涂料，大型铸钢件用刚玉粉涂料，石墨粉涂料常用于铸铁件生产中。

4）烘干 型芯一般需要烘干以增强透气性和强度。根据芯砂的成分，选择适当的烘干温度及烘干时间，如黏土砂型芯烘干温度为 250~350℃，保温 3~6h；油砂型芯烘干温度为 200~220℃，保温 1~2h。

（2）造芯方法 造芯方法一般分为两种：手工造芯和机械造芯。在单件小批量生产中，大多用手工造芯；在成批大量生产中，广泛采用机械造芯。

1）手工造芯 手工造芯可分为芯盒造芯和刮板造芯两类。图 3-21 所示为整体翻转式芯盒造芯示意图。

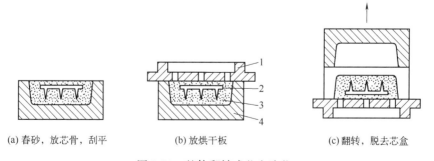

(a) 舂砂，放芯骨，刮平　　　　(b) 放烘干板　　　　(c) 翻转，脱去芯盒

图 3-21　整体翻转式芯盒造芯

1—烘干板；2—芯骨；3—型芯；4—芯盒

2）机械造芯　机械造芯与机械造型的原理相同，也有振实式、微振压实式和射芯式等多种方法。机械造芯生产率高，型芯紧实度均匀，质量好，但安放芯骨、取出活块或开气道等工序有时仍需手工完成。

3.2.8　浇注系统

为保证金属液能顺利填充型腔而开设于铸型内部的一系列用来引入金属液的通道称为浇注系统。浇注系统的作用为：

① 使金属液平稳地充满铸型型腔，避免冲坏型腔壁和型芯；

② 阻挡金属液中的熔渣进入型腔；

③ 调节铸型型腔中金属液的凝固顺序。

浇注系统对获得合格铸件、减少金属的消耗有重要作用。合理的浇注系统可以确保得到高质量的铸件，不合理的浇注系统会使铸件产生冲砂、砂眼、渣眼、浇不足、气孔和缩孔等缺陷。

（1）浇注系统的组成　典型的浇注系统如图 3-22 所示，主要由外浇道、直浇道、横浇道和内浇道组成。

1）外浇道　外浇道又称为外浇口，常用的有漏斗形和浇口盆两种形式。漏斗形外浇道是在造型时将直浇道上部扩大成漏斗形，因结构简单，常用于中、小型铸件的浇注。浇口盆用于大、中型铸件的浇注。外浇道的作用是承受来自浇包的金属液，缓和金属液的冲刷，使它平稳地流入浇道。

图 3-22　浇注系统的组成

1—外浇道；2—直浇道；3—横浇道；4—内浇道

2）直浇道　直浇道是浇注系统中的垂直通道，其形状一般是一个有锥度的圆柱体。它的作用是将金属液从外浇道平稳地引入横浇道，并形成充型的静压力。

3）横浇道　横浇道是连接直浇道和内浇道的水平通道，截面形状多为梯形。它除了向内浇道分配金属液外，还主要起挡渣作用，阻止夹杂物进入型腔。为了便于集渣，横浇道必须开在内浇道上面，末端距最后一个内浇道要有一段距离。

4）内浇道　内浇道是引导金属液流入型腔的通道，截面形状为扁梯形、三角形或月牙形，其作用是控制金属液流入型腔的速度和方向，调节铸型各部分温度分布。

（2）浇注系统的类型

1）顶注式浇口　顶柱式浇口金属消耗少，补缩作用少，但容易冲坏砂型和产生飞溅，挡渣作用也差。主要用于不太高且形状简单、薄壁的铸件。

2）底注式浇口　底注式浇口浇注时液体金属流动平稳，不易冲砂和飞溅，但补缩作用较差，不易浇满薄壁铸件。主要用于形状较复杂、壁厚、高度较大的大中型铸件。

3）中间注入式浇口　中间注入式浇口是介于顶注式和底注式之间的一种浇口，开设方便，应用广泛。主要用于一些中型、不很高、但水平尺寸较大的铸件。

4）阶梯式浇口　阶梯式浇口由于内浇口从铸件底部、中部、顶部分层开设，因而兼有顶注式和底注式的优点。主要用于高大铸件的浇注。

图 3-23 为上述几种浇注系统的示意图。

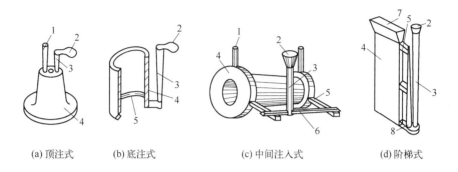

(a) 顶注式　　(b) 底注式　　　　(c) 中间注入式　　　　(d) 阶梯式

图 3-23　浇注系统的类型

1—出气口；2—浇口杯；3—直浇道；4—铸件；5—内浇道；6—横浇道；7—冒口；8—分配直浇道

3.2.9　冒口与冷铁

（1）冒口　对于大铸件或收缩率大的合金铸件，由于凝固时收缩大，如不采取措施，在最后凝固的地方（一般是铸件的厚壁部分）会形成缩孔和缩松。为使铸件在凝固的最后阶段能及时地得到金属液而增设的补缩部分称为冒口。冒口即为在铸型内储存供补缩铸件用的熔融金属的空腔，也指该空腔中充填的金属。冒口的大小、形状应保证其在铸型中最后凝固，这样才能形成由铸件至冒口的凝固顺序。冒口有明冒口和暗冒口两种，如图 3-24 所示。

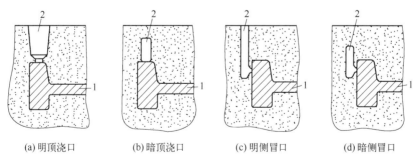

(a) 明顶浇口　　(b) 暗顶浇口　　(c) 明侧冒口　　(d) 暗侧冒口

图 3-24　冒口

1—铸件；2—冒口

（2）冷铁　为提高铸件局部的冷却速度，在砂型、型芯表面或型腔中安放的金属物，称为冷铁。位于铸件下部的厚截面很难用冒口补缩，如果在这种厚截面处安放冷铁，由于冷铁处的金属液冷却较快，则可使厚截面处先凝固，从而实现自下而上的顺序凝固。冷铁通常用钢或铸铁制成，分为外冷铁和内冷铁两种，如图 3-25 所示。

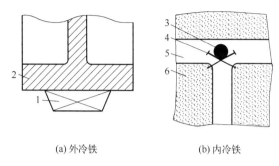

(a) 外冷铁　　　　　　　(b) 内冷铁

图 3-25　冷铁

1—冷铁；2—铸件；3—长圆柱形冷铁；4—钉子；5—型腔；6—型砂

3.3　合金的熔炼与浇注

3.3.1　铸造合金种类

铸造用金属材料种类繁多，有铸铁、铸钢、铸造铝合金、铸造铜合金等。其中铸铁件是应用最广泛的铸造合金，据统计，铸铁件产量约占铸件总产量的 80%。

（1）铸铁　工业上常用的铸铁是碳的质量分数大于 2.11%，以铁、碳、硅为主要元素的多元合金，它生产成本低，铸造性能、加工性能良好，耐磨性、减振性、导热性较好，有适当的强度和硬度。因此，铸铁在工程上有比铸钢更广泛的应用。但铸铁的强度较低，且塑性较差，所以制造受力大而复杂的铸件，特别是中、大型铸件，往往采用铸钢。铸铁按用途分为常用铸铁和特种铸铁，常用铸铁包括灰铸铁、球墨铸铁、可锻铸铁、蠕墨铸铁，特种铸铁包括抗磨铸铁、耐腐蚀铸铁等。

（2）铸钢　铸钢包括碳钢（碳的质量分数为 0.20%~0.60% 的铁-碳二元合金）和合金钢（碳钢和其他合金元素组成的多元合金）。铸钢强度较高，塑性较好，具有耐热、蚀、耐磨等特殊性能，某些高合金钢具有特种铸铁所没有的良好的加工性和焊接性。除应用于一般工程结构件外，铸钢还广泛应用于受力复杂、要求强度高且韧性好的铸件，如水轮机转子、高压阀体、大齿轮、辊子、球磨机衬板和挖掘机的斗齿等。

（3）铸造非铁合金　常用的铸造非铁合金有铜合金、铝合金和镁合金等。其中铸造铝合金应用最多，它密度小，具有一定的强度、塑性及耐腐蚀性，广泛应用于制造汽车轮毂，发动机的汽缸体、汽缸盖、活塞等。铸造铜合金具有比铸造铝合金好得多的力学性能，并有优良的导电性、导热性和耐蚀性，可以制造承受高应力、耐腐蚀、耐磨损的重要零件，如阀体、泵体、齿轮、蜗轮、轴承套、叶轮、船舶螺旋桨等。镁合金是目前最轻的金属结构材料，也是 21 世纪最具有发展前景的金属材料之一，它的密度小于铝合金，但比强度和比刚度高于铝合金。铸造镁合金应用于汽车、航空航天、兵器、电子电器、光学仪器以及电子计算机等制造部门，如飞机的框架、壁板、起落架轮毂，汽车发动机缸盖等。

3.3.2 铸铁的熔炼

铸铁熔炼是将金属料、辅料入炉加热，熔化成铁水，为铸造生产提供预定成分和温度、非金属夹杂物和气体含量少的优质铁液的过程，它是决定铸件质量的关键工序之一。

对铸铁熔炼的基本要求是优质、低耗和高效，即金属液温度足够高；金属液的化学成分符合要求，纯净度高（夹杂物和气体含量少）；熔化效率高，燃料、电力消耗少，金属烧损少，熔炼速度快。

（1）冲天炉的基本构造 熔炼铸铁的设备种类很多，如冲天炉、电炉（感应电炉和电弧炉）、坩埚炉和反射炉等，目前还是以冲天炉应用最为广泛。图 3-26 所示为冲天炉的结构简图，由烟囱、炉身、炉缸、前炉等部分组成。

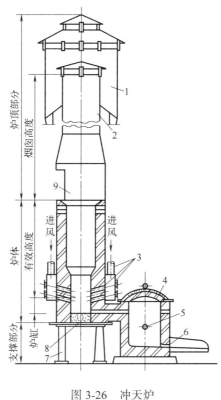

图 3-26　冲天炉

1—除尘器；2—烟囱；3—送风系统；4—前炉；5—出渣口；6—出铁口；7—支柱；8—炉底板；9—加料口

1）烟囱　从炉顶至加料口下沿为烟囱。烟囱顶部常带有火花罩。其作用是增大炉内的抽风能力，并把烟气和火花引出车间。

2）炉身　从加料口下沿至第一排风口为炉身，炉身的高度亦称为有效高度。炉身的上部为顶预热区，其作用是使下移的炉料被逐渐预热到熔化温度。炉身的下部是熔化区和过热区。在过热区的炉壁四周配有 2~3 排排风口（每排 5~6 个），风口与其外面的风带相通，风机排出的高压风沿风管进入风带后经进风口吹入炉腔，使焦炭燃烧。下落到熔化区的金属料在该区被熔化，而铁水在流经过热区时被加热到所需温度。

3）炉缸　从第一排风口至炉底为炉缸，熔化的铁水被过热区过热后经炉缸流入前炉。炉缸与前炉连接的部分称为过桥。

4）前炉　前炉的作用是储存铁水并使其成分、温度均匀化，以备浇注用。

（2）冲天炉炉料　冲天炉熔化用的炉料包括金属炉料、燃料和熔剂三部分。

1）金属炉料　金属炉料包括新生铁、回炉铁、废钢和铁合金。新生铁又称为高炉生铁，是冲天炉主要加入的金属料；回炉铁，包括浇冒口、废旧铸件等，按配料的需要加入回炉铁，可以减少新生铁的加入量，降低铸件成本；废钢，包括废钢件、钢料、钢屑等，加入废钢可以降低铁水的含碳量；铁合金，包括硅铁、锰铁、铬铁等，用于调整铁水的化学成分或配制合金铸铁。

2）燃料　冲天炉所用燃料有焦炭、重油、煤粉、天然气等，其中以焦炭应用最为广泛。焦炭的质量和块度大小对熔炼质量有很大影响。焦炭中固定碳含量越高，发热量越大，铁液温度越高，同时熔炼过程中由灰分形成的渣量相应减少。焦炭应具有一定的强度及块料尺寸，以保持料柱的透气性，维持炉子正常熔化过程。层焦块度为 40~120mm，底焦块度大于层焦。焦炭用量为金属炉料的 1/10~1/8，这一数据称为焦铁比。

3）熔剂　熔剂的作用是排渣。在熔化过程中，熔剂与炉料中有害物质会形成熔点低、比重轻、易于流动的熔渣，以便于排除。常用的熔剂有石灰石（$CaCO_3$）或者萤石（CaF_2），块度比焦炭略小，加入量为焦炭质量的 25%~30%。

（3）冲天炉熔炼的基本原理　冲天炉是利用对流原理来进行熔炼的，其熔炼过程为：

1）炉料从加料口装入，自上而下运动，被上升的热炉气预热，并在炉化带（在底焦顶部，温度约为 1200℃）开始熔化。

2）铁水在下落的过程中又被高温炉气和炽热的焦炭进一步加热（称过热），温度可达 1600℃左右，经过过道进入前炉。此时温度稍有下降，最后出炉温度为 1360~1420℃。

3）从风口进入的风和底焦燃烧后形成的高温炉气自上而下流动，最后变成废气，从烟囱排出。

（4）冲天炉熔炼基本操作

1）修炉与烘炉　冲天炉每一次开炉前都要对上次开炉后炉衬的侵蚀和损坏进行修理，用耐火材料修补好炉壁，然后用干柴或烘干器慢火充分烘干前、后炉。

2）点火与加底焦　烘炉后，加入干柴，引火点燃，然后分三次加入底焦，使底焦燃烧，调整底焦加入量至规定高度。这里，底焦是指金属料加入以前的全部焦炭量，底焦高度则是从第一排风口中心线至底焦顶面为止的高度，不包括炉缸内的底焦高度。

3）装料　加完底焦后，加入两倍批料量的石灰石，然后加入一批金属料，然后依次加入批料中的焦炭、熔剂、废钢、新生铁、铁合金、回炉铁。加入层焦的作用是补充底焦的消耗，批料中熔剂的加入量为层焦质量的 20%~30%。批料应一直加到加料口下缘为止。

4）开风熔炼　装料完毕后，自然通风 30min 左右，即可开风熔炼。在熔炼过程中，应严格控制风量、风压、底焦高度，注意铁水温度、化学成分，保证熔炼正常进行。熔炼过程中，金属料被熔化，铁水滴穿过底焦缝隙下落到炉缸，再经过通道流入前炉，而生成的渣液则漂浮在铁水表面。此时可打开前炉出铁口排出铁水，用于铸件浇注，同时每隔 30~50min 打开渣口出渣。在熔炼过程中，正常投入批料，使料柱保持规定高度，最低不得比规定料位低二批料。

5）停风打炉　停风前在正常加料后加二批打炉料（大块料）。停料后，适当降低风量、风压，以保证最后几批料的熔化质量。前炉有足够的铁液量时即可停风，待炉内铁液排完后进行打炉，即打开炉底门，用铁棒将底焦和未熔炉料捅下，并喷水熄灭。

3.3.3　浇注工艺

将金属液注入铸型的过程即为浇注。浇注是铸造生产中的重要工序，若操作不当会造成冷隔、气孔、缩孔、夹渣和浇不足等缺陷。

（1）准备工作

1）根据待浇铸件的大小准备浇包并烘干预热，以免导致铁液飞溅和急剧降温。常见的浇包有一人使用的端包、两人操作的抬包和用吊车装运的吊包，容量分别为 20kg、50~100kg、大于 200kg。

2）去掉盖在铸型浇道上的护盖并清除周围的散砂，以免落入型腔中。

3）应明了待浇铸件的大小、形状和浇注系统类型等，以便正确控制金属液的流量并保证在整个浇注过程中不断流。

4）浇注场地应畅通，如地面潮湿积水应用干砂覆盖，以免造成金属液飞溅伤人。

（2）浇注方法

1）控制浇注速度　浇注速度要适中，太慢会使金属液降温过多，易产生浇不足、冷隔、夹渣等缺陷；浇注速度太快，金属液充型过程中气体来不及逸出，易产生气孔，同时金属液的动压力增大，易冲坏砂型或产生抬箱、跑火等缺陷。浇注速度应根据铸件的大小、形状决定。浇注开始时，浇注速度应慢些，利于减小金属液对型腔的冲击和气体从型腔排出；随后浇注速度加快，以提高生产速率，并避免产生缺陷；结束阶段再降低浇注速度，防止发生抬箱现象。

2）控制浇注温度　金属液浇注温度的高低，应根据铸件材质、大小及形状来确定。浇注温度过低时，铁液的流动性差，易产生浇不足、冷隔、气孔等缺陷；而浇注温度偏高时，铸件收缩大，易产生缩孔、裂纹、晶粒粗大及黏砂等缺陷。铸铁件的浇注温度一般为 1250~1360℃。对形状复杂的薄壁铸件浇注温度应高些，厚壁简单铸件可低些。

3）估计好铁水质量　铁水不够时不应浇注，因为浇注中不能断流。

4）扒渣　为使熔渣便于扒出或挡住，可在浇包内金属液面上加些干砂或稻草灰。浇注前进行扒渣操作，即清除金属液表面的熔渣，以免熔渣进入型腔。

5）引火　用红热的挡渣钩点燃从砂型中逸出的气体，防止一氧化碳等有害气体污染空气以及形成气孔。

第 4 章　焊接

教学目标	本章重点
（1）熟悉焊接的定义、分类和特点； （2）了解焊接的手工电弧焊； （3）掌握铸造中的气焊和气割。	焊接的基本知识、手工电弧焊工艺。
	本章难点
	焊接中手工电弧焊的焊接工艺。
思政目标	
通过对焊接基础知识的讲解，培养学生吃苦耐劳的精神，使学生理解掌握好一门制造技术需要无数次反复锤炼，同时还要考虑保护环境节约能源，这样才能实现可持续发展。	

4.1　概述

4.1.1　焊接的分类、特点及应用

　　焊接是指通过局部加热或加压等手段，加填充金属或不加填充金属，使分离的金属材料形成永久性连接的一种加工方法。被焊的金属材料能够形成永久性连接，是由于通过加热或加压，或两者兼用等手段，借助于金属表面原子的扩散和结合作用，实现原子间的结合。

　　（1）焊接的分类　焊接的种类很多，按焊接过程的特点可以分成三大类。

　　1）熔焊　熔焊是利用局部加热的方法，把两块被焊金属的接头处加热到熔化状态，冷却结晶后形成焊缝而将两部分金属连接成为一个整体的方法。熔焊的基本方法有气焊、电弧焊、电渣焊、电子束焊、激光焊等。

　　2）压焊　压焊是对两被焊金属接头施加压力（加热或不加热），通过被焊工件的塑性变形而使接头表面紧密接触，彼此焊接起来的方法。压焊的基本方法有：摩擦焊、超声波焊、扩散焊、电阻对焊和闪光对焊。

　　3）钎焊　钎焊是利用熔点比母材低的填充金属熔化之后，填充接头间隙并与固态母材相互扩散实现连接的焊接方法。

　　图 4-1 所示为根据焊接过程的不同物理化学特点而划分的基本焊接工艺方法。

　　（2）焊接的特点　焊接与铸造、锻压等其他加工方法相比，其主要优点如下：

　　1）简化生产工艺　焊接可以将大型结构或者复杂的部件分成形状简单的几部分分别制造，再将各部分焊接起来便可获得所要求的大型构件或复杂部件。这种通过化大为小，化复杂为简单的工艺是其他成形加工方法难以做到的。

　　2）能焊接异种材料　焊接既可节省贵重材料，又可保证零部件的使用性能。例如，在碳钢刀杆上焊上硬质合金刀片或者将碳钢钻柄与高速钢刀刃相对接制成的车刀和钻头，既可节省硬质合金和高速钢等贵重材料，又可满足刀具高速、重负荷切削加工的要求。此外，利用

异种材料的焊接还可生产复合材料的容器，例如，用廉价的低碳钢为基层，不锈钢为复层制成的焊接容器，在节约贵重不锈钢的同时还可获得耐蚀、耐热、无磁性等特殊性能。

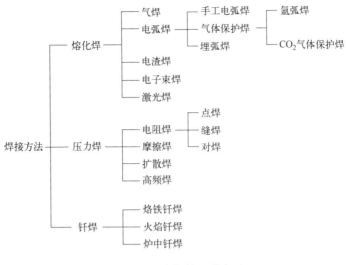

图 4-1　基本焊接工艺方法

3）可修复部分丧失功能的机件　对于磨损件，可采用堆焊的方法在受磨损的部位堆焊。上一层耐磨材料，不仅可恢复零件的尺寸和形状，也可使易磨损部位的耐磨性得到提高，延长其使用期限。对那些在制造或使用过程中出现裂纹甚至断裂的构件，也可通过适当的焊接工艺来进行修复

4）焊接件质优、生产周期短　焊接接头性能优良、气密性好、重量轻、节约材料，构件厚度也可在很大范围内选择。此外焊接结构生产周期短，例如，制造一艘三十万吨的邮轮，焊接只需三个月，而用铆接方法制造需要一年多时间。

（3）焊接的应用　焊接工艺为国民经济各工业部门生产了各种重要的零部件、构件和装备，如能源工业中的水轮机和汽轮机主轴、转轮、锅炉和核能设备等；冶金工业中的高炉和炼钢炉壳体、大型轧辊、机架等；机械制造业中的锻压机械、汽车、拖拉机部件和切削工具等；石油化工工业中的各种压力容器、管道、反应塔等；船舶和海洋开发中的船体、深潜设备和海洋石油钻井平台等；交通运输业中的桥梁、车辆和起重运输设备等；航空航天工业中的高压气瓶、返回舱、飞机和火箭壳体等。

4.1.2　焊接生产的安全技术

焊接过程中将产生对人体有毒或有害的光、热、气等。在焊接过程中，电弧、熔池将成为热、电、磁、光的通路，会影响焊接生产的安全。焊接过程中主要存在以下危害。

（1）电击危害　由于被焊接工件和焊枪各为一极，在施焊过程中必然会有一定量的电流经过人体。虽然焊接电弧的电压范围在 10~40V，但通常焊接电源的空载电压可高达 80V，以

满足起弧时的电压需要。在潮湿的场合或狭窄的金属物体空间，80V 的电压足以引起致命的电击。尤其是在更换焊条时，焊接者是靠手套的绝缘性能来避免较高空载电压的电击的，但当手套潮湿或焊工与金属导体表面接触时，原有的绝缘层就会失效，从而发生电击。

此外，在钨极氩弧焊焊接过程中，引弧方式一般采用高频振荡回路。高频持续的时间很短，大都为毫秒级，此时电流也很小，但电压很高，达数千伏。一般情况下不会引起电击，但有时高频会积聚在皮肤表面，穿过手套的孔洞导致小而深的烧伤。高频对人体神经系统也会产生影响，长时间工作会产生疲劳、精神不振、眩晕等症状。另外，高频产生的电磁辐射会干扰仪表或设备控制系统的工作。所以，在焊接作业中，为防止意外触电事故，焊接者应当养成以下良好的习惯：

① 作业时应戴干燥、符合要求的手套；

② 不要让皮肤或湿衣服触及电极或者电焊钳的金属部分；

③ 保持身体与金属焊件及地面的绝缘；

④ 使电焊电缆和电焊钳保持良好的工作状态。

（2）弧光辐射　焊接电弧是等离子体，由带电离子和中性粒子组成。电弧的温度很高，一般都在 2000℃以上，个别特殊焊接电弧温度可达数万度。这些高温电弧可产生三种类型的辐射，即紫外光、可见光与红外光（热）辐射。紫外光会灼伤皮肤，引起电光性眼炎；可见光会使眼睛发花及视力损伤；红外光对皮肤和眼睛均有害。针对弧光辐射危害的防护措施有：

① 在焊接作业区严禁直视电弧。根据不同的焊接方法及同一焊接方法的电流和母材种类及厚薄等条件的差异选择护目镜片，镜片的数字越大，则深度越大，对眼睛的保护效果越好。

② 施焊时应穿上标准规定的防护服。

③ 施焊场地应用围屏或挡板与周围隔离。

④ 注意眼睛的适当休息。

（3）噪声　在焊接生产现场会出现不同的噪声源，如对坡口的打磨、装配时锤击、焊缝修整、等离子切割等。在生产现场，焊接者在噪声 90dB 时工作 8h，听觉和神经系统就会受到伤害。一般情况下，当噪声超过允许值 5~20dB 时，就对焊接者产生有害影响，而手工打磨的噪声达 108dB，某些焊机（如直流旋转焊机）的使用会产生很大的连续性噪声，这种噪声高达 85~100dB。在高噪声环境中工作，短期则会产生听觉疲劳；长期在高噪声环境中工作，由于持续不断地受到噪声的刺激，日积月累，听觉疲劳会发展成噪声性耳聋，噪声还可引起多种疾病，如心神不宁、心情紧张、心跳加快和血压增高等，在强噪声下，发生高血压的概率增大。长期在噪声环境下工作，对神经功能也会造成障碍，噪声可引起大脑皮层兴奋和抑制的平衡，从而导致条件反射的异常。有的患者会发生顽固性头痛、神经衰弱和脑神经机能不全等，症状表现与周围的噪声强度有很大关系。

焊接设备产生的噪声属于可避免噪声，只要对设备进行定期检修，保证设备运行良好，此类噪声可维持在可控范围内，进而对操作者不会产生影响，而锤击、打磨过程中出现的噪声属于不可避免的噪声，只能调整工作时间，让焊工适当休息，避免产生累计损伤。

（4）烟尘　焊接及相关工艺过程中会产生有害于健康的气态和颗粒状态的物质，包括气体、烟雾、灰尘等焊接烟尘的颗粒，其中可被吸入部分（尤其是小于 $3\mu m$ 的颗粒）会侵入肺的深处，因而具有更大的危害性。对健康的短期影响表现为呼吸道刺激感、咳嗽、胸闷、金属蒸气所致的低烧以及急性流感类似症状等；而长期的影响是肺部的铁质沉着病症及良性瘤。

焊接烟尘的成分因所用焊条的不同而有差异。焊条由焊芯和药皮组成，焊芯中除含有大量的金属铁之外，还含有少量碳、锰、硅、铬、镍、硫和磷等；药皮材料主要含有大理石、萤石、纯碱、水玻璃等。焊接过程中电弧放电产生的高温（高达 4000℃）使焊条、药皮和焊件发生冶金化学反应，产生大量的金属氧化物（如氧化铁、氧化锰，二氧化硅等）烟尘弥漫于作业环境中，它随风扩散，影响面广。长期吸入这些烟尘的人，特别是焊接者，可能会引起"尘肺"这一电焊工典型的职业病，发展到一定程度会出现胸闷、气短、咳嗽等呼吸道疾病。有些焊条药皮中含有锰，焊接时在高温条件下反应生成氧化锰烟尘，而氧化锰是一种对人体非常有害的有毒物质，吸入后严重时会引起"锰中毒"，主要表现在破坏人体神经系统的正常功能，造成神经衰弱和植物性神经功能紊乱等。手工电弧焊和药芯焊丝电弧焊产生的气体中含有高比例的药皮或药芯的成分，而熔化极气体保护焊过程产生的烟雾中含有高浓度的熔敷金属成分。

为了确保焊接工作环境的安全，对焊接者在焊接烟尘中的暴露限度在世界各国都已有相应的标准，虽然可能会有些不同，但对烟尘量的典型控制值为不大于 $5mg/m^3$。同时要考虑焊工在该环境下的工作时间：一是取 8h 的时间权重平均值，主要用于分析烟尘成分对健康的影响；二是采用 15min 短期暴露，分析对健康影响的最大值。其中还应注意到烟尘的成分和浓度、焊工的工作周期、工件的尺寸以及烟尘相对于焊工的方向。

（5）有毒气体　焊接时产生的高温电弧和紫外线，会使空气发生电离而产生 O_3、CO、HF 和 N_xO 等有毒气体，刺激焊工眼睛和呼吸系统，造成焊工不适。O_3 是一种无色、有特殊刺激性气味的气体，对呼吸黏膜和肺有强烈的刺激作用，长期吸入低浓度的 O_3 会引发支气管炎、肺气肿等。CO 为无色、无味、无刺激性的气体，其来源主要是 CO_2 在电弧高温作用下分解而成，对人体的危害主要是阻碍氧在人体内的运输和利用。轻度中毒时头痛无力、呕吐、脉搏加快，严重时意识不清，甚至发生窒息或心脏功能停顿，使人不知不觉中毒而死亡。N_xO 是焊接电弧的高温引起空气中的氮、氧分子发生分解并重新结合而成的。它是有刺激性气味的气体，其中主要是二氧化氮，有特殊臭味，人体吸入后进入肺泡内而形成硝酸及亚硝酸，对肺组织产生强烈的刺激及腐蚀作用，从而引起肺水肿。针对有毒气体应采取的防护措施有：

① 焊接场地全面通风。在专门的焊接车间或焊接工作量大、焊机集中的工作地点，应考虑全面机械通风。可集中安装数台轴流式风机向外排风，使车间经常更换新鲜空气。

② 焊接场地局部通风。在焊枪附近安装小型通风机械，如排烟罩、排烟焊枪、强力小风机和压缩空气引射器等。

③ 在密闭容器或舱室里焊接需通风。最好上下都有通风口，必要时可用通风管将新鲜空

气送到焊工身边，但严禁送入氧气，防止发生燃烧。

④ 积极采用焊接新工艺、新技术，采用低尘、低毒焊条。

4.2 手工电弧焊

手工电弧焊是利用焊条与焊件间的电弧热熔化焊条和焊件进行手工焊接的过程。焊接过程中，电弧把电能转化成热能，加热零件，使焊丝或焊条熔化并过渡到焊缝熔池中去，熔池冷却后形成一个完整的焊接接头。电弧焊具有机动、灵活、适应性强，设备简单耐用，维护费用低等特点，但工人劳动强度大，焊接质量受工人技术水平影响，焊接质量不稳定。电弧焊多用于焊接单件、小批量产品和难以实现自动化加工的焊缝，可焊接板厚 1.5mm 以上的各种焊接结构件，并能灵活应用于空间位置不规则焊缝的焊接，适用于碳钢、低合金钢、不锈钢、铜及铜合金等金属材料的焊接。

4.2.1 电弧焊的原理

电弧焊如图 4-2 所示，焊机电源两输出端通过电缆、焊钳和地线夹头分别与焊条和被焊零件相连；焊接过程中，焊条与工件之间燃烧的电弧热熔化焊条端部和工件的局部，受电弧力作用，焊条端部熔化后的熔滴过渡到母材和熔化的母材融合在一起形成熔池；随着电弧向前移动，熔池中的液态金属逐渐冷却结晶并形成焊缝。

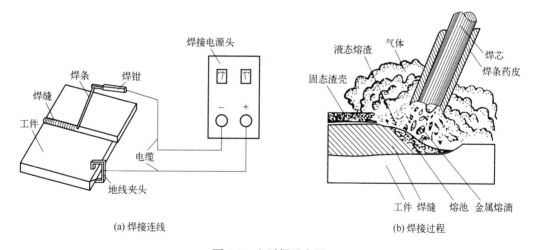

(a) 焊接连线　　　　　　　　　　　　(b) 焊接过程

图 4-2　电弧焊示意图

焊接电弧是指在电极与工件间的气体介质中强烈和持久的放电现象。电极可以是金属丝、钨极、碳棒或焊条。电弧焊就是利用焊接中电弧放电时产生的热量来加热，熔化焊条（焊丝）和母材，使之形成焊接接头。焊接时采用将焊条与工件短路的办法来引燃电弧。焊条与工件接触后立刻拉开并保持 2~4mm 的距离，即能引燃电弧。焊接电弧产生过程如图 4-3 所示。

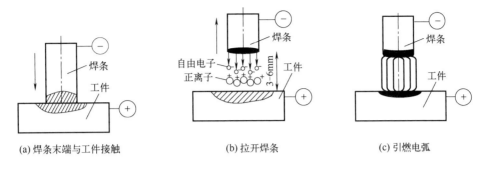

(a) 焊条末端与工件接触　　　　(b) 拉开焊条　　　　(c) 引燃电弧

图 4-3　焊接电弧的产生过程

焊接电弧由阴极区、阳极区和弧柱区三部分组成，如图 4-4 所示。阴极区是电子发射的地方，即靠近阴极很薄的一层（$10^{-5} \sim 10^{-6}$cm）。发射电子需要消耗一定的能量，所以阴极区产生的热量不多。阳极区是受电子轰击的区域，即靠近阳极很薄的一层（$10^{-3} \sim 10^{-4}$cm）高速电子撞击阳极表面并进入阳极区而释放能量，因此阳极区产生的热量较多。弧柱区是指阴极区与阳极区之间的区域，弧柱区的热量是带电粒子相互碰撞复合时释放出来的，弧柱中心温度最高可达 6000~8000K，等离子弧温度可达 30000K。

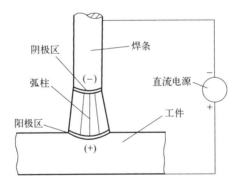

图 4-4　焊接电弧的组成

4.2.2　焊接设备与工具

焊接设备是实现焊接工艺所需要的装备。焊接设备包括弧焊机、焊接工艺装备和焊接辅助器具（如焊钳、面罩、焊条保温桶、敲渣锤和钢丝刷等）。

4.2.2.1　焊机

焊机包括焊接能源设备、焊接机头和焊接控制系统。

（1）焊接能源设备　该设备用于提供焊接所需的能量。常用的是各种弧焊电源，也称电焊机。它的空载电压为 60~100V，工作电压为 25~45V，输出电流为 50~1000A。进行手工电弧焊时，弧长常发生变化，引起焊接电压变化。为使焊接电流稳定，所用弧焊电源的外特性应是陡降的，即随着输出电压的变化，输出电流的变化应很小。熔化极气体保护电弧焊和埋弧焊可采用平特性电源，它的输出电压在电流变化时的变化很小。弧焊电源一般有弧焊变压器、直流弧焊发电机和弧焊整流器。弧焊变压器提供的是交流电，应用较广。直流弧焊发电机提供直流电，制造较复杂，消耗材料较多且效率较低，有渐被弧焊整流器取代的趋势。弧焊整流器是20世纪50年代发展起来的直流弧焊电源，采用硅二极管或可控硅作整流器。60年代出现的用大功率晶体管组成的晶体管式弧焊电源，能获得较高的控制精度和优良的性能，但成本较高。弧焊机按电流种类可分为直流弧焊机和交流弧焊机两种。

1）直流弧焊机　直流弧焊机的电源输出端有正、负极之分，焊接时电弧两端极性不变，如图4-5所示。弧焊机正、负两极与焊条、焊件有两种不同的接线法：将焊件接到弧焊机正极，焊条接至负极，这种接法称正接，又称正极性；反之，将焊件接到负极，焊条接至正极，称为反接，又称反极性。焊接厚板时，一般采用直流正接，这是因为电弧正极的温度和热量比负极高，采用正接能获得较大的熔深；焊接薄板时，为防止烧穿，常采用反接。在使用碱性低氢钠型焊条时，均采用直流反接。

2）交流弧焊机　交流弧焊机又称弧焊变压器，是一种符合焊接要求的降压变压器，如图4-6所示。这种焊机具有结构简单、噪声小、价格便宜、使用可靠、维护方便等优点，但其电流波形为正弦波，输出为交流下降外特性，电弧稳定性较差，功率因数低，但磁偏吹现象很少产生，空载损耗小，一般应用于手弧焊、埋弧焊和钨极氩弧焊等。

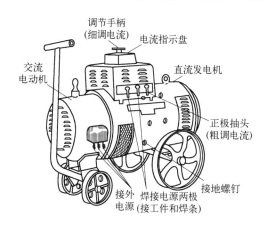

图4-5　直流弧焊机

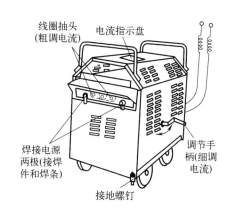

图4-6　交流弧焊机

（2）焊接机头　它的作用是将焊接能源设备输出的能量转换成焊接热，并不断送进焊接材料，同时机头自身向前移动，实现焊接。手工电弧焊用的电焊钳，随电焊条的熔化，需不断手动向下送进电焊条，并向前移动形成焊缝。自动焊机有自动送进焊丝机构，并有机头行走机构使机头向前移动。常用的有小车式和悬挂式机头两种。电阻点焊和凸焊的焊接机头是电极及其加压机构，用以对工件施加压力和通电。缝焊另有传动机构，以带动工件移动。对焊时需要有静、动夹具和夹具夹紧机构，以及移动夹具焊接设备和顶锻机构。

（3）焊接控制系统　它的作用是控制整个焊接过程，包括控制焊接程序和焊接规范参数。

一般的交流弧焊机没有控制系统。高效或精密焊机用电子电路、数字电路和微处理机控制。

4.2.2.2 焊接工艺装备

焊接工艺装备是完成焊接操作的辅助设备，包括保证焊件尺寸、防止焊接变形的焊接夹具；焊接小型工件用的焊接工作台；将工件回转或倾斜，使焊件接头处于水平或船形位置的焊接变位机；将工件绕水平轴翻转的焊接翻转机；将焊件绕垂直轴做水平回转的焊接回转台；带动圆筒形或锥形工件旋转的焊接滚轮架；焊接大型工件时，带动操作者升降的焊工升降台。

4.2.2.3 焊接辅助器具

1）焊钳　在电弧焊时，用于夹持电焊条同时传导焊接电流的器械称为焊钳。手工电弧焊时，用焊钳来夹持和操纵焊条。对焊钳的要求是导电性能好、外壳绝缘性好、质量小、装换焊条方便、夹持牢固和安全耐用等，如图 4-7（a）所示。

2）面罩　面罩是防止焊接时的飞溅、弧光、紫外线、红外线及其他辐射对焊工面部及颈部损伤的一种遮蔽工具。面罩有手持式和头盔式两种，对面罩的要求是质轻，坚韧，绝缘性和耐热性好。面罩正面安装有护目滤光片，即护目镜，起减弱弧光强度、过滤红外线和紫外线以保护焊工眼睛的作用。滤光片有各种颜色，从人眼对颜色的适应角度考虑，以墨绿、蓝绿和黄褐色为好；颜色有深浅之分，应根据焊接电流大小和焊接方法以及焊工的年龄和视力情况选用。面罩如图 4-7（b）所示。

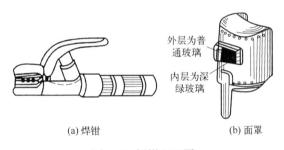

外层为普通玻璃

内层为深绿玻璃

(a) 焊钳　　　　(b) 面罩

图 4-7　焊钳和面罩

3）焊条保温桶　焊条保温桶是装载已烘干的焊条，且能保持一定温度以防止焊条受潮的一种筒形容器。焊条保温桶分为卧式和立式两种，工人可随身携带，方便取用焊条。通常利用弧焊电源二次电压对桶内加热，维持焊条药皮含水率不大于 0.4%。

4）清渣锤（尖头锤）　用来清除焊缝表面的渣壳。

5）钢丝刷　在焊接之前，用来清除焊件接头处的污垢和锈迹；焊后用来清刷焊缝表面及飞溅物。

6）焊接电缆　常采用多股细铜线电缆，一般可选用 YHH 型电焊橡皮套电缆或 THHR 型电焊橡皮套特软电缆，在焊钳与焊机之间用一根电缆连接，称此电缆为把线（火线）。在焊机与工件之间用另一根电缆（地线）连接，焊钳外部用绝缘材料制成，具有绝缘和绝热的作用。

51

4.2.3 焊条

（1）焊条的组成和作用　焊条是由焊芯和药皮两部分组成的。

焊芯在焊接回路中作为引燃电弧的一个电极，既可传导电流，又可在电弧热的作用下使钢芯和药皮同时融化，形成熔池并成为焊缝的填充金属，与熔化了的母材共同组成焊缝金属。焊条结构如图4-8所示。焊芯采用焊接专用金属丝。常用焊芯直径有：1.6mm，2.0mm，2.5mm，3.2mm，4mm，5mm等，长度常在200~450mm之间。表4-1是几种常用焊接碳素结构钢的焊芯的化学成分。

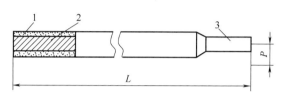

图 4-8　焊条结构

1—药皮；2—焊芯；3—焊条夹持部分

表 4-1　焊接碳素结构钢焊芯的牌号和成分（摘自 GB/T 14957）

钢号	化学成分（质量分数）/%							用途
	碳	锰	硅	铬	镍	硫	磷	
H08	≤0.10	0.30~0.55	≤0.03	≤0.02	≤0.03	≤0.04	<0.04	一般焊接结构
H08A	≤0.10	0.30~0.55	≤0.03	≤0.20	≤0.30	≤0.03	<0.03	重要的焊接结构
H08MnA	≤0.10	0.80~1.10	≤0.07	≤0.20	≤0.30	≤0.03	<0.03	用作埋弧自动焊焊丝

药皮是由稳弧剂、造渣剂、脱氧剂、合金剂、黏结剂、稀渣剂、增塑剂所组成的。药皮的原材料归纳起来有矿石、铁合金、有机物和化工产品四类。各种原材料粉末按一定比例配成涂料压涂在焊芯上即成为药皮。表4-2所示为结构钢焊条药皮配方示例。焊条药皮的主要作用如下：

① 改善焊接工艺性　药皮中的稳弧剂具有易于引弧和稳定电弧燃烧的作用，减少金属飞溅，便于保证焊接质量，并使焊缝成形美观。

② 机械保护作用　药皮熔化后产生气体和熔渣，隔绝空气，保护熔滴和熔池金属。

③ 冶金处理作用　药皮里的铁合金等能脱氧、去硫、渗合金。碱性焊条的药皮还能去氢。因为碱性焊条的药皮中含有较多的萤石（CaF_2），氟能与氢结合形成稳定气体 HF，从而防止氢进入熔池，产生"氢脆"现象。

表 4-2 结构钢焊条药皮配方示例　　　　　单位：%

焊条型号	人造金刚石	钛白粉	大理石	萤石	长石	菱苦土	白泥	钛铁	45硅铁	硅锰合金	纯碱	云母
E4303	30	8	12.4	—	8.6	7	14	12	—	—	—	7
E5015	5	—	45	25	—	—	—	13	3	7.5	1	2

焊条是涂有药皮供焊条电弧焊使用的熔化电极,它由药皮和焊心组成,焊芯是一根实心金属棒,焊接时作为电极,传导焊接电流,使之与焊件之间产生电弧;在电弧热作用下自身熔化过渡到焊件的熔池内,成为焊缝中的填充金属。

药皮在焊接过程起到机械保护、冶金处理和改善焊接工艺性能的作用。一方面,在高温下药皮中矿物质(造渣剂)在焊接电弧高温作用下熔化形成熔渣,对熔滴、熔池周围和焊缝金属表面起到机械保护作用,使其免受大气侵入与污染;另一方面,药皮与焊心配合,通过冶金反应起到脱氧,去氢,排除硫、磷等杂质和渗入合金元素的作用。在改善焊接工艺性能方面,通过药皮中某些物质可使焊接过程中电弧稳定、飞溅少、易于脱渣、提高熔敷率和改善焊缝成形等。

(2)焊条的分类、型号和牌号　由于焊条药皮类型不同,焊条的种类繁多,可按酸碱度划分为酸性焊条和碱性焊条。

1)酸性焊条　药皮熔渣中的酸性氧化物(如 SiO_2、TiO_2、Fe_2O_3)比碱性氧化物(如 CaO、FeO、MnO、Na_2O)多的焊条为酸性焊条。酸性焊条的焊接工艺性好,适合各种电源,可操作性较好,电弧稳定,可交直流两用,飞溅小,脱渣性能好,焊缝外表美观,氧化性强,焊缝金属塑性和韧性较低。此类焊条成本低,但焊缝塑性、韧性差,渗合金作用较弱。这种焊条常用于焊接一般钢结构,不宜焊接承受动载荷和强度要求高的重要结构件。

2)碱性焊条　药皮熔化后形成的熔渣中含碱性氧化物(如氧化钙等)比酸性氧化物(如二氧化硅、二氧化钛)多,这种焊条就称为碱性焊条,或称为低氢焊条。碱性焊条的熔渣脱硫能力强,焊缝金属中氧、氢和硫的含量低,抗裂性好;但电弧稳定性差,应采用直流反接。此类焊条一般要求采用直流电源,焊缝的塑性、韧性较好,抗冲击能力强,但可操作性差,电弧不够稳定,价格较高,这种焊条一般用于较重要的焊接结构或承受动载的结构。具体见表4-3。

表 4-3　酸碱性焊条特点比较

焊条	酸性焊条	碱性焊条
特点	药皮氧化性强,脱 S、P 能力差	药皮还原性强,合金元素氧化烧损少
	焊缝冲击韧度一般	脱 S、P 能力强,焊缝冲击韧度高
	焊缝含氢量高	焊缝含氢量极低
	焊缝抗裂性能差	焊缝抗裂性能好
	焊条工艺性能好(稳弧性、脱渣性、全位置焊接性等)	焊条工艺性能不如酸性焊条

焊条	酸性焊条	碱性焊条
特点	对铁锈、油污、水分不敏感	对铁锈、油污、水分敏感，焊条使用前需要严格烘干，并保温存放
	焊接烟尘较少	产生 HF 有毒气体，应加强通风
	可交、直流两用	需直流反极性焊接
应用	焊接一般结构件	焊接重要结构（如压力容器和承受动载荷的结构件）

　　焊条按用途分类的方法有两种，一种由国家标准规定，另一种是按原机械工业部编制的《焊接材料产品样本》见表 4-4，其中应用最多的是碳钢焊条和低合金钢焊条。

表 4-4　焊条按用途分类及其代号

国家标准			焊接材料产品样本		
焊条分类	代号	焊条型号	焊条分类	焊条牌号	
				字母	汉字
碳钢焊条	E	GB/T 5117	结构钢焊条	J	结
低合金钢焊条	E	GB/T 5118	钼及铬-钼耐热钢焊条	R	热
			低温钢焊条	W	温
不锈钢焊条	E	GB/T 983		G	铬
				A	奥
堆焊焊条	ED	GB/T 984	堆焊焊条	D	堆
铸铁焊条	EZ	GB/T 10044	铸铁焊条	Z	铸
镍及镍合金焊条	ENi	GB/T 13814	镍及镍合金焊条	Ni	镍
铜及铜合金焊条	ECu	GB/T 3670	铜及铜合金焊条	T	铜
铝及铝合金焊条	EAl	GB/T 3669	铝及铝合金焊条	L	铝
			特殊用途焊条	TS	特

　　碳钢焊条型号见 GB/T 5117，如 E4303、E5016 等。"E"表示焊条；前两位数字表示熔敷金属抗拉强度的最小值，单位为 kgf/mm^2（$1kgf/mm^2=9.8N/mm^2$）；第三位数字表示焊条的焊接位置（0 和 1 表示焊条适用于全位置焊接，2 适用于平焊，4 表示适用于立焊）；第三位和第四位数字组合时表示焊接电流种类及药皮型，如"03"为钛钙型药皮，交流或直流正、反接；"15"为低氢钠型药皮，直流反接；"16"为低氢钾型药皮，交流或直流反接。后面还可以添加附加代号和所含元素等，其型号编制方法示例如图 4-9 所示。

　　焊条牌号是按焊条的主要用途、性能特点等对焊条产品的具体命名。焊条牌号表示方法为：一般用一个大写拼音字母和三个数字表示，如 J422、J507 等。拼音字母表示焊条的大类，如"J"表示结构钢焊条（碳钢焊条和普通低合金钢焊条），"B"表示不锈钢焊条，"Z"表示铸铁焊条等；前两位数字表示各大类中若干小类，如结构钢焊条前面两位数字表示焊缝金属抗拉强度等级，单位为 kgf/mm²，抗拉强度等级有 42、50、7、85 等；最后一个数字表示药皮类型和电流种类，见表 4-5。

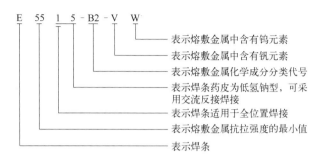

图 4-9 焊条型号编制方法示例

表 4-5 结构钢焊条药皮类型和电源种类编号

编号	1	2	3	4	5	6	7
药皮类型	钛型	钛钙型	钛铁矿型	氧化铁型	纤维素型	低氢钾型	低氢钠型
电源种类	直流或交流	交、直流	交、直流	交、直流	交、直流	交、直流	直流

（3）焊条的选用原则　选用焊条的基本原则是在确保焊接结构安全使用的前提下，尽量选用工艺性能好、生产效率高的焊条。

1）等强度原则　在焊接接头设计过程中，必须考虑焊缝金属与母材匹配问题，对于承载用途的焊接接头，应根据等强度原则，选择熔敷金属的抗拉强度相等或接近母材的焊条。应注意的是，非合金结构（碳素结构）钢、低合金高强度结构钢的牌号是按屈服强度的强度等级确定的，而非合金结构钢、低合金高强度结构钢焊条的等级是指抗拉强度的最低保证值。

2）同成分原则　焊接耐热钢，不锈钢等有特殊性能要求的金属材料时，应选用与焊件化学成分相适应的专用焊条，以保证焊缝的主要化学成分和性能与焊接母材相同。

3）抗裂性原则　焊接刚性大、结构复杂或承受动载的构件时，应选用抗裂性好的碱性焊条。

4）低成本原则　在满足使用要求的条件下，优先选用工艺性能好、成本低的酸性焊条。

此外，根据施焊操作的需要或现场条件的限制，应选择满足一定工艺性能要求的焊条，如全位置焊的焊条等。

4.2.4 焊接接头形式、坡口形式及焊接位置

4.2.4.1 焊接接头形式

在手工电弧焊中，由于焊件厚度、结构形状以及对质量要求的不同，其接头类型也不相同。根据国家标准 GB/T 985 规定，焊接接头的类型主要可分为四种：对接接头、角接接头、T 形接头、搭接接头，如图 4-10 所示。

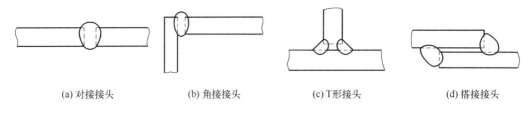

| (a) 对接接头 | (b) 角接接头 | (c) T形接头 | (d) 搭接接头 |

图 4-10　焊接接头的基本类型

1）对接接头　对接接头为两焊件端面相对平行的接头称为对接接头，如图 4-10（a）所示。这种接头能承受较大的载荷，是焊接结构中最常用的接头。

2）角接接头　两焊件端面间构成大于 30°、小于 135°夹角的接头称为角接接头，如图 4-10（b）所示。角接接头多用于箱形构件，其焊缝的承载能力不高，所以一般用于不重要的焊接结构中。

3）T 形接头　一焊件端面与另一焊件表面构成直角或近似直角的接头称为 T 形接头，如图 4-10（c）所示。这种接头在焊接结构中是较常用的，整个接头承受载荷特别是承受动载荷的能力较强。

4）搭接接头　两焊件重叠放置或两焊件表面之间的夹角不大于 30°构成的端部接头称为搭接接头，如图 4-10（d）所示。搭接接头的应力分布不均匀，接头的承载能力低，在结构设计中应尽量避免采用搭接接头。

4.2.4.2　坡口形式

根据设计或工艺的需要，焊接前把两焊件间的待焊处加工成所需的几何形状的沟槽称为坡口。 坡口的作用是为了保证电弧能深入焊缝根部，使根部能焊透，便于清除熔渣，以获得较好的焊缝成形和保证焊缝质量。坡口加工称为开坡口，常用的坡口加工方法有刨削、车削和乙炔火焰切割等。坡口形式应根据被焊件的结构、厚度、焊接方法、焊接位置和焊接工艺等进行选择；同时还应考虑能否保证焊缝焊透、是否容易加工、节省焊条、焊后减少变形以及提高劳动生产率等问题。

坡口包括斜边和钝边，为了便于施焊和防止焊穿，坡口的下部都要留有 2mm 的直边，称为钝边。

根据坡口形状的不同，坡口可分成 I 形（不开坡口）、Y 形、双 Y 形、U 形和双 U 形等形式，如图 4-11 所示。

焊件厚度小于 6mm 时，采用 I 形，如图 4-11（a）所示，不需开坡口，在接缝处留出 0~2mm 的间隙即可。焊件厚度大于 6mm 时，则应开坡口，其形式如图 4-11（b）~（e）所示，其中：V 形加工方便；双 Y 形，由于焊缝对称，焊接应力与变形小；U 形容易焊透，焊件变形小，用于焊接锅炉、高压容器等重要厚壁件。在板厚相同的情况下，双 Y 形和 U 形的加工比较费工。

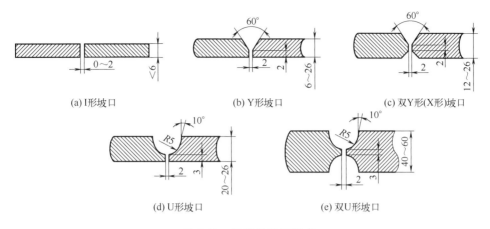

(a) I形坡口　　　　　　　(b) Y形坡口　　　　　　　(c) 双Y形(X形)坡口

(d) U形坡口　　　　　　　　(e) 双U形坡口

图 4-11　焊缝的坡口形式

　　Y 形坡口为最常见的坡口形式。这种坡口便于加工，焊接时为单面焊，不用翻转焊件，但焊后焊件容易产生变形。双 Y 形坡口焊成的对接接头，这种坡口是在单 Y 形坡口的基础上发展起来的一种坡口形式，当焊件厚度增大时，Y 形坡口的空间面积随之加大，因此大大增加了填充金属的（焊条或焊丝）的消耗量和焊接作业时间。采用双 Y 形坡口后，在同样的厚度下，能减少焊缝金属量约 1/2，并且是对称焊接，所以焊后焊件的残余变形也比较小。其缺点是焊接时需要翻转焊件，或需要在圆筒形焊件的内部进行焊接，劳动条件较差。U 形坡口的空间面积在焊件厚度相同的条件下比 Y 形坡口小得多，所以当焊件厚度较大，只能单面焊接时，为提高焊接生产率，可采用 U 形坡口。但是由于这种坡口有圆弧，加工比较复杂，特别是在圆筒形焊件的筒壳上加工更加困难。当工艺上有特殊要求时，生产中还经常采用各种比较特殊的坡口。例如，焊接厚壁圆筒形容器时，为减少容器内部的焊接工作量，可采用双单边 Y 形坡口，即内浅外深。厚壁圆筒形容器的终接环缝采用较浅的 Y 形坡口，而外壁为减少埋弧焊的工作量，可采用 U 形坡口，于是形成一种组合坡口。氩弧焊打底的焊缝采用不留根部间隙的 U 形坡口，根部斜度是为了减少焊接部位的刚性，预防裂纹。

　　坡口的形式及其尺寸一般随板厚而变化，同时还与焊接方法、焊接位置、热输入量、坡口加工方法以及工件材质等因素有关。

　　对 I 形、Y 形和 U 形坡口，采取单面焊和双面焊均可焊透，如图 4-12 所示。当焊件一定要焊透时，在条件允许下，应尽量采用双面焊，因它能保证焊透。

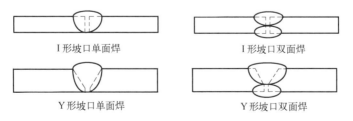

I形坡口单面焊　　　　　　　　　　　　　I形坡口双面焊

Y形坡口单面焊　　　　　　　　　　　　　Y形坡口双面焊

图 4-12　单面焊和双面焊

工件较厚时，要采用多层焊才能焊满坡口，如图 4-13 所示，如果坡口较宽，同一层中可采用多道焊，如图 4-14 所示。 多层焊时，要保证焊缝根部焊透，第一层焊道应采用直径为 3~4mm 的焊条，以后各层可根据焊件厚度，选用较大直径的焊条。每焊完一道后，必须仔细检查、清理，才能施焊下一道，以防止产生夹渣、未焊透等缺陷。焊接层数应以每层厚度小于 4~5mm 的原则确定。 当每层厚度为焊条直径的 0.8~1.2 倍时，生产率较高。

图 4-13 对接 Y 形坡口的多层焊　　　　图 4-14 对接 Y 形坡口的多层多道焊

4.2.4.3 焊接位置

熔化焊时，焊接位置是指焊件接缝所处的空间位置。 按焊缝空间位置的不同可分为：平焊、立焊、横焊和仰焊等四种位置，如图 4-15 所示。

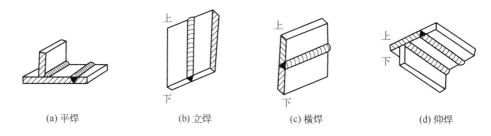

(a) 平焊　　　　(b) 立焊　　　　(c) 横焊　　　　(d) 仰焊

图 4-15 各种空间位置的焊接

焊接位置对施焊的难易程度影响很大，从而也影响了焊接质量和生产率。水平固定管的对接焊缝，包括了平焊、立焊、横焊和仰焊等焊接位置。在平焊位置施焊时，熔滴可借助重力落入熔池。熔池中的气体、熔渣容易浮出表面。因此，平焊可以用较大电流焊接，生产效率高，焊缝成形好，位置操作方便，劳动强度小，熔化金属不会外流，飞溅较少，易于保证焊接质量，是最理想的操作空间位置，应尽可能地采用。立焊和横焊位置熔化金属有下流倾向，不易操作。而仰焊位置最差，操作难度大，不易保证质量，对焊工操作技术要求较高。

4.2.5　焊接工艺参数

焊接工艺参数是为获得质量优良的焊接接头而选定的物理量的总称。工艺参数有：焊条直径、焊接电流、电弧电压、焊接速度、焊弧长度、焊接层数、电源种类和极性等。工艺参数选择是否合理，对焊接质量和生产率都有很大影响，其中焊接电流的选择最重要。

（1）焊条直径的选择　焊条电弧焊工艺参数的选择一般是先根据工件厚度选择焊条直径，然后根据焊条直径选择焊接电流。 焊条直径应根据钢板厚度、接头形式、焊接位置等来加以选择。 在立焊、横焊和仰焊时，焊条直径不得超过 4mm，以免熔池过大，使熔化金属和熔渣下流。 平板对接时焊条直径的选择可参考表 4-6。

表 4-6　焊条直径的选择　　　　　　　　　单位：mm

钢板厚度	≤1.5	2.0	3	4~7	8~12	>13
焊条直径	1.6	1.6~2.0	2.5~3.2	3.2~4.0	4.0~4.5	4.0~5.8

（2）焊接电流的选择　焊接电流是电弧焊的主要参数。焊接电流过大或过小都会影响焊接质量。所以应根据焊条的类型、直径、焊件的厚度、接头形式、焊缝空间位置等因素来选择焊接电流，其中焊条直径和焊缝空间位置最为关键。在一般钢结构的焊接中，焊接电流大小与焊条直径关系可用以下经验公式进行计算，即

$$I=dK$$

式中　I——焊接电流，A；

　　　d——焊条直径，mm；

　　　K——经验系数，A/cm，见表 4-7。

表 4-7　焊接电流经验系数与焊条直径的关系

焊条直径 d/mm	1.6	2.0~2.5	3.2	4~6
经验系数 K/（A/cm）	20~25	25~30	30~40	40~50

另外，立焊时，电流应比平焊时小 15%~20%；横焊和仰焊时，电流应比平焊电流小10%~15%。

（3）电弧电压　根据电源特性，由焊接电流决定相应的电弧电压。此外，电弧电压还与电弧长有关。电弧长则电弧电压高，电弧短则电弧电压低。一般要求电弧长小于或等于焊条直径，即短弧焊。在使用酸性焊条焊接时，为了预热部位或降低熔池温度，有时也将电弧稍微拉长进行焊接，即所谓的长弧焊。

（4）焊接速度　焊接速度是指单位时间所完成的焊缝长度。它对焊缝质量影响也很大。焊接速度由焊工凭经验掌握，在保证焊透和焊缝质量的前提下，应尽量快速施焊。工件越薄，焊速应越快。

（5）焊弧长度　电弧过长，燃烧不稳定，熔深减小，空气易侵入熔池产生缺陷。电弧长度超过焊条直径者为长弧，反之为短弧。因此，操作时尽量采用短弧才能保证焊接质量，即弧长 $L=（0.5~1）d$（mm）。一般多为 2~4mm。

（6）焊接层数　焊接层数应视焊件的厚度而定。除薄板外，一般都采用多层焊。焊接层数过少，每层焊缝的厚度过大，对焊缝金属的塑性有不利的影响。施工中每层焊缝的厚度不应大于 4~5mm。

（7）电源种类及极性　由于采用直流电源时电弧稳定，飞溅小，焊接质量好，一般用在

重要的焊接结构或厚板大刚度结构上。其他情况下，应首先考虑交流电焊机。根据焊条的形式和焊接特点的不同，利用电弧中的阳极温度比阴极高的特点，选用不同的极性来焊接各种不同的构件。用碱性焊条或焊接薄板时，采用直流反接（工件接负极）；而用酸性焊条时，通常采用直流正接（工件接正极）。

4.2.6 焊接过程及基本操作

手工电弧焊的焊接过程如图 4-16 所示。电弧在焊条和工件间燃烧，在电弧高温的作用下，

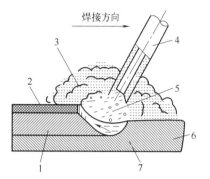

图 4-16 手工电弧焊焊接过程

1—焊缝；2—熔渣；3—保护气体；4—焊条；5—熔滴；6—母材；7—焊接熔池

焊条和被焊工件（母材）同时熔化成为熔池。电弧热还使焊条的药皮熔化及燃烧。药皮熔化后和液体金属起物理化学作用，所形成的熔渣不断地从熔池中向上浮起，药皮燃烧产生的大量 CO_2 气流围绕在电弧周围，熔渣和气流可防止空气中氧、氮的侵入，起保护熔化金属的作用。

当电弧向前移动时，工件和焊条金属不断熔化汇成新的熔池。原先的熔池则不断地冷却凝固，构成连续的焊缝。覆盖在焊缝表面的熔渣逐渐凝固成固态渣壳，这层熔渣和渣壳对焊缝成形好坏和减缓焊缝金属的冷却速度有着重要的作用。焊后敲去渣壳，即可露出表面呈鱼鳞纹状的焊缝金属。

（1）焊接接头处的清理　焊接前接头处应除尽铁锈、油污，以便于引弧、稳弧和保证焊缝质量。除锈要求不高时，可用钢丝刷；要求高时，应采用砂轮打磨。

（2）操作姿势　焊条电弧焊的操作姿势如图 4-17 所示。以对接和 T 形接头的平焊从左向右进行操作为例（见图 4-17a），操作者应位于焊缝前进方向的右侧；左手持面罩，右手握焊钳；左肘放在左膝上，以控制身体上部不作向下跟进动作；大臂必须离开肋部，不要有依托，应伸展自由。

(a) 平焊　　　　　　　　　　(b) 立焊

图 4-17 焊接时的操作姿势

（3）引弧　引弧就是使焊条与焊件之间产生稳定的电弧，以加热焊条和焊件进行焊接的过程。常用的引弧方法有划擦法和敲击法两种，如图 4-18 所示。焊接时将焊条端部与焊件表面通过划擦或轻敲接触，形成短路，然后迅速将焊条提起 2~4mm 距离，电弧即被引燃。若焊条提起距离太高，则电弧立即熄灭；若焊条与焊件接触时间太长，就会粘条，产生短路，这时可左右摆动拉开焊条重新引弧，或松开焊钳，切断电源，待焊条冷却后再作处理；若焊条与焊件经接触而未起弧，往往是焊条端部有药皮等妨碍了导电，这时可重击几下，将这些绝缘物清除，直到露出焊芯金属表面。

焊接时，一般选择焊缝前端 10~20mm 处作为引弧的起点。对焊接表面要求很平整的焊件，可以另外引用引弧板引弧。如果焊件厚薄不一致、高低不平、间隙不相等，则应在薄件上引弧向厚件施焊，从大间隙处引弧向小间隙处施焊，由低的焊件引弧向高的焊件处施焊。

（4）焊接的点固　为了固定两焊件的相对位置，以便施焊，在焊接装配时，每隔一定距离焊上 30~40mm 的短焊缝，使焊件相互位置固定，称为点固，或称定位焊，如图 4-19 所示。

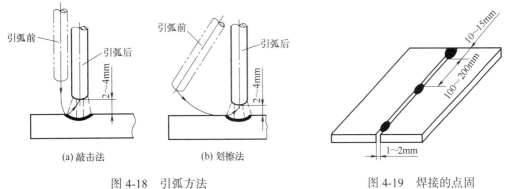

图 4-18　引弧方法　　　　　　　　　图 4-19　焊接的点固

（5）运条　焊条的操作运动简称为运条。焊条的操作运动实际上是一种合成运动，即焊条同时完成三个基本方向的运动：焊条沿焊接方向逐渐移动，焊条向熔池方向作逐渐送进运动，焊条的横向摆动如图 4-20 所示。

1）焊条沿焊接方向的前移运动　其移动的速度称为焊接速度。握持焊条前移时，首先应掌握好焊条与焊件之间的角度。各种焊接接头在空间的位置不同，其角度有所不同。平焊时，焊条应向前倾斜 70°~80°，如图 4-21 所示，即焊条在纵向平面内，与正在进行焊接的一点上垂直于焊缝轴线的垂线，向前所成的夹角。此夹角影响填充金属的熔敷状态、熔化的均匀性及焊缝外形，能避免咬边与夹渣，有利于气流把熔渣吹后覆盖焊缝表面以及对焊接有预热和提高焊接速度等作用。

2）焊条的送进运动　送进运动是沿焊条的轴线向焊件方向的下移运动。维持电弧是靠焊条均匀送进，以逐渐补偿焊条端部的熔化过渡到熔池内。进给运动应使电弧保持适当长度，以便稳定燃烧。

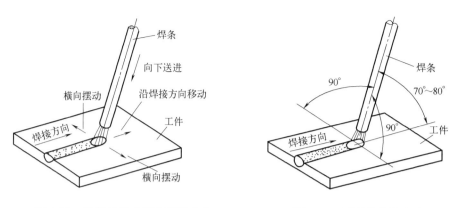

图 4-20　焊条的三个基本运动方向　　　　　图 4-21　平焊的焊条角度

3）焊条的摆动　焊条在焊缝宽度方向上的横向运动，其目的是加宽焊缝，并使接头达到足够的熔深，同时可延缓熔池金属的冷却结晶时间，有利于熔渣和气体浮出。焊缝的宽度和深度之比称为"宽深比"，窄而深的焊缝易出现夹渣和气孔。焊条电弧焊的"宽深比"为 2~3。焊条摆动幅度越大，焊缝就越宽。焊接薄板时，不必过大摆动甚至直线运动即可，这时的焊缝宽度为焊条直径的 0.8~1.5 倍；焊接较厚的焊件，需摆动运条，焊缝宽度可达直径的 3~5 倍。根据焊缝在空间的位置不同，几种简单的横向摆动方式和常用的焊接走势如图 4-22 所示。

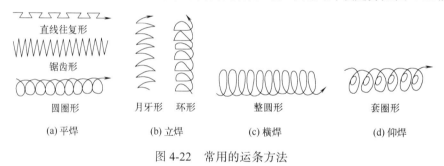

图 4-22　常用的运条方法

综上所述，引弧后应按三个运动方向正确运条，并对应用最多的对接平焊提出其操作要领，主要掌握好"三度"：焊条角度、电弧长度和焊接速度。

1）焊接角度　如图 4-21 所示，焊条应向前倾斜 70°~80°。

2）电弧长度　一般合理的电弧长度约等于焊条直径。

3）焊接速度　合适的焊接速度应使所得焊道的熔宽约等于焊条直径的 2 倍，其表面平整、波纹细密。焊速太高时焊道窄而高，波纹粗糙，熔合不良。焊速太低时，熔宽过大，焊件容易被烧穿。

同时要注意：电流要合适，焊条要对正，电弧要低，焊速不要快，力求均匀。

（6）灭弧（熄弧）　在焊接过程中，电弧的熄灭是不可避免的。灭弧不好，会形成很浅的熔池，焊缝金属强度差，因此最易形成裂纹、气孔和夹渣等缺陷，灭弧时将焊条端部逐渐往坡口斜角方向拉，同时逐渐抬高电弧，以缩小熔池，减小金属量及热量，使灭弧处不致产生裂纹、气孔等缺陷。灭弧时堆高弧坑的焊缝金属，使熔池饱满地过渡，焊好后，锉去或铲去多余部分。灭弧操作方法有多种，如图 4-23 所示。图 4-23（a）是将焊条运条至接头的尾部，焊成稍薄的熔敷金属，将焊条运条方向反过来，然后将焊条拉起来灭弧；图 4-23（b）是将焊条握住不动一定时间，填好弧坑然后拉起来灭弧。

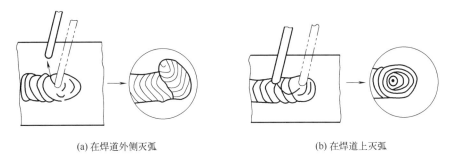

(a) 在焊道外侧灭弧　　　　　　　　(b) 在焊道上灭弧

图 4-23　灭弧

（7）焊缝的起头、连接和收尾

1）焊缝的起头　焊缝的起头是指刚开始焊接的部分，如图 4-24 所示。在一般情况下，因为焊件在未焊时温度低，引弧后常不能迅速使温度升高，所以这部分熔深较浅，焊缝强度减弱。为此，应在起弧后先将电弧稍拉长，以利于对端头进行必要的预热，然后适当缩短弧长进行正常焊接。

2）焊缝的连接　焊条电弧焊时，由于受焊条长度的限制，不可能一根焊条完成一条焊缝，因而出现了两段焊缝前后之间连接的问题。应使后焊的焊缝和先焊的焊缝均匀连接，避免产生连接处过高、脱节和宽窄不一的缺陷。常用的连接方式有如图 4-25 所示几种。

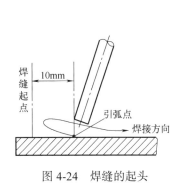

图 4-24　焊缝的起头

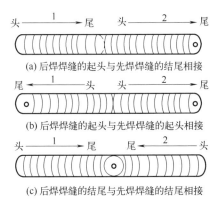

(a) 后焊焊缝的起头与先焊焊缝的结尾相接

(b) 后焊焊缝的起头与先焊焊缝的起头相接

(c) 后焊焊缝的结尾与先焊焊缝的结尾相接

图 4-25　焊接接头的几种方式

3）焊缝的收尾　焊缝的收尾是指一条焊缝焊完后，应把收尾处的弧坑填满。当一条焊缝结尾时，如果熄弧动作不当，则会形成比母材低的弧坑，从而使焊缝强度降低，并形成裂纹。碱性焊条因熄弧不当而引起的弧坑中常伴有气孔出现，所以不允许有弧坑出现。因此，必须正确掌握焊段的收尾工作，一般收尾动作有如下几种。

1）划圈收尾法　如图 4-26（a）所示，电弧在焊段收尾处作圆圈运动，直到弧坑填满后再慢慢提起焊条熄弧。此方法最宜用于厚板焊接，若用于薄板焊接，则易烧穿。

2）反复断弧收尾法　在焊段收尾处较短时间内，电弧反复熄弧和引弧数次，直到弧坑填满，如图 4-26（b）所示。此方法多用于薄板和多层焊的底层焊中。

3）回焊收尾法　电弧在焊段收尾处停住，同时改变焊条的方向，如图 4-26（c）所示，由位置 1 移至位置 2，待弧坑填满后，再稍稍后移至位置 3，然后慢慢拉断电弧。此方法对碱性焊条较为适宜。

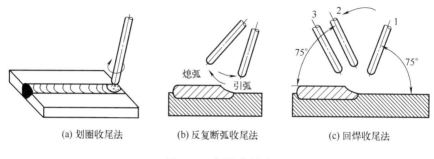

(a) 划圈收尾法　　(b) 反复断弧收尾法　　(c) 回焊收尾法

图 4-26　焊段收尾法

（8）焊件清理　焊后用钢丝刷等工具将焊渣和飞溅物清理干净。

4.3　气焊与气割

4.3.1　气焊

（1）气焊原理　利用可燃气体与助燃气体混合燃烧后，产生的高温火焰对金属材料进行熔化焊的一种方法，称为气焊。如图 4-27 所示，将乙炔和氧气在焊炬中混合均匀后，从焊嘴出燃烧火焰，将焊件和焊丝熔化后形成熔池，待冷却凝固后形成焊缝连接。

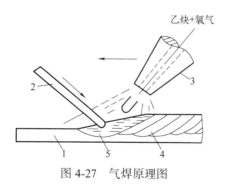

乙炔+氧气

图 4-27　气焊原理图

1—工件；2—焊丝；3—焊嘴；4—焊缝；5—熔池

气焊所用的可燃气体很多，有乙炔、氢气、液化石油气、煤气等，而最常用的是乙炔气。乙炔气的发热量大，燃烧温度高，制造方便，使用安全，焊接时火焰对金属的影响最小，火焰温度高达 3100~3300℃。氧气作为助燃气，其纯度越高，耗气越少。因此，气焊也称为氧-乙炔焊。

（2）气焊的特点及应用

1）火焰对熔池的压力及对焊件的热输入量调节方便，故熔池温度、焊缝形状和尺寸、焊缝背面成形等容易控制。

2）设备简单，移动方便，操作易掌握，但设备占用生产面积较大。

3）焊距尺寸小、使用灵活，由于气焊热源温度较低，加热缓慢，生产率低，热量分散，热影响区大，焊件有较大的变形，接头质量不高。

4）气焊适于各种位置的焊接。适于焊接在 3mm 以下的低碳钢、高碳钢薄板焊接，铸铁焊补以及铜、铝等有色金属的焊接。在船上无电或电力不足的情况下，气焊则能发挥更大的作用，常用气焊火焰对工件、刀具进行淬火处理，对紫铜皮进行回火处理，矫直金属材料和净化工件表面等。此外，由微型氧气瓶和微型熔解乙炔气瓶组成的手提式或肩背式气焊气割装置在旷野、山顶、高空作业中使用十分简便。

（3）气焊设备　气焊所用设备及气路连接，如图 4-28 所示。

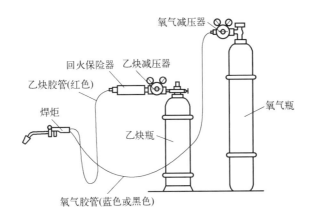

图 4-28　气焊设备及其连接

1）焊炬　焊炬俗称焊枪。焊炬是气焊中的主要设备，它的构造多种多样，其基本原理相

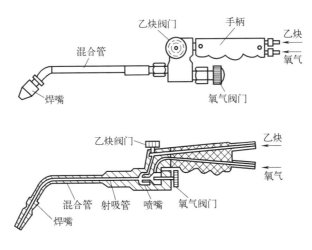

图 4-29　射吸式焊炬外形图及内部构造

65

同。焊炬是气焊时用于控制气体混合比、流量及火焰并进行焊接的手持工具。焊炬有射吸式和等压式两种，常用的是射吸式焊炬，如图4-29所示。它是由主体、手柄、乙炔阀门、氧气阀门、射吸管、喷嘴、混合管、焊嘴等组成。它的工作原理是：打开氧气阀门，氧气经射吸管从焊嘴快速射出，并在焊嘴外围形成真空而造成负压（吸力）；再打开乙炔阀门，乙炔即聚集在焊嘴的外围；由于氧射流负压的作用，乙炔很快被氧气吸入混合管，并从焊嘴喷出，形成了焊接火焰。

射吸式焊炬的型号有H01-2和H01-6等，其意义如下：

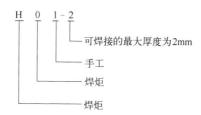

各型号的焊炬均备有5个大小不同的焊嘴，可供焊接不同厚度的工件使用。表4-8为H01型的基本参数。

表4-8　射吸式焊炬型号及其参数

型号	焊接低碳钢厚度/mm	氧气工作压力/MPa	乙炔使用压力/MPa	可换焊嘴个数	焊嘴直径/mm				
					1	2	3	4	5
H01-2	0.5~2	0.1~0.25			0.5	0.6	0.7	0.8	0.9
H01-6	2~6	0.2~0.4	0.001~0.10	5	0.9	1.0	1.1	1.2	1.3
H01-12	6~12	0.4~0.7			1.4	1.6	1.8	2.0	2.2
H01-20	12~20	0.6~0.8			2.4	2.6	2.8	3.0	3.2

2）乙炔瓶　乙炔瓶是储存溶解乙炔的钢瓶。在瓶的顶部装有瓶阀供开闭气瓶和装减压器用，并套有瓶帽保护；在瓶内装有浸满丙酮的多孔性填充物（活性炭、木屑、硅藻土等），丙酮对乙炔有良好的溶解能力，可使乙炔安全地储存于瓶内，当使用时，溶在丙酮内的乙炔分离出来，通过瓶阀输出，而丙酮仍留在瓶内，以便溶解再次灌入瓶中的乙炔；在瓶阀下面的填充物中心部位的长孔内放有石棉绳，其作用是促使乙炔与填充物分离。

乙炔瓶的外壳漆成白色，用红色写明"乙炔"字样和"火不可近"字样。乙炔瓶的容量为40L，乙炔瓶的工作压力为1.5MPa，而输给焊炬的压力很小，因此，乙炔瓶必须配备减压器，同时还必须配备回火安全器。

乙炔瓶一定要竖立放稳，以免丙酮流出；乙炔瓶要远离火源，防止乙炔瓶受热，因为乙炔温度过高会降低丙酮对乙炔的溶解度，而使瓶内乙炔压力急剧增高，甚至发生爆炸；乙炔瓶在搬运、装卸、存放和使用时，要防止遭受剧烈的振荡和撞击，以免瓶内的多孔性填料下沉而形成空洞，从而影响乙炔的储存。

3）回火安全器　回火安全器又称回火防止器或回火保险器，它是装在乙炔减压器和焊炬之间，用来防止火焰沿乙炔管回烧的安全装置。正常气焊时，气体火焰在焊嘴外面燃烧。但当气体压力不足、焊嘴堵塞、焊嘴离焊件太近或焊嘴过热时，气体火焰会进入嘴内逆向燃烧，这种现象称为回火。发生回火时，焊嘴外面的火焰熄灭，同时伴有爆鸣声，随后有"吱、吱"的声音。如果回火火焰蔓延到乙炔瓶，就会发生严重的爆炸事故。因此，发生回火时，回火安全器的作用是使回流的火焰在倒流至乙炔瓶以前被熄灭。同时应首先关闭乙炔开关，然后再关氧气开关。

干式回火保险器的核心部件是粉末冶金制造的金属止火管。正常工作时，乙炔推开单向阀，经止火管、乙炔胶管输往焊炬。产生回火时，高温高压的燃烧气体倒流至回火保险器，由带非直线微孔的止火管吸收了爆炸冲击波，使燃烧气体的扩张速度趋近于零，而透过止火管的混合气体流顶上单向阀，迅速切断乙炔源，有效地防止火焰继续回流，并在金属止火管中熄灭回火的火焰。发生回火后，不必人工复位，又能继续正常使用。

4）氧气瓶　氧气瓶是储存氧气的一种高压容器钢瓶。由于氧气瓶要经受搬运、滚动，甚至还要经受振动和冲击等，因此材质要求很高，产品质量要求十分严格，出厂前要经过严格检验，以确保氧气瓶的安全可靠。氧气瓶是一个圆柱形瓶体，瓶体上有防振圈；瓶体的上端有瓶口，瓶口的内壁和外壁均有螺纹，用来装设瓶阀和瓶帽；瓶体下端还套有一个增强用的钢环圈瓶座，一般为正方形，便于立稳，卧放时也不至于滚动；为了避免腐蚀和发生火花，所有与高压氧气接触的零件都用黄铜制作；氧气瓶外表漆成天蓝色，用黑漆标明"氧气"字样。氧气瓶的容积为 40L，储氧最大压力为 15MPa，但提供给焊炬的氧气压力很小，因此氧气瓶必须配备减压器。由于氧气化学性质极为活泼，能与自然界中绝大多数元素化合，与油脂等易燃物接触会剧烈氧化，引起燃烧或爆炸，所以使用氧气时必须注意安全，要隔离火源、禁止撞击氧气瓶、严禁在瓶上沾染油脂、瓶内氧气不能用完应留有余量等。

5）减压器　减压器是将高压气体降为低压气体的调节装置，因此，其作用是减压、调压、量压和稳压。气焊时所需的气体工作压力一般都比较低，如氧气压力通常为 0.2~0.4MPa，乙炔压力最高不超过 0.15MPa。因此，必须将氧气瓶和乙炔瓶输出的气体经减压器减压后才能使用，同时可以调节减压器的输出气体压力。松开调压手柄（逆时针方向），活门弹簧闭合活门，高压气体就不能进入低压室，即减压器不工作，从气瓶来的高压气体停留在高压室的区域内，高压表量出高压气体的压力，也是气瓶内气体的压力。拧紧调压手柄（顺时针方向），使调压弹簧压紧低压室内的薄膜，再通过传动件将高压室与低压室通道处的活门顶开，使高压室内的高压气体进入低压室，此时的高压气体体积膨胀，气体压力降低，低压表可量出低压气体的压力，并使低压气体从出气口通往焊炬。如果低压室气体压力高了，向下的总压力大于调压弹簧向上的力，即压迫薄膜和调压弹簧，使活门开启的程度逐渐减小，直至达到焊炬工作压力时，活门重新关闭；如果低压室的气体压力低了，向上的总压力小于调压弹簧向上的力，此时薄膜上鼓，使活门重新开启，高压气体又进入低压室，从而增加低压室的气体压力；当活门的开启度恰好使流入低压室的高压气体流量与输出的低压气体流量相等时，即稳定地进行气焊工作。减压器能自动维持低压气体的压力，只要通过调压手柄的旋入程度来调节调压弹簧压力，就能调整气焊所需的低压气体压力。

6）橡胶管　橡胶管是输送气体的管道，分氧气橡胶管和乙炔橡胶管，两者不能混用。国家标准规定：氧气橡胶管为黑色，乙炔橡胶管为红色。氧气橡胶管的内径为 8mm，工作压力为 1.5MPa；乙炔橡胶管的内径为 10mm，工作压力为 0.5MPa 或 1.0MPa；橡胶管长一般为 10~15m。

氧气橡胶管和乙炔橡胶管不可有损伤和漏气发生，严禁明火检漏。特别要经常检查橡胶管的各接口处是否紧固，橡胶管有无老化现象，橡胶管不能沾有油污等。

（4）气焊火焰　常用的气焊火焰是乙炔与氧混合燃烧所形成的火焰，也称氧乙炔焰。根据氧与乙炔混合比的不同，氧乙炔焰可分为中性焰、碳化焰（也称还原焰）和氧化焰三种，其构造和形状如图 4-30 所示。

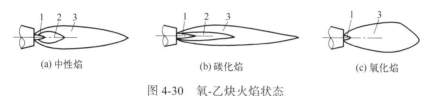

(a) 中性焰　　　　　　(b) 碳化焰　　　　　　(c) 氧化焰

图 4-30　氧-乙炔火焰状态

1—焰心；2—内焰；3—外焰

1）中性焰　氧气和乙炔的混合比为 1.1~1.2 时燃烧所形成的火焰称为中性焰，又称正常焰。它由焰芯、内焰和外焰三部分组成。焰心靠近喷嘴孔呈尖锥形，色白而明亮，轮廓清楚，在焰心的外表面分布着乙炔分解所生成的碳素微粒层，焰心的光亮就是由炽热的碳微粒所发出的，温度并不很高，约为 950℃。内焰呈蓝白色，轮廓不清，并带深蓝色线条而微微闪动，它与外焰无明显界限。外焰由里向外逐渐由淡紫色变为橙黄色。中性焰最高温度在焰心前 2~4mm 处，为 3050~3150℃。用中性焰焊接时主要利用内焰这部分火焰加热焊件。中性焰燃烧完全，对红热或熔化了的金属没有碳化和氧化作用，所以称为中性焰。气焊一般都可以采用中性焰，它广泛用于低碳钢、低合金钢、中碳钢、不锈钢、紫铜、灰铸铁、锡青铜、铝及合金、铅锡、镁合金等的气焊。

2）碳化焰（还原焰）　氧气和乙炔的混合比小于 1.1 时燃烧形成的火焰称为碳化焰。碳化焰的整个火焰比中性焰长而软，它也由焰芯、内焰和外焰组成，而且这三部分均很明显。焰心呈灰白色，并发生乙炔的氧化和分解反应；内焰有多余的碳，故呈淡白色；外焰呈橙黄色，除燃烧产物 CO_2 和水蒸气外，还有未燃烧的碳和氢。碳化焰的最高温度为 2700~3000℃，由于火焰中存在过剩的碳微粒和氢，因此碳会渗入熔池金属，使焊缝的含碳量增高，故称碳化焰，不能用于焊接低碳钢和合金钢，同时碳具有较强的还原作用，故又称还原焰；游离的氢也会透入焊缝，产生气孔和裂纹，造成硬而脆的焊接接头。因此，碳化焰只使用于高速钢焊接、高碳钢焊接、铸铁焊补、硬质合金堆焊、铬钢焊接等。

3）氧化焰　氧化焰是氧与乙炔的混合比大于1.2时的火焰。氧化焰的整个火焰和焰心的长度都明显缩短，只能看到焰心和外焰两部分。氧化焰中有过剩的氧，整个火焰具有氧化作用，故称氧化焰。氧化焰温度可达3100~3300℃。使用这种火焰焊接各种钢铁时，金属很容易被氧化而形成脆弱的焊接接头；在焊接高速钢或铬、镍、钨等优质合金钢时，会出现互不融合的现象；在焊接有色金属及其合金时，产生的氧化膜会更厚，甚至焊缝金属内有夹渣，形成不良的焊接接头。因此，氧化焰一般很少采用，仅适用于烧割工件和气焊黄铜、锰黄铜及镀锌铁皮。特别是适合于黄铜类，因为黄铜中的锌在高温极易蒸发，采用氧化焰时，熔池表面上会形成氧化锌和氧化铜的薄膜，起到抑制锌蒸发的作用。

不论采用何种火焰气焊，喷射出来的火焰（焰芯）形状应该整齐垂直，不允许有歪斜、分叉或发出"吱吱"的声音。只有这样才能使焊缝两边的金属均匀加热，并正确形成熔池，从而保证焊缝质量。否则不管焊接操作技术多好，焊接质量也要受到影响。所以，当发现火焰不正常时，要及时使用专用的通针把焊嘴口处附着的杂质消除掉，待火焰形状正常后再进行焊接。

（5）气焊工艺与焊接规范　气焊的接头形式和焊接空间位置等工艺问题的考虑与焊条电弧焊基本相同。气焊尽可能用对接接头，厚度大于5mm的焊件须开坡口以便焊透。焊前接头处应清除铁锈、油污水分等。气焊的焊接规范主要需确定焊丝直径、焊嘴大小、焊接速度等。

焊丝直径由工件厚度、接头和坡口形式决定，焊开坡口时第一层应选较细的焊丝。焊丝直径的选用可参考表4-9。

焊嘴大小影响生产率。导热性好、熔点高的焊件，在保证质量前提下应选较大号焊嘴（较大孔径的焊嘴）。

在平焊时，焊件越厚，焊接速度应越慢。对熔点高、塑性差的工件，焊速应慢。在保证质量前提下，尽可能提高焊速，以提高生产效率。

表 4-9　不同厚度工件配用焊丝的直径

工件厚度/mm	1.0~2.0	2.0~3.0	3.0~5.0	5.0~10	10~15
焊丝直径/mm	1.0~2.0	2.0~3.0	3.0~4.0	3.0~5.0	4.0~6.0

4.3.2　气割

（1）气割的原理及应用特点　气割即氧气切割，它是利用割炬喷出乙炔与氧气混合燃烧的预热火焰，将金属的待切割处预热到燃烧点（红热程度），并从割炬的另一喷孔高速喷出纯氧气流，使切割处的金属发生剧烈的氧化，成为熔融的金属氧化物，同时被高压氧气流吹走，从而形成一条狭小整齐的割缝使金属割开，如图4-31所示。因此，气割包括预热、燃烧、吹渣三个过程。气割原理与气焊原理在本质上是完全不同的，气焊是熔化金属，而气割是金属在纯氧中燃烧（剧烈地氧化），故气割的实质是"氧化"并非"熔化"。由于气割所用设备与气焊基本相同，而操作也有近似之处，因此常把气割与气焊在使用上和场地上都放在一起。由于气割原理所致，因此气割的金属材料必须满足下列条件。

1）金属熔点应高于燃点（即先燃烧后熔化）。在铁氧流预热火焰碳合金中，碳的质量分数对燃点有很大影响，随着碳的质量分数的增加，合金的熔点降低而燃点提高，所以碳的质量分数越大，气割越困难。当碳的质量分数大于 0.7% 时，燃点则高于熔点，故不易气割。铜、铝的燃点比熔点高，故不能气割。

2）氧化物的熔点应低于金属本身的熔点，否则形成高熔点的氧化物会阻碍下层金属与氧气流接触，使气割困难。有些金属由于形成氧化物的熔点比金属熔点高，故不易或不能气割。如高铬钢或铬镍不锈钢加热形成熔点为 2000℃ 左右的 Cr_2O_3，及铝合金形成接近 2050℃ 的 Al_2O_3，所以它们不能用氧乙炔焰气割，但可用等离子气割法气割。

3）金属氧化物应易熔化和流动性好，否则不易被氧气流吹走，难于切割。例如，铸铁气割生成很多 SiO_2 氧化物，不但难熔（熔点约 1750℃）而且熔渣黏度很大，所以铸铁不宜气割。

4）金属的导热性不能太高，否则预热火焰的热量和切割中所发出的热量会迅速扩散，使切割处热量不足，切割困难。例如，铜、铝及合金由于导热性高成为不能用一般气割法切割的原因之一。

此外，金属在氧气中燃烧时应能发出大量的热量，足以预热周围的金属；其次，金属中所含的杂质要少。

满足以上条件的金属材料有纯铁、低碳钢、中碳钢和低合金结构钢。而高碳钢、铸铁、高合金钢及铜、铝等非铁金属及合金，均难以气割。

与一般机械切割相比较，气割的最大优点是设备简单，操作灵活、方便，适应性强。它可以在任意位置、任何方向切割任意形状和任意厚度的工件，生产效率高，切口质量也相当好，如图 4-32 所示。采用半自动或自动切割时，由于运行平稳，切口的尺寸精度误差在 ±0.5mm 以内，表面粗糙度值 Ra 为 25μm，因而在某些地方可代替刨削加工，如厚钢板开坡口。气割

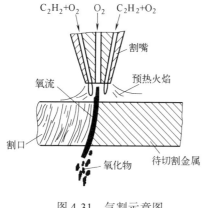

图 4-31　气割示意图

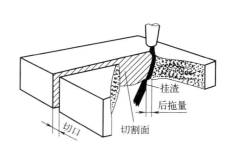

图 4-32　气割状况图

在造船工业中使用最普遍，特别适用于稍大的工件和特形材料，还可用来气割锈蚀的螺栓和铆钉等。气割的最大缺点是对金属材料的适用范围有一定的限制，但由于低碳钢和低合金钢是应用最广泛的材料，所以气割的应用非常普遍。

（2）割炬及气割过程　气割所需的设备中，氧气瓶、乙炔瓶和减压器同气焊一样，所不同的是气焊用焊炬，而气割要用割炬（又称割枪）。

割炬有两根导管，一根是预热焰混合气体管道，另一根是切割氧气管道。割炬比焊炬只多一根切割氧气管和一个切割氧阀门，如图4-33所示。此外，割嘴与焊嘴的构造也不同，割嘴的出口有两条通道，周围的一圈是乙炔与氧的混合气体出口，中间的通道为切割氧（即纯氧）的出口，二者互不相通。割嘴有梅花形和环形两种。常用的割炬型号有G01-30、G01-100和G01-300等，其中"G"表示割炬，"0"表示手工，"1"表示射吸式，"30"表示最大割厚度为30mm。同焊炬一样，各种型号的割气炬均配备几个不同大小的割嘴。

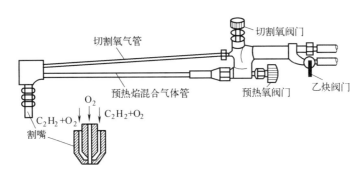

图 4-33　割炬

气割过程，例如切割低碳钢工件时，先开预热乙炔及氧气阀门，点燃预热火焰，调成中性焰，将工件割口的开始处加热到高温（达到橘红至亮黄色约为1300℃）。然后打开切割氧阀门，高压的切割气与割口处的高温金属发生作用，产生激烈燃烧反应，将铁燃烧成氧化铁，氧化铁被燃烧热熔化后，迅速被氧气流吹走，这时下一层碳钢也已被加热到高温，与氧接触后继续燃烧和被吹走，因此氧气可将金属自表面烧到底部，随着割炬以一定速度向前移动即可形成割口。

（3）气割的工艺参数　气割的工艺参数主要有割炬大小、割嘴大小和氧气压力等。工艺参数的选择也是根据要切割的金属工件厚度而定，见表4-10。

表 4-10　普通割炬及其技术参数

割炬型号	切割厚度/mm	氧气压力/Pa	可换割嘴数	割嘴孔径/mm
G01-30	2~30	（2~3）×10⁵	3	0.6~1.0
G01-100	10~100	（2~5）×10⁵	3	1.0~1.6
G01-300	100~300	（5~10）×10⁵	4	1.8~3.0

气割不同厚度的钢时,割嘴的选择和氧气工作压力调整,与气割质量和工作效率都有密切的关系。例如,使用太小的割嘴来割厚钢,由于得不到充足的氧气燃烧和喷射能力,切割工作就无法顺利进行,即使勉强一次又一次地割下来,质量既差,工作效率也低。反之,如果使用太大的割嘴来割薄钢,不但要浪费大量的氧气和乙炔,而且气割的质量也不好。因此,要选择好割嘴的大小。切割氧的压力与金属厚度的关系:压力不足,不但切割速度缓慢,而且熔渣不易吹掉,切口不平,甚至有时会切不透;压力过大时,除了氧气消耗量增加外,金属也容易冷却,从而使切割速度降低,切口加宽,表面也粗糙。

无论气割多厚的钢料,为了得到整齐的割口和光洁的断面,除熟练的技巧外,割嘴喷射出来的火焰应该形状整齐,喷射出来的纯氧流风线应该成为一条笔直而清晰的直线,在火焰的中心没有歪斜和出叉现象,喷射出来的风线周围和全长上都应粗细均匀,只有这样才能符合标准,否则会严重影响切割质量和工作效率,并且要浪费大量的氧气和乙炔。当发现纯氧气流不良时,绝不能迁就使用,必须用专用通针把附着在嘴孔处的杂质毛刺清除掉,直到喷射出标准的纯氧气流风线时,再进行切割。

4.3.3 气焊、气割的基本操作技术

(1)气焊的基本操作技术

1)点火 点火之前,先把氧气瓶和乙炔瓶上的总阀打开,转动减压器上的调压手柄(顺时针旋转),将氧气和乙炔调到工作压力。然后,打开焊枪上的乙炔调节阀,此时可以把氧气调节阀少开一点氧气助燃点火(用明火点燃),如果氧气开得大,点火时就会因为气流太大而出现"啪啪"的响声,而且还点不着。如果少开一点儿氧气助燃点火,虽然也可以点着,但是黑烟较大。点火时,手应放在焊嘴的侧面,不能对着焊嘴,以免点着后喷出的火焰烧伤手臂。

2)调节火焰 刚点火的火焰是碳化焰,逐渐开大氧气阀门,改变氧气和乙炔的比例,根据被焊材料性质及厚薄要求,调到所需的中性焰、氧化焰或碳化焰。需要大火焰时,应先把乙炔调节阀开大,再调大氧气调节阀;需要小火焰时,应先把氧气关小,再调小乙炔。

3)焊接方向 气焊操作是右手握焊炬,左手拿焊丝,可以向右焊(右焊法),也可向左焊(左焊法),如图4-34所示。

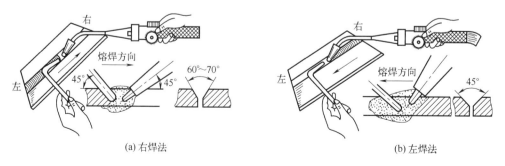

(a) 右焊法   (b) 左焊法

图4-34 气焊的焊接方向

右焊法是焊炬在前，焊丝在后。这种方法是焊接火焰指向已焊好的焊缝，加热集中，熔深较大，火焰对焊缝有保护作用，容易避免气孔和夹渣，但较难掌握。此种方法适用于较厚工件的焊接，而一般厚度较大的工件均采用电弧焊，因此右焊法很少使用。

左焊法是焊丝在前，焊炬在后。这种方法是焊接火焰指向未焊金属，有预热作用，焊接速度较快，可减少熔深和防止烧穿，操作方便，适宜焊接薄板。用左焊法，还可以看清熔池，分清熔池中铁水与氧化铁的界线，因此左焊法在气焊中被普遍采用。

4）施焊方法　施焊时，要使焊嘴轴线的投影与焊缝重合，同时要掌握好焊炬与工件的倾角 α。工件越厚，倾角越大；金属的熔点越高，导热性越大，倾角就越大。在开始焊接时，工件温度尚低，为了较快地加热工件和迅速形成熔池，α 应该大一些（80°~90°），喷嘴与工件近于垂直，使火焰的热量集中，尽快使接头表面熔化。正常焊接时，一般保持 α 为 30°~50°，焊接将结束时，倾角可减至 20°，并使焊炬做上下摆动，以便断续地对焊丝和熔池加热，这样能更好地填满焊缝和避免烧穿。焊嘴倾角与工件厚度的关系如图 4-35 所示。

焊接时，还应注意送进焊丝的方法，焊接开始时，焊丝端部放在焰心附近预热。待接头形成熔池后，才把焊丝端部浸入熔池。焊丝熔化一定数量之后，应退出熔池，焊炬随即向前移动，形成新的熔池。注意焊丝不能经常处在火焰前面，以免阻碍工件受热；也不能使焊丝在熔池上面熔化后滴入熔池；更不能在接头表面尚未熔化时就送入焊丝。焊接时，火焰内层焰芯的尖端要距离熔池表面 2~4mm，形成的熔池要尽量保持瓜子形、扁圆形或椭圆形。

5）熄火　焊接结束时应熄火。熄火之前一般应先把氧气调节阀关小，再将乙炔调节阀关闭，最后再关闭氧气调节阀，火即熄灭。如果将氧气全部关闭后再关闭乙炔，就会有余火窝在焊嘴里，不容易熄火，这是很不安全的（特别是当乙炔关闭不严时，更应注意）。此外，这样熄火黑烟也比较大，如果不调小氧气而直接关闭乙炔，熄火时就会产生很响的爆裂声。

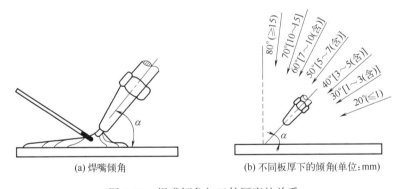

(a) 焊嘴倾角　　　　(b) 不同板厚下的倾角(单位：mm)

图 4-35　焊嘴倾角与工件厚度的关系

6）回火的处理　在焊接操作中有时焊嘴头会出现爆响声，随着火焰自动熄灭，焊枪中会有"吱吱"响声，这种现象叫作回火。因氧气比乙炔压力高，可燃混合气会在焊枪内发生燃烧，并很快扩散在导管里而产生回火。如果不及时消除，不仅会使焊枪和皮管烧坏，还会使乙炔瓶发生爆炸。所以当遇到回火时，不要紧张，应迅速在焊炬上关闭乙炔调节阀，同时关闭氧气调节阀，等回火熄灭后，再打开氧气调节阀，吹除焊炬内的余焰和烟灰，并将焊炬的手柄前部放入水中冷却。

（2）气割的基本操作技术

1）气割前的准备　气割前，应根据工件厚度选择好氧气的工作压力和割嘴的大小，把工件割缝处的铁锈和油污清理干净，用石笔划好割线，平放好。在割缝的背面应有一定的空间，以便切割气流出来时不致遇到阻碍，同时还可散发氧化物。

握割枪的姿势与气焊时一样，右手握住枪柄，大拇指和食指控制调节氧气阀门，左手扶在割枪的高压管子上，同时大拇指和食指控制高压氧气阀门。右手臂紧靠右腿，在切割时随着腿部从右向左移动进行操作，这样手臂有个依靠，切割起来比较稳当，特别是当切割没有熟练掌握时更应该注意这一点。

点火动作与气焊时一样，首先把乙炔阀打开，氧气可以稍开一点儿。点着后将火焰调为中性焰（割嘴头部是一蓝白色圆圈），然后把高压氧气阀打开，看原来的加热火焰是否在氧气压力下变成碳化焰。同时还要观察，在打开高压氧气阀时割嘴中心喷出的风线是否笔直清晰，然后方可切割。

2）气割操作要点

① 气割一般从工件的边缘开始。如果要在工件中部或内部切割时，应在中间处先钻一个直径大于 5mm 的孔，或开出一孔，然后从孔处开始切割。

② 开始气割时，先用预热火焰加热开始点（此时高压氧气阀是关闭的），预热时间应视金属温度情况而定，一般加热到工件表面接近熔化（表面呈橘红色）。这时轻轻打开高压氧气阀门，开始气割。如果预热的地方切割不掉，说明预热温度太低，应关闭高压氧继续预热，预热火焰的焰芯前端应离工件表面 2~4mm，同时要注意割炬与工件间应有一定的角度，如图4-36 所示。当气割 5~30mm 厚的工件时，割炬应垂直于工件；当厚度小于 5mm 时，割炬可向后倾斜 5°~10°；若厚度超过 30mm，在气割开始时割炬可向前倾斜 5°~10°，待割透时，割炬可垂直于工件，直到气割完毕。如果预热的地方被切割掉，则继续加大高压氧气量，使切口深度加大，直至全部切透。

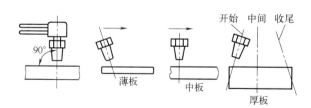

图 4-36　割炬与工件之间的角度

③ 气割速度与工件厚度有关。一般而言，工件越薄，气割的速度越快，反之则越慢。气割速度还要根据切割中出现的一些问题加以调整。当看到氧化物熔渣直往下冲或听到割缝背

面发出"喳喳"的气流声时，便可将割枪匀速地向前移动；如果在气割过程中发现熔渣往上冲，就说明未打穿，这往往是由于金属表面不纯，红热金属散热和切割速度不均匀，这种现象很容易使燃烧中断，所以必须继续供给预热的火焰，并将速度稍为减慢，待打穿正常起来后再保持原有的速度前进。如发现割枪在前面走，后面的割缝又逐渐连接起来，则说明切割移动速度太慢或供给的预热火焰太大，必须将速度和火焰加以调整再往下割。

4.3.4 气焊与气割的安全特点

气焊与气割的主要危险是火灾与爆炸，因此，防火、防爆是气焊、气割的主要任务。

气焊与气割所用的乙炔、液化石油气、氢气等都是易燃易爆气体；氧气瓶、乙炔瓶、液化石油气瓶和乙炔发生器均属于压力容器。在焊补燃料容器或管道时，常会遇到其中有易燃易爆气体及存在压力，同时又使用明火。如果焊接设备和安全装置有故障，或者操作人员违反安全操作规程进行作业等，都有可能引起爆炸和火灾事故。

气焊火焰的作用，尤其是气割时氧气射流的喷射，会使熔珠和铁渣四处飞溅，容易造成灼烫事故。而且较大的熔珠和铁渣可能飞溅到距离操作点 5m 以外的地方，引燃可燃易爆物品，从而发生火灾与爆炸。

气焊与气割的火焰温度高达 3200℃以上，被焊金属在高温作用下可能会蒸发成金属蒸气。在焊接镁、铜、铅等有色金属及其合金时，除了这些金属蒸气外，焊剂还散发出氯盐的燃烧产物；黄铜的焊接过程中会蒸发出大量锌蒸气，铅的焊接过程中蒸发铅和氧化铅蒸气等有害物质。在焊补操作中，还可能遇到其他有毒和有害气体，尤其是在密闭容器、管道内的气焊、气割操作等均会对焊接作业人员造成危害，也有可能造成焊工中毒。因此，还需要注意以下安全要点：

1）氧气瓶、乙炔瓶的阀、表均应齐全有效，紧固牢靠，不得松动、破损和漏气。氧气瓶及其附件、胶管和开闭阀门的扳手上均不得沾染油污。

2）氧气瓶应与其易燃气瓶、油脂和其他易燃物品分开保存，也不宜同车运输。氧气瓶应有防振胶圈和安全帽，不得在强烈阳光下暴晒。严禁用塔吊或其他吊车直接吊运氧气瓶或乙炔瓶。

3）乙炔胶管和氧气胶管不得错装。乙炔胶管为黑色，氧气胶管为红色。

4）氧气瓶与乙炔瓶储存和使用时的距离不得少于 5m，氧气瓶、乙炔瓶与明火或割炬（焊炬）间的距离不得小于 10m。

5）点燃焊（割）炬时，应先开乙炔阀点火，然后开氧气阀调整火焰，关闭时先关闭乙炔阀，再关闭氧气阀。

6）工作中如发现氧气瓶阀门失灵或损坏，不能关闭时，应让瓶内的氧气自动跑尽后再行拆卸修理。

7）氧气胶管，外径 18mm，应能承受 20kgf/cm² 气压，各项性能应符合 GB/T 2550 中有关氧气胶管的规定；乙炔胶管，外径 16mm，应能承受 5kgf/cm² 气压，各项性能应符合 GB/T 2550 中有关乙炔胶管的规定。

8）使用中，氧气软管着火时不得折弯胶管断气，应迅速关闭氧气阀门，停止供气。乙炔软管着火时，应先关熄明火，可采用弯抓前面一段胶管的办法将火熄灭。

9）未经压力试验的胶管或代用品及变质老化、脆裂、漏气、沾上油脂的胶管均不得使用。

10）不得将胶管放在高温管道和电线上，或将重物或热的物件压在胶管上，更不得将胶管与电焊用的导线敷设在一起，胶管经过车道时应加护套或盖板。

11）氧气瓶使用时可立放也可平放（端部枕高），乙炔瓶必须立放使用。立放的气瓶要注意固定，防止倾倒。

12）不得将胶管背在背上操作。割（焊）炬内若带有乙炔、氧气时不得放在金属管、槽、缸、箱内。

13）工作完毕后，应关闭氧气瓶、乙炔瓶，拆下氧气表、乙炔表，拧上气瓶安全帽。

14）作业结束后，应将胶管盘起、捆好挂在室内干燥的地方，减压阀和气压表应放在工具箱内。

15）工作结束，应认真检查操作地点及周围，确认无起火危险后，方可离开。

16）对有压力或易燃易爆物品气割前必须经技术人员采取有效安全措施后，方可进行，否则严禁擅自进行气割作业。

第5章 锻压

教学目标	本章重点
（1）熟悉锻压的定义、分类和特点； （2）了解锻压的加热和冷却； （3）掌握锻前加热的目的和意义； （4）了解自由锻的工艺和作用。	锻压的基本知识、自由锻工艺。
	本章难点 锻压中自由锻工艺。

思政目标

通过对锻压基础知识的学习，培养学生具有能够吃苦耐劳的精神，使学生理解获得一个优质加工产品需要无数次反复精雕细琢，这样才能培养出具有工匠精神的技术人才和科学家。

锻压是锻造和冲压的合称，是利用锻压机械的锤头、砧块、冲头或通过模具对坯料施加压力，使之产生塑性变形，从而获得所需形状和尺寸的制件的成形加工方法。锻压是在外力作用下，使坯料产生塑性变形而获得具有一定形状、尺寸和力学性能的原材料、毛坯或零件的加工方法。在机械设备运转中负载高、工作条件严峻的重要零件，除形状较简单的可用轧制的板材、型材或焊接件外，多采用锻压件。锻压也称金属压力加工，又称金属塑性加工。锻压生产有以下几个特点。

① 锻压加工可以改变金属内部组织，提高金属力学性能。铸锭经过热锻压后，原来的铸态疏松、孔隙、微裂等被压实或焊合，原来的枝状结晶被打碎，使晶粒变细。同时改变原来的碳化物偏析和不均匀分布，使组织均匀，从而获得内部密实、均匀、细微、综合性能好、使用可靠的锻件。锻件经热锻变形后，金属组织纤维呈纤维状态。而经冷锻变形后，金属晶体则呈有序性。

② 锻压加工中，金属受外力产生塑性流动后体积不变，而且金属总是向阻力最小方向的那一部分流动。常根据此规律控制工件形状，实现镦粗、拔长、扩孔、弯曲、拉深等变形。

③ 锻压出的工件尺寸相对精确、有利于组织批量生产。模锻、挤压、冲压等应用模具成形的工件尺寸更精确、稳定。

④ 锻压可采用高效锻压机械和自动锻压生产线，组织专业化大批量生产。现广泛应用于机械制造工业中。

5.1 锻压概述

5.1.1 锻造及其分类

锻造主要是指自由锻造和模锻。随着生产和科学技术的发展，为了更经济有效地生产锻件，锻造行业中发展了各种特殊成形的成形锻件方法，并且新工艺还在不断产生和发展。所以，按照变形方式来分类，锻造可分为自由锻、模锻和特殊成形方法三大类。

自由锻是在锻锤或压力机上，使用简单或通用的工具使坯料变形，获得所需形状和性能的锻件。它适用于单件或小批量生产。主要变形工序有镦粗、拔长、冲孔、弯曲、错移和扭转等。

模锻是在锻锤或压力机上，使用专门的模具使坯料在模腔中成形，获得所需形状和尺寸的锻件。它适用于成批或大量的生产。按照变形情况不同，又可分为开式模锻、闭式模锻、挤压和体积精压等。

特殊成形方法通常采用专用设备，使用专门的工具或模具使坯料成形，获得所需形状和尺寸的锻件。它适用于产品的专业化生产。目前，生产中采用的特殊成形方法有电镀、辊轧、旋转锻造、摆动辗压、多向模锻和超塑性锻造等。

5.1.2　冲压

冲压是靠压力机和模具对板材、带材、管材和型材等施加外力，使之产生塑性变形或分离，从而获得所需形状和尺寸的工件（冲压件）的成形加工方法。冲压的坯料主要是热轧和冷轧的钢板和钢带。全世界的钢材中，有 60%~70% 是板材，其中大部分经过冲压制成成品。汽车的车身、底盘、油箱、散热器片，锅炉的汽包，容器的壳体，电机、电器的铁心硅钢片等都是冲压加工的。仪器仪表、家用电器、自行车、办公机械、生活器皿等产品中，也有大量冲压件。

冲压件与铸件、锻件相比，具有薄、匀、轻、强的特点。冲压可制出其他方法难以加工的带有加强筋、肋、起伏或翻边的工件，以提高其刚性。

冲压生产的一般工艺过程为：剪切下料—落料/下形状料—拉延/压形/压弯—切边/冲孔/整形—表面处理（电镀、发蓝、抛丸、抛光、喷涂等）。

5.2　金属的加热与锻件的冷却

金属加热是为了提高坯料的塑性，降低其变形抗力。坯料加热后硬度降低、塑性提高，可以用较小的外力使坯料产生较大的塑性变形而不开裂。加热温度越高，坯料塑性越高，但是当加热温度太高时会产生加热缺陷。如氧化、脱碳、过热、过烧等缺陷，甚至造成废品。

生产中，不同的坯料应在一定温度范围内进行锻造，在这个温度范围内坯料硬度适中，加热时间短，经济性最好，而且不产生加热缺陷。锻造时坯料允许加热到的最高温度为始锻温度。坯料在锻造过程中随着热量的散失，温度下降，塑性变差，变形抗力提高。当温度降低到一定程度后，不仅锻造费力，而且可能锻裂，此时必须停止锻造，重新加热。各种金属材料锻造的最低温度，称为终锻温度。从始锻温度到终锻温度的温度区间称为锻造温度范围。碳素钢的始锻温度一般比 AE 线（铁碳状态图）低 200℃左右，终锻温度为 800℃左右。常用材料的锻造温度范围如表 5-1 所示。

表 5-1　常用材料的锻造温度范围

材料种类	始锻温度/℃	终锻温度/℃
低碳钢	1200~1250	800
中碳钢	1150~1200	800
碳素工具钢	1050~1150	750~800
合金结构钢	1150~1200	800~850
铝合金	450~500	350~380
铜合金	800~900	600~700

　　金属加热时，温度可用热电高温计或光学高温计等仪表测量。观察金属火色也可粗略判断，钢料火色与温度的关系列于表 5-2 中。

表 5-2　钢料火色与温度的关系

火色	亮白	淡黄	橙黄	橘黄	淡红	樱红	暗红	暗褐
大致温度/℃	1300 以上	1200	1100	1000	900	800	700	600 以下

　　锻件的冷却是指锻件温度从终锻温度降低到室温的过程。锻造后合理的冷却方式是保证锻件质量的重要环节，根据锻件形状、尺寸及力学性能的不同要求，需要采取相适应的冷却方式。冷却方式不当可能会产生硬化、变形或裂纹等缺陷。常用的冷却方式如表 5-3 所示。

表 5-3　常用的冷却方式

冷却方式	特点	适用零件
空气冷却	锻后置于空气中冷却，冷却速度快，晶粒细化	低碳、低合金钢中小锻件或锻后不直接切削加工的锻件
坑冷（或箱冷）	锻后置于沙坑内或箱内堆在一起冷却，冷却速度稍慢	一般锻件，锻造冷却后可直接切削加工
随炉冷却	锻后置于原加热炉内，随炉一起冷却，冷却速度极慢	含碳或含合金成分较高的中、大锻件，锻后可直接切削加工

5.3　钢的锻前加热

在锻造生产中，金属坯料锻前需加热一段时间，其目的是提高金属塑性、降低变形抗力、使之易于流动成形并获得良好的锻后组织。因此，锻前加热是整个锻造过程中的一个重要环节，对提高锻造生产率、保证锻件质量以及节约能源消耗等都有直接影响。

钢料在锻前加热过程中，应尽快达到所规定的始锻温度。但是，如果温升得太快，温度应力过大，可能会造成钢料的断裂。相反，升温速度过于缓慢，会降低生产率，增加燃料消耗。因此在实际过程中，钢料应按一定加热规范进行加热。

所谓加热规范（加热制度），是指钢料从装炉开始到加热结束的整个过程中，对炉子温度和钢料温度随时间变化的规定，为了应用方便和清晰起见。加热规范通常以炉温-时间的变化曲线来表示。

正确的加热规范应保证：钢料在加热过程中不产生裂纹，不过热过烧，温度均匀，氧化脱碳少，加热时间短和节省燃料等。总之，在保证加热质量的前提下，力求加热过程越快越好。

当钢料表面加热到锻造温度时，中心温度仍较低，断面温差较大，如立即出炉锻造，将引起变形不均，因此需要均热保温。通过保温，除了减小坯料断面温差外，还可借高温扩散作用使钢组织均匀化。这样，不但有利于锻造均匀变形，还能提高钢的塑性。

均热阶段要考虑制定出适当的保温时间。时间太短，达不到保温应有的作用；时间过长除了降低生产率外，还会影响锻件质量。所以加热规范所规定的保温时间有最小保温时间和最大保温时间。

最小保温时间与温度头和坯料直径有关。温度头越大，坯料直径越大，则坯料断面的温差就越大，因此最小保温时间需要长些。相反，则保温时间可短些。为了保证钢料断面温度不致过大，通常加热钢锭时温度头取 30~50℃，加热钢材时温度头取 40~80℃。

5.4　自由锻造

自由锻造是利用冲击力或压力使金属在上下两个砧铁之间产生变形，从而获得所需形状及尺寸的锻件。锻造时金属坯料在砧铁间受力变形时，沿变形方向可以自由流动，不受限制。

自由锻生产所用工具简单，具有较大的通用性，应用范围较为广泛，但锻造成形后的锻件精度差、生产效率低，一般适用于单件、小批量及大型零件的生产。

5.4.1　自由锻工具与设备

自由锻所用基本工具主要有锻件夹持工具（各种锻造钳）、上下砧、平头榔头、大锤、剁刀、空气锤等。但是对于大型锻件的锻造要用操作机和装出料机才能进行。如在液压机、平锻机、水压机上进行大型工件锻造必须用操作机等设备进行。

锻锤和液压机是自由锻的常用设备。锻锤是依靠设备产生的冲击力使金属坯料变形，由于能力有限，只用来锻造中、小型锻件。液压机是依靠产生的压力使金属坯料变形。水压机可产生很大的压力，能锻造质量达300t的锻件，是重型机械厂锻造生产的主要设备。自由锻造常用的设备有空气锤、蒸汽-空气锤、液压机及水压机等。

5.4.1.1 空气锤

空气锤由电动机直接驱动，操作方便，锤击速度快，作用力呈冲击性，能适应小型锻件生产，冷却速度快，是中、小型锻工车间广泛使用的一种自由锻锤。空气锤是生产小型锻件及胎模锻造的常用设备，其外形结构及工作原理如图5-1所示。

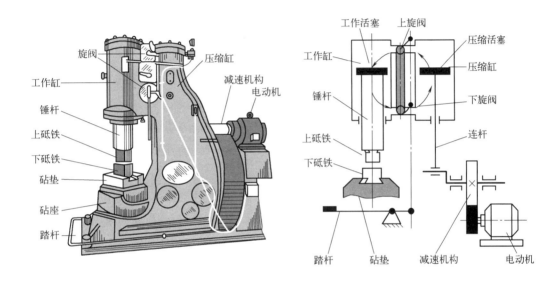

图 5-1　空气锤外形结构及工作原理

（1）外形结构　空气锤由锤身、压缩缸、工作缸、传动机构、操纵机构、落下部分及砧座等几部分组成。锤身、压缩缸及工作缸铸成一体。带轮、齿轮减速装置、曲柄和连杆属于传动机构。手柄（或踏杆）、连接杠杆、上旋阀、下旋阀属于操纵机构。逆止阀安装在下旋阀中，其作用是只准空气作单向流动。落下部分包括工作活塞、锤杆和上砧铁（即锤头）。砧座部分包括下砧铁、砧垫和砧座。

（2）工作原理及动作　电动机通过传动机构运动带动压缩缸内的压缩活塞作往复运动，压缩活塞上部或下部的压缩空气交替地进入工作缸的上腔或下腔，工作活塞便在空气压力的作用下作往复运动，带动锤杆、上砧铁对工件进行锻打。通过踏杆或手柄操纵上、下旋阀，使空气锤的锤头完成上悬、下压、单次锻打、连续锻打和空转等动作。

（3）规格及选用　空气锤的规格是以落下部分的质量来表示的。空气锤产生的打击力，是落下部分重力的800~1000倍。常用空气锤落下部分的质量一般为50~1000kg，如表5-4所示。

表 5-4 空气锤的规格选用的参考数据

型号规格	C41—65	C41—75	C41—1501	C41—200	C41—250	C41—400	C41—560	C41—750
能锻方钢最大截面边长/mm	50	65	120	150	175	200	270	270
能锻圆钢最大直径/mm	60	85	145	170	200	220	880	300
锻件质量/kg	2	4	6	8	10	26	45	62

5.4.1.2 蒸汽-空气锤

（1）蒸汽-空气锤的结构 蒸汽-空气锤是利用 0.6~0.9MPa 的压力蒸汽或压缩空气，经节气阀和滑阀的调节和控制，进入汽缸，推动活塞，完成锤头悬空、压紧和打击等动作。常用的双柱拱式蒸汽-空气锤的外形结构如图 5-2 所示。

① 机架（即锤身）包括左、右两个立柱，通过螺栓固定在底座上。

② 汽缸和配气机构的阀室铸成一体，用螺栓与锤身的上端面相连接。

③ 落下部分是锻锤工作的执行机构，由活塞、锤杆、锤头和上砧组成。

④ 配气操纵机构由滑阀、节气阀、进气管、排气管、操纵杠杆等部分组成。

⑤ 砧座由下砧、砧垫、砧座等部件组成，其质量为落下部分质量的 10~15 倍，能保证锤击时锻锤的稳固。

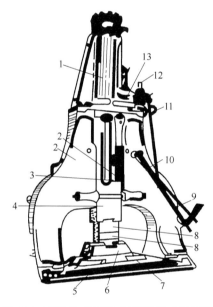

图 5-2 双柱拱式蒸汽-空气锤组成示意图

1—汽缸；2—导轨机架；3—锤杆；4—锤头；5—底座；6—砧垫；7—砧座；8—砧铁；9—滑阀操纵手柄；10—节气操纵手柄；11—排气管；12—进气管；13—滑阀

（2）工作原理及动作 蒸汽（或压缩空气）从进气管进入，经过节气阀以及滑阀中间细颈部分与阀套壁所形成的气道，从上气道进入汽缸的上部，作用在活塞的顶面上，使落下部分向下运动，完成打击动作。此时，汽缸下部的蒸汽（或压缩空气）由下气道从排气管排出。反之，滑阀下行，蒸汽（或压缩空气）通过滑阀的中间细颈部分与阀套壁所形成的气道，由下气道进入汽缸的下部，作用在活塞的环形底面上，使落下部分向上运动，完成提锤动作。此时，汽缸上部的蒸汽（或压缩空气）从上气道经滑阀的内腔由排气管排出。通过节气阀的开口面积来调节进入汽缸的蒸汽（或压缩空气）压力，由工人操纵手柄，使滑阀处于不同的位置，交替进排气使锻锤完成上悬、下压、单次打击、连续打击以及轻打、重打等动作。蒸汽-空气锤需要配备蒸汽锅炉或空气压缩机及管道系统，比空气锤复杂。它同样具有操作方便、锤击速度快、打击力呈冲击性的特点。由于锤头两旁有导轨，保证了锤头运动的准确性，打击时较平稳。蒸汽-空气锤的落下部分的质量一般为1~5t，适用于中型锻件的生产。选用蒸汽-空气锤的规格要根据锻件的质量和形状确定，如表5-5所示。

表5-5　蒸汽-空气锤的规格及适用锻件类型

锻锤落下部分质量/t	锻件类型			
	轴类锻件		方截面锻件最大边长/mm	成形锻件的最大质量/kg
	最大直径/mm	最大质量/kg		
1	175	250	200	70
2	225	500	250	180
3	275	750	300	320
5	350	1500	450	700

5.4.1.3　水压机

水压机一般采用两缸三梁四柱立式结构，图5-3所示为水压机的典型结构。其基本原理是将高压水通入工作缸，推动工作活塞，使活动横梁带动上砧沿立柱下落，对坯料施加巨大的压力。回程时，把压力水通入回程缸，通过回程活塞和拉杆使活动横梁上升，使上砧离开坯料，完成锻压和回程一个循环。

水压机工作时以静压力作用在坯料上，工作时振动小，不需要笨重的砧座。我国目前的水压机吨位为510~12755t（5000~125000kN），可以锻压质量为1~300t的锻件。水压机的整个行程均可达到最大压力，作用在坯料上的压力时间较长，有利于锻造，使整个截面的组织得到改善。水压机主体结构庞大，须配备供水和操纵系统、大型加热炉、退火炉、取料机、翻料机和活动工作台等设备，造价很高，但它是大型锻件生产必不可少的锻造设备。

5.4.2　自由锻造的基本工序

自由锻造的工艺过程是由一系列自由锻造工序组成。自由锻造工序可分为基本工序、辅助工序和修整工序。基本工序有镦粗、拔长、冲孔、弯曲、扭转、错移、切割、锻接等。其中前三种工序应用最多。

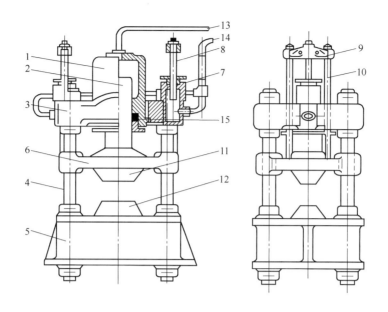

图 5-3　水压机示意图

1—工作缸；2—工作活塞门；3—上横梁；4—立柱；5—下横梁；6—活动横梁；7—回程缸；8—回程活塞；

9—回程横梁；10—拉杆；11—上砧铁；12—下砧铁；13、14—高压水管

（1）镦粗　镦粗是使坯料高度减小、横截面积增大的工序。它是自由锻生产中最常用的锻造工序。镦粗常用于齿轮坯，凸轮坯，圆形、饼类、盘套类锻件的生产。对于环、套筒等空心锻件，镦粗变形往往作为冲孔前的预备工序。镦粗分完全镦粗和局部镦粗两种，如图 5-4 所示。

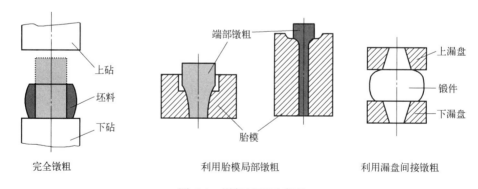

完全镦粗　　　　　　　　　利用胎模局部镦粗　　　　　　利用漏盘间接镦粗

图 5-4　镦粗过程示意图

1）墩粗部分的原高度与原直径（或边长）之比（称为高径比）应小于 2.5~3，否则会墩弯。若墩弯，应将工件放平，轻轻锤击矫正。

2）坯料的端面应平整并和轴线垂直，为了保证均匀镦粗，加热温度要均匀，坯料在下砧铁上要放平，如果上、下砧铁的工作面因磨损而变得不平整，锻打时要不断地将坯料旋转，否则会墩歪，如图 5-5（a）所示。墩歪后应将工件斜立，轻打墩歪的斜角，如图 5-5（b）所示，然后放直，继续锻打，如图 5-5（c）所示。若发生图 5-5（d）所示墩歪时，则要用图

5-5（e）所示方法校正。

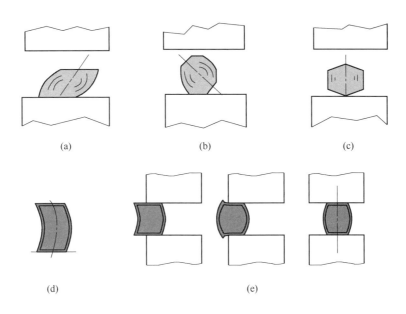

(a)　　　　　　　　(b)　　　　　　　　(c)

(d)　　　　　　　　　　(e)

图 5-5　墩歪的产生及矫正过程示意图

3）镦粗时锤击力要大，否则会产生细腰形。若不及时纠正，会形成夹层，如图 5-6 所示。

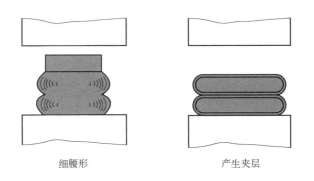

细腰形　　　　　　　　　产生夹层

图 5-6　锻造时细腰形及夹层的产生

（2）拔长　拔长是使坯料横截面积减小、长度增加的工序，如图 5-7（a）所示。还可以进行如图 5-7（b）所示的局部拔长、如图 5-7（c）所示的心轴拔长等。它适用于轴类、杆类及套类锻件的生产。为达到规定的锻造比和改变金属内部组织结构，锻制以钢锭为坯料的锻件时，拔长经常与镦粗交替反复使用。

1）拔长操作时，坯料应沿砧铁宽度方向送进，如图 5-8 所示。每次送进量应为 0.3~0.7 倍的砧铁宽度。如果送进量太大，金属则向宽的方向流动，使拔长效率降低。送进量太小，容易产生夹层。

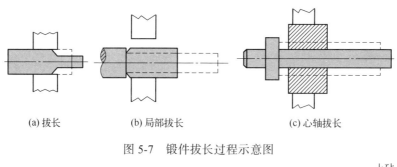

| (a) 拔长 | (b) 局部拔长 | (c) 心轴拔长 |

图 5-7　锻件拔长过程示意图

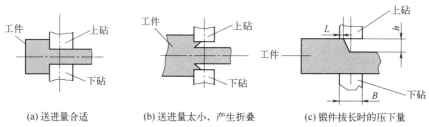

| (a) 送进量合适 | (b) 送进量太小，产生折叠 | (c) 锻件拔长时的压下量 |

图 5-8　锻件拔长时的送进方向、送进量和压下量

2）如图 5-8（c）所示，拔长时还应注意每工步（每次）进给量 L 和锤击的压下量 h 之比应大于 1~1.5，即 $L/h>1~1.5$，否则锻件会产生折叠缺陷。

3）局部拔长，锻制台阶轴或带有台阶的方形、矩形截面的锻件时，必须在截面分界处压出如图 5-9 所示的凹槽，此凹槽称为压肩。这样可使台阶平直整齐。压肩深度为台阶高度的 1/2~2/3。

4）如图 5-10 所示，圆料拔长必须先将其锻方，直到边长接近要求的圆直径时，再将坯料锻成八角形，然后滚打成圆形。

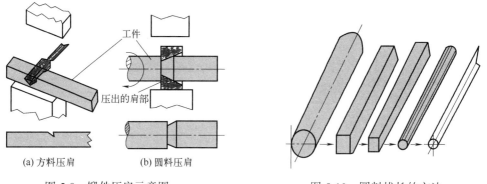

| (a) 方料压肩 | (b) 圆料压肩 |

图 5-9　锻件压肩示意图

图 5-10　圆料拔长的方法

5）拔长时应不断翻转坯料，使坯料截面经常保持近于方形。翻转方法如图 5-11（a）所示。采用图 5-11（b）所示的方法翻转时，在锻打每一面时，应使坯料的宽度与厚度之比不要超过 2.5，否则再次翻转后继续拔长时将容易产生弯曲或折叠现象。

6）在心轴上拔长时，心轴要有 1/150~1/100 的锥度，并要采取预热心轴、涂润滑剂、终锻温度高出同类材料的 100~150℃等措施，以便锻件从心轴上脱出。利用心轴拔长如图 5-12 所示。

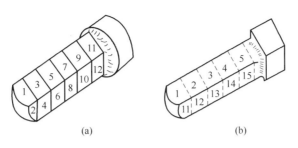

(a)　　　　　　　　　　(b)

图 5-11　拔长时锻件的翻转方法

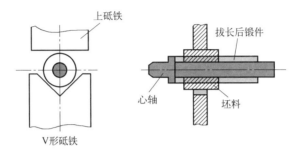

图 5-12　在心轴上拔长锻件示意图

（3）冲孔　冲孔是使坯料产生通孔或盲孔的工序。对孔径大的环类件，冲孔后还应进行扩孔。减小空心毛坯壁厚而增加其内、外径的锻造工序称为扩孔。直径小于 25mm 的孔一般不冲，在切削加工时钻出。冲通孔时，直径小于 450mm 的孔用实心冲头，直径大于 450mm 的孔用空心冲头。冲孔常用于齿轮、套筒、空心轴和圆环等带孔工件的锻造。冲孔前一般需将坯料镦粗，以减小冲孔的深度和使端面平整。为了保证冲头冲入坯料后，坯料仍具有足够的温度和良好的塑性，坯料应加热到允许的最高温度，而且需要均匀热透，这样可以防止坯料冲裂或损坏冲子，冲完后冲子也易于拔出。冲孔时，为了保证冲孔位置正确，先用冲子冲出孔位的凹痕，经检查凹痕无偏差后，向凹痕内撒煤粉，以便顺利拔出冲子。然后放上冲子，冲深至坯料厚度的 2/3 深度时，取出冲子，翻转坯料，从反面冲透，这是一般锻件的双面冲孔法，如图 5-13（a）所示。对于较薄的锻件，可采用单面冲孔法。单面冲孔时应将冲子大头朝下，漏盘孔径不宜过大，且须仔细对正，如图 5-13（b）所示。

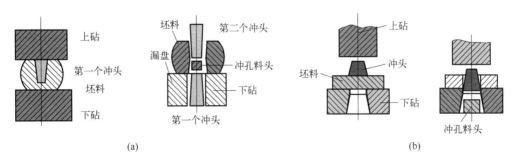

(a)　　　　　　　　　　　　(b)

图 5-13　冲孔示意图

为了防止冲头受热变软，冲孔过程中，冲子要经常蘸水冷却。

对于大直径的环形锻件，可采用先冲孔，再扩孔的办法进行。常用的扩孔方法如图 5-14 所示。

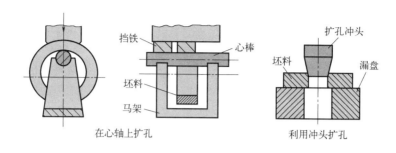

在心轴上扩孔　　　　　　　利用冲头扩孔

图 5-14　扩孔示意图

（4）弯曲　弯曲是使坯料轴线产生一定曲率的工序。为了减小变形抗力，弯曲时必须将坯料需要弯曲的部分加热，若加热段过长，可先把不弯的部分蘸水冷却，然后再进行弯曲，如图 5-15 所示。弯曲工序常用于制造链条、吊钩、曲杆、弯板、角尺等。

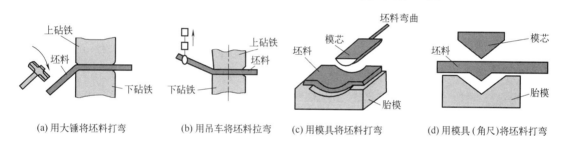

(a) 用大锤将坯料打弯　　(b) 用吊车将坯料拉弯　　(c) 用模具将坯料打弯　　(d) 用模具 (角尺) 将坯料打弯

图 5-15　弯曲过程

（5）其他工序

1）扭转　是使坯料的一部分相对于另一部分绕其轴线旋转一定角度的工序，如图 5-16 所示。扭转时，金属变形剧烈，为了减小变形抗力，要求受扭转部分应加热到始锻温度，且均匀热透。受扭曲变形部分必须表面光滑，而且面与面的相交处应过渡均匀。扭转后注意缓慢冷却，以防止出现扭裂现象。扭转工序常用于多拐曲轴和连杆等工件的锻造。

2）错移　是使坯料的一部分相对于另一部分平衡错开的工序，是生产曲拐或曲轴类锻件所必需的工序。错移开的各部分，仍保持轴线平行，错移时，先在错移部位压肩，然后锻打，最后修整，如图 5-17 所示。

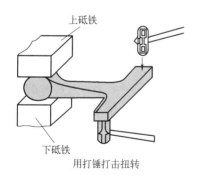

用打锤打击扭转

图 5-16　扭转过程示意

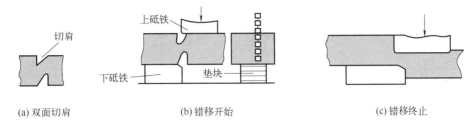

(a) 双面切肩　　　　　　　(b) 错移开始　　　　　　　(c) 错移终止

图 5-17　错移过程示意图

3）切断　是把坯料或工件切成两段（或数段）的加工方法。如图 5-18 所示，切断方料时，用剁刀垂直切入坯料，至快断时取出剁刀，将坯料翻转 180°，再用剁刀切断。切断圆料时，要在带有凹槽的剁垫中边切割边旋转坯料，直至切断，如图 5-19 所示。

自由锻生产过程中还包括辅助工序，主要是指进行基本工序之前的预变形工序，如压钳口、倒角、压肩等，以及在完成基本工序之后，用以提高锻件尺寸及位置精度的精整工序。

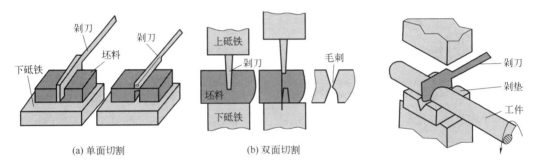

(a) 单面切割　　　　　　　(b) 双面切割

图 5-18　方料的切断过程示意图　　　　　图 5-19　圆料的切断过程示意图

第6章　金属热处理

教学目标	本章重点
（1）熟悉热处理的工艺和作用； （2）了解常见热处理的方法和设备； （3）掌握钢的热处理工艺； （4）了解钢的普通热处理。	热处理的基本知识、钢的普通热处理工艺。
	本章难点
	钢的普通热处理。

思政目标
通过对热处理知识的学习，使学生知道到任何一件成功产品的成形制造都来之不易，需要经过多次的反复热处理加工。技术的进步有时需要几代人为之不懈努力奋斗，大国工匠和大国重器都是千锤百炼的结果。

6.1　概述

金属热处理是机械制造中的重要工艺之一，与其他加工工艺相比，热处理一般不改变工件的形状和整体的化学成分，而是通过改变工件内部的显微组织，或改变工件表面的化学成分，赋予或改善工件的使用性能。其特点是改善工件的内在质量，而这一般不是肉眼所能看到的。

早在公元前 770 至前 222 年，我国在生产实践中就已发现，铜、铁的性能会因温度和加压变形的影响而变化。白口铸铁的柔化处理就是制造农具的重要工艺。20 世纪以来，金属物理的发展和其他新技术的移植应用，使金属热处理工艺得到更大发展。1901~1925 年，在工业生产中应用转筒炉进行气体渗碳；20 世纪 30 年代出现露点电位差计，使炉内气氛的碳势达到可控，以后又研究出用二氧化碳红外仪、氧探头等进一步控制炉内气氛碳势的方法；60 年代，热处理技术运用了等离子场的作用，发展了离子渗氮、渗碳工艺；激光、电子束技术的应用，又使金属获得了新的表面热处理和化学热处理方法。

热处理工艺一般包括加热、保温、冷却三个过程，有时只有加热和冷却两个过程。这些过程互相衔接，不可间断。

加热是热处理的重要工序之一。金属热处理的加热方法很多，最早是采用木炭和煤作为热源，进而应用液体和气体燃料。电的应用使加热易于控制，且无环境污染。利用这些热源可以直接加热，也可以通过熔融的盐或金属，以至浮动粒子进行间接加热。

金属加热时，工件暴露在空气中，常常发生氧化、脱碳（即钢铁零件表面碳含量降低），这对于热处理后零件的表面性能有很不利的影响。因而金属通常应在可控气氛或保护气氛中、熔融盐中和真空中加热，也可用涂料或包装方法进行保护加热。

加热温度是热处理工艺的重要工艺参数之一，选择和控制加热温度是保证热处理质量的主要问题。加热温度随被处理的金属材料和热处理的目的不同而异，但一般都是加热到相变温度以上，以获得高温组织。另外转变需要一定的时间，因此当金属工件表面达到要求的加热温度时，还须在此温度保持一定时间，使内外温度一致，使显微组织转变完全，这段时间称为保温时间。采用高能密度加热和表面热处理时，加热速度极快，一般就没有保温时间，而化学热处理的保温时间往往较长。

冷却也是热处理工艺过程中不可缺少的步骤，冷却方法因工艺不同而不同，主要是控制冷却速度。一般退火的冷却速度最慢，正火的冷却速度较快，淬火的冷却速度更快。但还因钢种不同而有不同的要求，例如硬钢就可以用正火一样的冷却速度进行淬硬。

金属热处理工艺大体可分为整体热处理、表面热处理和化学热处理三大类。

钢铁整体热处理大致有退火、正火、淬火和回火四种基本工艺。退火是将工件加热到适当温度，根据材料和工件尺寸采用不同的保温时间，然后进行缓慢冷却，目的是使金属内部组织达到或接近平衡状态，获得良好的工艺性能和使用性能，或者为进一步淬火作组织准备。正火是将工件加热到适宜的温度后在空气中冷却，正火的效果同退火相似，只是得到的组织更细，常用于改善材料的切削性能，也有时用于对一些要求不高的零件作最终热处理。淬火是将工件加热保温后，在水、油或其他无机盐、有机水溶液等淬冷介质中快速冷却。淬火后钢件变硬同时变脆。为了降低钢件的脆性，将淬火后的钢件在高于室温而低于650℃的某一适当温度进行长时间的保温，再进行冷却，这种工艺称为回火。退火、正火、淬火、回火是整体热处理中的"四把火"，其中的淬火与回火关系密切，常常配合使用，缺一不可。

"四把火"随着加热温度和冷却方式的不同，又演变出不同的热处理工艺。为了获得一定的强度和韧性，把淬火和高温回火结合起来的工艺，称为调质。某些合金淬火形成过饱和固溶体后，将其置于室温或稍高的适当温度下保持较长时间，以提高合金的硬度、强度或电性磁性等，这样的热处理工艺称为时效处理。把压力加工形变与热处理有效而紧密地结合起来进行，使工件获得很好的强度、韧性配合的方法称为形变热处理；在负压气氛或真空中进行的热处理称为真空热处理，它不仅能使工件不氧化、不脱碳，保持处理后工件表面光洁，提高工件的性能，还可以通入渗剂进行化学热处理。

表面热处理是只加热工件表层，以改变其表层力学性能的金属热处理工艺。表面热处理的主要方法有火焰淬火和感应加热热处理，常用的热源有氧乙炔或氧丙烷等火焰、感应电流、激光和电子束等。

化学热处理是改变工件表层化学成分、组织和性能的金属热处理工艺。化学热处理与表面热处理不同之处是后者改变了工件表层的化学成分。化学热处理是将工件放在含碳、氮或其他合金元素的介质（气体、液体、固体）中加热，保温较长时间，从而使工件表层渗入碳、氮、硼和铬等元素。渗入元素后，有时还要进行其他热处理工艺如淬火及回火。化学热处理的主要方法有渗碳、渗氮、渗金属。

热处理是机械零件和工模具制造过程中的重要工序之一。大体来说，它可以保证和提高工件的各种性能，如耐磨、耐腐蚀等，还可以改善毛坯的组织和应力状态，以利于进行各种冷、热加工。例如，白口铸铁经过长时间退火处理可以获得可锻铸铁，提高塑性；齿轮采用正确的热处理工艺，使用寿命可以比不经热处理的齿轮成倍或几十倍地提高；另外，价廉的碳钢通过渗入某些合金元素就具有某些价昂的合金钢性能，可以代替某些耐热钢、不锈钢；工模具则几乎全部需要经过热处理方可使用。

6.2 常用的热处理设备

热处理设备可分为主要设备和辅助设备两大类。主要设备包括热处理炉、热处理加热装置（如感应加热装置）、冷却设备、测量和控制仪表等。辅助设备包括工件清理设备（如酸洗设备）、检测设备、校正设备和消防安全设备等。

6.2.1 加热设备

（1）箱式电阻炉 箱式电阻炉是利用电流通过布置在炉膛内的电热元件发热，通过对流和辐射对零件进行加热。图 6-1 所示为中温箱式电阻炉，它的热电偶从炉顶或后壁插入炉膛，通过检测仪表显示和控制温度。箱式电阻炉是热处理车间应用很广泛的加热设备，适用于钢铁材料和非钢铁材料（有色金属）的退火、正火、淬火、回火及固体渗碳等的加热，具有操作简便、控温准确、可通入保护性气体防止零件加热时氧化、劳动条件好等优点。但箱式电阻炉也存在一些缺点，比如冷炉升温慢，炉内温差较大，工件容易产生氧化和脱碳，操作不方便等，特别是大型箱式电阻炉，工人在操作时的劳动强度较大。

（2）井式电阻炉 井式电阻炉的工作原理与箱式电阻炉相同，其因炉口向上、形如井状而得名。常用的有中温井式、低温井式炉和气体渗碳炉三种，图 6-2 所示为井式电阻炉。中温井式炉主要应用于长形零件的淬火、退火和正火等热处理，最高工作温度为 950℃。因炉体较高，一般置于地坑中，仅露出地面 600~700mm。与箱式炉相比，井式炉热量传递较好，炉顶可装风扇，使温度分布较均匀，细长零件垂直放置可克服零件水平放置时因自重引起的弯曲并可利用各种起重设备进料或出料。井式电阻炉和箱式电阻炉的使用都比较简单，在使用过程中应经常清除炉内的氧化铁屑，进出料时必须切断电源，不得碰撞炉衬或十分靠近电热元件，以保证安全生产和电阻炉的使用寿命。

（3）盐浴炉 盐浴炉是利用熔盐作为加热介质的炉型。根据工作温度的不同可以分为高温、中温、低温盐浴炉。高、中温盐浴炉采用电极的内加热式，是把低电压、大电流的交流电通入置于盐槽内的两个电极上，利用两电极间熔盐电阻发热效应，使熔盐达到预定温度。将零件吊挂在熔盐中，通过对流、传导作用，使工件加热。低温盐浴炉采用电阻丝的外加热式。

盐浴炉可以完成多种热处理工艺的加热，其特点是加热速度快、均匀，氧化和脱碳少，是中小型工、模具的主要加热方式。但盐浴炉加热操作中存在零件的扎绑、夹持等工序，操作复杂，劳动强度大，工作条件差，同时存在启动时升温时间长等缺点。

图 6-1　中温箱式电阻炉　　　　　　　　　图 6-2　井式电阻炉

6.2.2　冷却设备

淬火冷却槽是热处理生产中主要的冷却设备，常用的有水槽、油槽、浴炉等。淬火槽体一般用钢板焊成，大型淬火槽要用型钢加固，并在槽的内外表面涂以防锈油漆。淬火槽体也可用水泥砌制，能有效地防止某些水溶液的腐蚀。

为了保证淬火能够正常连续进行，使淬火介质保持比较稳定的冷却能力，须将被工件加热了的冷却介质冷却到规定的温度范围内，因此常在淬火槽中加入冷却装置。

6.2.3　控温仪表

加热炉的温度测量和控制主要是利用热电偶和温度控制仪表及开关器件进行的。热电偶是将温度转换成电势，温度控制仪是将热电偶产生的热电势转变成温度的数字显示或指针偏转角度显示。热电偶应放在能代表零件温度的位置，温控仪应放在便于观察又避免热、磁场等影响的位置。

6.3　钢的热处理原理

6.3.1　钢的热处理概述

钢的热处理是将钢在固态下采用适当的方式进行加热、保温和冷却，以改变其表面或内部的组织结构，从而获得所需要性能的一种热加工工艺，如图 6-3 所示。

钢的热处理种类很多，但它们有一个共同的特点，即都包括加热和冷却两个基本过程。根据加热、冷却方式的不同以及钢的组织、性能变化特点的不同，热处理工艺分类如下：

热处理 {
　普通热处理：退火、正火、淬火、回火(见图6-4)
　表面热处理 {
　　表面淬火：感应加热表面淬火、火焰加热表面淬火、激光加热表面淬火、电子束加热表面淬火、等离子束表面淬火等
　　表面化学热处理：渗碳、渗氮、碳氮共渗、渗金属等
　}
　其他热处理：真空热处理、形变热处理、可控气氛热处理等
}

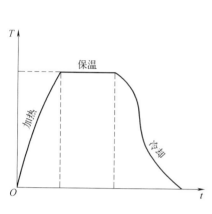

图 6-3　热处理工艺曲线示意图

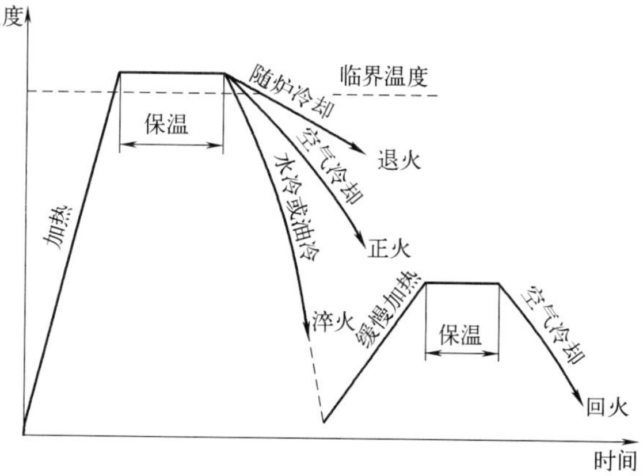

图 6-4　碳钢常用热处理方法示意图

热处理同铸造、压力加工和焊接工艺不同，它不改变零件的外形尺寸，只改变金属的内部组织及性能。在机械制造中，热处理起着十分重要的作用，它既可用于消除上一工艺过程所产生的金属材料内部组织结构上的某些缺陷，又可为下一工艺过程创造条件，更重要的是可进一步提高金属材料的性能，从而充分发挥材料性能的潜力。在汽车、拖拉机及各类机床上有 70%~80% 的钢铁零件要进行热处理，至于刀具、模具、量具和轴承等则全部需要进行热处理。随着工业和经济的发展，热处理在改善和强化金属材料、提高产品质量、节省材料和提高经济效益等方面将发挥着更大的作用。

钢经过热处理后性能会发生较大的变化，是由于经过不同的加热和冷却过程，钢的内部组织结构发生了变化。因此，要制定正确热处理的工艺规范，保证热处理质量，必须了解钢在不同的加热和冷却条件下的组织变化规律。

6.3.2　钢在加热时的转变

加热是热处理的第一道工序。加热分两种，一种是在临界点 A_1 以下加热，不发生相变；另一种是在临界点 A_1 以上加热，目的是获得均匀的奥氏体组织，这一过程称为奥氏体化。

钢加热时的奥氏体形成过程是一个形核和长大的过程。以共析钢为例，奥氏体化过程可以简单地分为以下四个步骤：①奥氏体晶核形成（见图6-5a）。奥氏体晶核首先在铁素体与渗碳体相界处形成，因为相界处的成分和结构对形核有利。②奥氏体晶核长大（见 图 6-5b）。奥

氏体晶核形成后，便通过碳原子的扩散向铁素体和渗碳体方向长大。③残余渗碳体溶解（见图 6-5c）。铁素体在成分和结构上比渗碳体更接近于奥氏体，因而先于渗碳体消失，而残余渗碳体则随保温时间延长不断溶解直至消失。④奥氏体成分均匀化（见图 6-5d）。渗碳体溶解后，其所在部位碳的含量仍比其他部位高，需通过较长时间的保温使奥氏体成分逐渐趋于均匀。

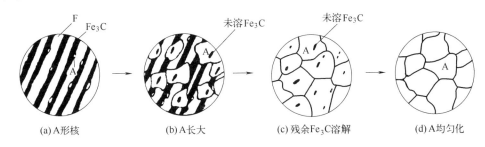

(a) A形核　　　　(b) A长大　　　　(c) 残余Fe₃C溶解　　　(d) A均匀化

图 6-5　共析钢奥氏体形成过程示意图

碳素钢和低合金钢在近平衡状态下室温组织可分为三类：亚共析钢（先共析铁素体加珠光体）、共析钢（珠光体）、过共析钢（先共析渗碳体加珠光体）。亚共析钢和过共析钢的奥氏体化过程与共析钢基本相同。加热时，在临界点 A_1 处，亚共析钢和过共析钢都发生珠光体向奥氏体的转变（P→A）；随温度继续升高，先共析铁素体和先共析渗碳体不断向奥氏体转变（F→A，Fe₃C→A）；到临界点 A_{c3}（亚共析）或 A_{ccm}（过共析）时全部转变为奥氏体。

钢在加热时所获得奥氏体晶粒大小将直接影响到冷却后的组织和性能。奥氏体晶粒的大小通常用晶粒度等级来表示。按照 GB/T 6394 规定，标准晶粒度分为 10 级。在生产中，将钢试样在金相显微镜下放大 100 倍，全面观察并选择具有代表性视场的晶粒与国家标准晶粒度等级进行比较，以确定其级别。晶粒度等级越大，平均晶粒数越多，则晶粒越细，一般 1~4 级称为粗晶粒，5~8 级称为细晶粒。

由于奥氏体晶粒的大小对钢件热处理后的组织和性能影响极大，因此必须了解影响奥氏体晶粒大小的因素，以寻求控制奥氏体晶粒的方法。奥氏体起始晶粒形成以后，其实际晶粒的大小主要取决于以下因素。

（1）加热温度和保温时间的影响　　由于奥氏体晶粒的长大与原子扩散有着密切的关系，所以加热温度越高，保温时间越长，则奥氏体晶粒越粗大。在影响奥氏体晶粒长大的诸多因素中，温度的影响最显著。在每一加热温度下，都有一个加速长大期，当奥氏体晶粒长大到一定尺寸后，继续延长保温时间，晶粒将不再明显长大而趋于一个稳定尺寸。为了获得一定大小的奥氏体晶粒，可以同时控制加热温度和保温时间。加热温度低时，保温时间影响较小；加热温度高时，保温时间的影响开始较大，随后较弱。因此，加热温度高时，保温时间应该缩短，才能保证得到细小的奥氏体晶粒。在生产上必须严格控制加热温度，防止加热温度过高，以避免奥氏体晶粒粗化。通常要根据钢的临界点、工件尺寸以及装炉量确定合理的加热工艺参数。

（2）加热速度的影响　加热速度越快，过热度越大，奥氏体的实际形成温度越高，形核率和长大速度越大，则奥氏体的起始晶粒越细。但是，奥氏体起始晶粒细小而加热温度较高反而使奥氏体晶粒易于长大，因此快速加热时，保温时间不能过长，否则晶粒反而粗大。

（3）钢的化学成分的影响　在一定的含碳范围内，随着奥氏体的含碳量增加，由于碳在奥氏体的扩散速度及铁的自扩散速度增大，晶粒的长大倾向增加；但当碳含量超过一定量以后，碳能以未熔碳化物的形式存在，奥氏体晶粒的长大倾向减小。同样，在钢中加入碳化物形成元素和加入氮化物、氧化物形成元素，都能阻碍奥氏体晶粒的长大。而锰、磷溶于奥氏体后，使铁原子扩散加快，会促进奥氏体晶粒长大。

（4）原始组织　一般来说，钢的原始组织越细，碳化物弥散度越大，则奥氏体的起始晶粒度越小。细珠光体和粗珠光体相比，细珠光体总是容易获得细小而均匀的奥氏体起始晶粒度。在相同的加热条件下，和球状珠光体相比，片状珠光体在加热时奥氏体晶粒易于粗化，因为片状碳化物表面积较大，溶解快，奥氏体的形成速度也快，奥氏体形成后较早地进入晶粒长大阶段。

6.3.3　钢在冷却时的转变

加热的目的是获得晶粒细小、化学成分均匀的奥氏体，冷却的目的是获得一定的组织以满足所需的力学性能。因此，冷却更是钢热处理的关键。冷却主要分为以下三种。

（1）极其缓慢的冷却转变　奥氏体在极其缓慢的冷却过程中按照 Fe-Fe$_3$C 相图进行平衡结晶转变，其室温平衡组织是：共析钢为珠光体，亚共析钢为铁素体+珠光体，过共析钢为二次渗碳体+珠光体，如图 6-6 所示。

（2）连续冷却转变　过冷奥氏体在不同温度区间的分解产物是不同的。在连续冷却过程中，钢从高温奥氏体状态一直连续冷却到室温，过冷奥氏体经历由高温到低温的整个区间。连续冷却速度不同，到达各个温度区间的时间以及在各个温度区间停留的时间不同，因此连续冷却转变得到的往往是不均匀的混合组织。过冷奥氏体在连续冷却条件下的转变规律可以用等温转变曲线（CCT 曲线）来表征，如图 6-7 所示。

（3）等温冷却转变　等温冷却过程中，将奥氏体状态的钢迅速冷却到临界点以下某一温度保温，让其发生恒温转变过程，然后再冷却到室温。过冷奥氏体等温转变产物的组织和性能取决于过冷度。根据过冷度的不同，过冷奥氏体将发生三种类型转变，即珠光体型转变、贝氏体型转变、马氏体型转变。过冷奥氏体在等温冷却条件下的转变规律可以用等温转变曲线（TTT）来表征，等温转变曲线也叫 C 曲线，如图 6-7 所示。

在共析钢 TTT 曲线两条 C 形曲线中，左边的一条及 M_s 线是过冷奥氏体转变开始线，右边的一条及 M_f 线是过冷奥氏体转变终了线。A_1 线、M_s 线、转变开始线及纵坐标所包围的区域为过冷奥氏体区；转变终了线以右及 M_f 线以下为转变产物区；转变开始线与终了线之间及

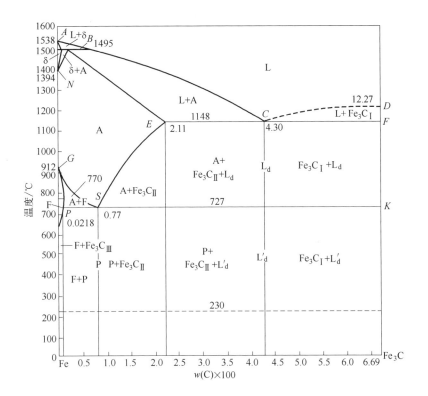

图 6-6　Fe-Fe₃C 相图

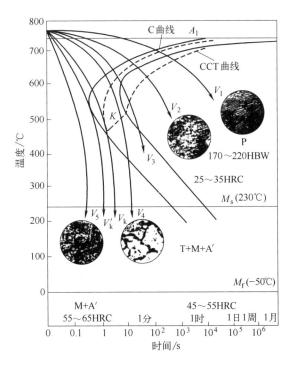

图 6-7　共析钢 CCT 与 TTT 曲线

M_s 线与 M_f 线之间为转变区；转变开始线与纵坐标之间为孕育期。此外，C 曲线还明确表示了奥氏体在不同温度下的转变产物。

与共析钢相变相比，亚共析钢与过共析钢 C 曲线的上部还各多了一条先共析相的析出线。因为在过冷奥氏体转变为珠光体之前，亚共析钢要先析出铁素体，过共析钢先析出渗碳体。

TTT 曲线的应用：

1）把连续冷却速度曲线叠画在 TTT 图上，就能大致判断所得到的组织；

2）可以利用 C 曲线来确定等温淬火、等温退火、分级淬火等热处理工艺参数（温度、时间等）；

3）根据 C 曲线上的 M 确定冷处理工艺的温度。

实际生产中，过冷奥氏体在很多情况下都是在连续冷却中进行转变的，因此，连续冷却转变曲线对热处理工艺及选材更有意义。但是限于科学技术发展水平，测出连续冷却曲线比较困难，而等温转变冷却曲线比较容易测得。因此，在热处理生产中，应尽量查找 CCT 图解决连续冷却问题，但在只有 TTT 图时，可将连续冷却曲线叠画在 TTT 图上近似判断能得到的组织，这是一种科学而实用的方法。

6.4 钢的热处理工艺

6.4.1 钢的整体热处理

对工件整体进行穿透加热的热处理称为整体热处理。整体热处理工艺主要有退火、正火、淬火和回火等。一般退火与正火作为预备热处理，其目的是消除钢的组织缺陷，或为以后的加工做准备；而淬火和回火工艺相配合可强化钢材，作为最终热处理，提高零件或者工具的使用性能。

6.4.1.1 钢的退火和正火

（1）退火 将钢件加热到临界点 A_{c1} 或 A_{c3} 以上某一温度，保温一定时间，然后进行缓慢冷却，从而获得近似平衡组织的操作称为退火。退火是将金属或合金加热到某一温度（对碳素钢而言为 740~880℃），保温一定时间，然后随炉冷却或埋入导热性差的介质中缓慢冷却的一种工艺方法。退火的主要目的是降低材料硬度，改善切削加工性能，细化材料内部晶粒，均匀组织及消除毛坯在成形（锻造、铸造、焊接）过程中所造成的内应力，为后续的机械加工和热处理做好准备。工业上常用的退火温度工艺及其适用范围如下所述。其主要目的是降低硬度、使工件易于切削加工、消除钢件内应力和某些组织缺陷。

1）完全退火 完全退火是将工件完全奥氏体化后缓慢冷却，获得接近平衡组织的退火，主要用于中碳和高碳成分的亚共析钢。完全退火加热温度为 A_{c3} 以上 30~50℃，保温时间依工件大小和厚度而定，要使工件热透，保证得到均匀化的奥氏体。实际生产时为提高生产率，随炉冷却至 600℃左右即可出炉空冷。低碳钢和过共析钢不宜采用完全退火。低碳钢完全退火后硬度偏低，不利于切削加工。过共析钢加热至 A_{ccm} 以上完全奥氏体化后，在随后的缓冷过程中会有网状二次渗碳体析出，使钢的强度、塑性和韧性显著降低。

2）球化退火　球化退火是指将钢加热到 A_{c1} 以上 20~30℃，充分保温，使二次渗碳体球化，然后随炉冷却，使钢在 A_{r1} 温度珠光体转变中形成渗碳体球，或在略低于 A_{r1} 的温度下充分保温，使已形成的珠光体中的渗碳体球化，然后出炉空冷。球化退火主要用于共析钢和过共析钢，其目的是使钢中的渗碳体（碳化物）球状化，降低硬度，改善切削加工性能，并为淬火做组织准备，使淬火加热时奥氏体晶粒不易长大，并可减小冷却时变形和开裂的倾向。

球化退火所得到的组织是在铁素体机体上弥散分布着颗粒（球）状的渗碳体。对于有网状碳化物存在的过共析钢，则球化退火必须前先行正火，将其消除，才能保证球化退火正常进行。另外对于一些需要进行冷塑性变形（如冲压、冷镦等）的亚共析钢，有时也可采用球化退火。

3）等温退火　等温退火是指将钢加热到 A_{c3} 以上 30~50℃（亚共析钢）或 A_{c1} 以上 30~50℃（共析钢和过共析钢），保温一段时间，以较快速度冷却到珠光体转变温度区间内的某一温度，经等温保持使奥氏体转变为珠光体组织，然后出炉冷却的退火工艺。等温退火主要用于高碳钢、高合金钢及合金工具钢等，目的与完全退火和球化退火基本相同，但退火后组织粗细均匀，性能一致，生产周期短，效率高。

4）去应力退火　去应力退火是指将钢加热到 A_1 以下某一温度（碳钢一般为 500~650℃），经适当保温后，缓冷到 300℃以下出炉空冷的退火工艺。由于加热温度低于 A_1，因此在整个过程中不发生组织转变。其主要目的是消除由于塑性变形、焊接、铸造、切削加工等所产生的内应力，稳定尺寸，减少变形。去应力退火后的冷却应尽量缓慢，以免产生新的应力。

5）均匀化退火　均匀化退火又称为扩散退火，是指将钢加热到熔点以下 100~200℃（通常为 1050~1150℃），保温 10~15h，然后进行缓慢冷却的退火工艺。其主要目的是消除或减少成分或组织不均匀，一般用于质量较高的钢锭、铸件或锻件的退火。由于加热温度高，时间长，晶粒必然粗大，为此必须再进行完全退火或正火，使组织重新细化。

（2）正火　正火是将钢加热到 A_{c3}（亚共析钢）或 A_{ccm}（共析、过共析钢）以上 30~50℃，保温一定时间后，在静止的空气中冷却的热处理工艺方法，图 6-8 所示为退火和正火的加热温度范围。

正火的目的是：

1）对于低、中碳的亚共析钢而言，正火与退火的目的相同，即调整硬度，便于切削加工；细化晶粒，为淬火做组织准备；消除残余内应力。

2）对于低碳钢，可用来调整硬度，避免切削加工中的"粘刀"现象，改善切削加工性。

3）对于过共析钢而言，正火可消除网状二次渗碳体，为球化退火做准备。

正火的冷却速度比退火快，得到的组织较细，工件的强度和硬度比退火高。对于高碳钢的工件，正火后硬度偏高，切削加工性能变差，故宜采用退火工艺。从经济方面考虑，正火比退火生产周期短，设备利用率高，生产效率高，能耗少，成本低，操作简便，所以在满足工作性能及加工要求的条件下，应尽量以正火代替退火。

（3）退火与正火的选用

1）从加工性考虑　一般认为硬度在 170~230HBW 范围内的钢材，其切削加工性最好。硬度过高难以加工，刀具容易磨损；硬度过低，切削时容易"粘刀"，使刀具发热和磨损，而且也降低工件的加工质量。因此作为预备热处理，低碳钢正火优于退火，而高碳钢正火后硬度太高，必须采用退火。图 6-9 所示为各种碳钢退火与正火后的大致硬度值，其中阴影部分为切削加工件较好的硬度范围。

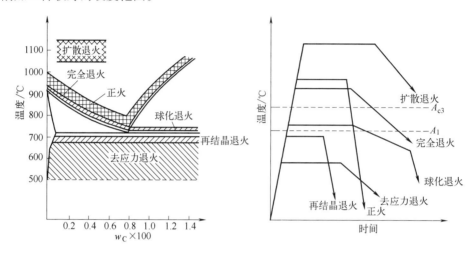

图 6-8　退火和正火的加热温度范围

2）从使用性能考虑　对于亚共析钢，正火处理比退火具有较好的力学性能。如果零件的性能要求不很高，则可用正火作为最终热处理。对于一些大型、重型零件，当淬火有开裂危险时，则采用正火作为零件的最终热处理；但当零件的形状复杂，正火冷却速度较快也有引起开裂的危险时，则采用退火为宜。

3）从经济性考虑　正火比退火的生产周期短，耗能少，成本低，效率高，操作简便。因此在可能的条件下应优先采用正火。

6.4.1.2　钢的淬火和回火

钢的淬火与回火是热处理工艺中最重要且用途最广的工序。淬火可以大幅度提高钢的强度与硬度。淬火后，为了消除淬火钢的残余内应力，得到不同强度、硬度与韧性的配合，需要配以不同温度的回火。所以，淬火与回火是不可分割的、紧密衔接在一起的两种热处理工艺。

（1）淬火　淬火可显著提高钢的强度和硬度，是赋予钢件最终性能的关键工序。淬火是将工件加热到 A_{c3} 或 A_{c1} 以上某一温度保持一定时间，然后以适当的速度冷却获得马氏体组织的热处理工艺。淬火的主要目的就是获得马氏体或下贝氏体组织，以便在随后不同温度回火后获得需要的性能。马氏体组织有高的强度和硬度，而下贝氏体组织有高强度、高韧度、高耐磨性，因而综合力学性能较好。

钢件淬火后可获得较高的硬度，再配以相应的回火后，可获得较高强度和一定的韧性，发挥材料的潜力。比如可提高工具钢和轴承钢的硬度与耐磨性、弹簧钢的弹性极限、轴类零件的综合力学性能。

1）淬火温度与保温时间　淬火加热温度主要是根据钢的化学成分和临界点来确定。碳钢的淬火加热温度如图 6-10 所示。

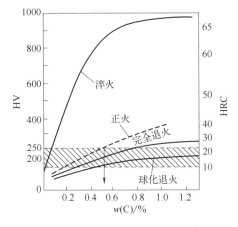

图 6-9　碳钢退火与正火后的硬度值范围

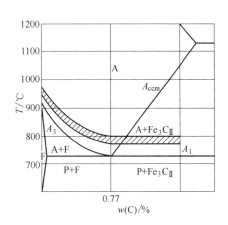

图 6-10　碳钢的淬火加热温度范围

亚共析钢淬火加热温度一般在 A_{c3} 以上 30~50℃，淬火后可获得细小的马氏体组织。若淬火温度在 A_{c1}~A_{c3} 之间，则淬火后的组织中存在铁素体，从而造成淬火后的硬度不足，回火后强度也较低。若将亚共析钢加热到远高于 A_{c3} 温度淬火，则奥氏体晶粒会显著粗大而破坏淬火后的性能。所以，亚共析钢淬火只能选择略高于 A_{c3} 的温度，这样既保证充分奥氏体化，又保证奥氏体晶粒的细小。

共析钢和过共析钢淬火加热温度一般在 A_{c1} 以上 30~50℃，淬火后可获得细小马氏体和粒状渗碳体，残余奥氏体较少。这种组织硬度高，耐磨性好，而且脆性较小。如果加热温度在 A_{ccm} 以上，不仅奥氏体晶粒变得粗大，二次渗碳体也将全部溶解，必然会导致淬火后马氏体组织粗大，残余奥氏体增多，从而降低钢的硬度和耐磨性，增加脆性，同时还使变形开裂现象变得更加严重。

为了使工件内外各部分均完成组织转变，碳化物溶解及奥氏体均匀化，必须在淬火加热温度保温一定的时间。在实际生产条件下，工件保温时间应根据工件的有效厚度来确定，并用加热系数来综合地表述钢的化学成分，原始组织，工件的尺寸、形状，加热设备及介质等多种因素的影响。

2）淬火冷却介质　淬火的目的是得到马氏体，因此淬火冷却速度必须大于临界冷却速度。但冷却速度过快时，零件内部会产生很大的内应力，容易造成变形开裂，因此必须选择

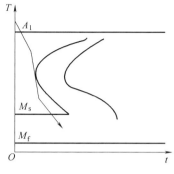

图 6-11 钢的理想淬火冷却曲线

合适的淬火冷却介质。

理想的淬火冷却介质应该是工件既能淬火得到马氏体，又不致引起太大的淬火应力。这就要求在 C 曲线的"鼻尖"以上温度缓冷，以减小急冷所产生的热应力；在"鼻尖"处大于临界冷却速度进行快冷，以保证过冷奥氏体不发生非马氏体转变；在"鼻尖"下方，特别是 M_s 点以下温度时，冷却速度应尽量小，以减小组织转变的应力。理想的淬火冷却曲线如图 6-11 所示。

实际生产中常用的淬火介质有水、水溶性盐类和碱类、有机水溶液、油、熔盐、空气等，尤其是水和油最为常用。

水是目前应用最广泛的淬火介质，它价廉易得，使用安全，不燃烧，无腐蚀，并且具有较强的冷却能力，常用于形状简单、截面较大的碳钢件的淬火。水的缺点是在 550~650℃ 范围内的冷却能力不够强，在 200~300℃ 范围内的冷却速度很大。为提高水在 550~650℃ 范围内的冷却能力，可加入少量的盐或碱。盐对钢件有腐蚀作用，淬火后应及时清洗。

各种矿物油也是应用广泛的淬火介质。油在 200~300℃ 温度范围内的冷却速度小于水，这可大大减小淬火钢件的变形、开裂倾向，但它在 550~650℃ 温度范围的冷却速度也比水小得多。因此，油主要用于合金钢和小尺寸碳钢件的淬火。油温升高，油的流动性更好，冷却能力反而提高，但油温过高易着火，因此一般把温度控制在 60~80℃。用油淬火的钢件需要清洗，油质易老化，这是油作为淬火介质的不足。

熔融的碱和盐也常用作淬火介质，称为碱浴和盐浴。它们的冷却能力介于水和油之间，使用温度范围多为 150~500℃。这类介质只适用于形状复杂及变形要求严格的小型件的分级淬火和等温淬火。

淬火操作时，由于冷却速度很快（可高达 1200℃/s），所以应注意淬火工件浸入淬火剂的方式。如果浸入方式不正确，则可能因工件各部分的冷却速度不一致而造成极大的内应力，使工件发生变形、裂纹或产生局部淬不硬等缺陷。浸入方式的根本原则是保证工件最均匀地冷却，具体操作如图 6-12 所示。

厚薄不匀的工件，厚的部分应先浸入淬火剂；细长的工件（如钻头、锉刀、轴等）应垂直地浸入淬火剂；薄而平的工件（如圆盘铣刀等）不能平着放入，必须立着放入淬火剂；薄壁环状工件，必须沿其轴线垂直于液面方向浸入；截面不均匀的工件，应斜着浸入淬火剂，使工件各部分的冷却速度接近。

3）常用的淬火方法　采用适当的淬火方法可以弥补冷却介质的不足，在保证技术条件要求的前提下应选择最简便，最经济的淬火冷却方法。各种淬火方法的工艺特点叙述如下。

① 单液淬火　单液淬火是将奥氏体化后的工件直接淬入一种淬火介质中连续冷却至室温的方法（见图 6-13 中曲线 1）。单液淬火的工艺过程简单，操作方便，经济，适合大批量作

业，故在淬火冷却中应用最广泛。

② 双液淬火　双液淬火是指将加热工件先在一种冷却能力强的介质中冷却，躲过 C 曲线"鼻尖"后，再转入另一种冷却能力较弱的介质中发生马氏体转变的方法（见图 6-13 中曲线 2）。常用的方法有水淬油冷、油淬空冷等。双液淬火利用了两种介质的优点，克服了单液淬火的不足，获得了较理想的冷却条件，既能保证获得马氏体组织，又减小了淬火内应力和变形开裂倾向，但是操作时必须准确掌握钢件由第一种介质转入第二种介质时的温度。

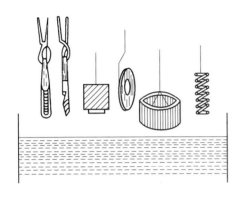

图 6-12　工件浸入淬火剂的正确方法

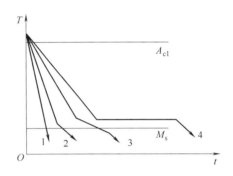

图 6-13　各种淬火冷却方法的冷却曲线示意图
1—单液淬火；2—双液淬火；3—分级淬火；4—等温淬火

③ 分级淬火　分级淬火是将奥氏体化后的工件首先淬入略高于钢的 M 点的盐浴或碱浴炉中保温一段时间，待工件内外温度均匀后，再从浴炉中取出空冷至室温（见图 6-13 中曲线 3）。分级淬火可保证工件表面和心部马氏体转变同时进行，并在缓慢冷却条件下完成，不仅减小了淬火热应力，而且显著降低组织应力，因而有效地减小或防止了工件淬火变形和开裂，同时克服了双液淬火时间难以控制的缺点。但由于冷却介质温度较高，工件在浴炉中冷却较慢，而保温时间又有限制，大截面零件难以达到其临界淬火速度，因此，分级淬火只适用于尺寸较小的工件，如刀具、量具和要求变形很小的精密工件。

④ 等温淬火　等温淬火是将奥氏体化后的工件淬入 M_s 点以上某温度的盐浴中等温足够长的时间，使之转变为下贝氏体组织，然后在空气中冷却的淬火方法（见图 6-13 中曲线 4）。等温的温度和时间由钢 C 曲线确定。等温淬火实际上是分级淬火的进一步发展，所不同的是等温淬火获得下贝氏体而不是马氏体。等温淬火的加热温度通常比普通淬火高些，目的是提高奥氏体的稳定性，防止发生珠光体类型组织转变。等温淬火内应力小，变形小，淬火得到的下贝氏体强度硬度高，且韧性比马氏体好，因此多用于各种中高碳和低合金钢制作的尺寸较小、形状复杂、强韧性要求高的工件。

⑤ 局部淬火　只对钢件需要硬化的局部进行淬火的方法。

4）钢的淬透性　钢的淬透性是指在规定的条件下以钢试样淬硬深度和硬度分布表征的材料特性。淬硬深度一般是指从淬硬的工件表面量至规定硬度值处的垂直距离。淬透性表示钢淬火后获得马氏体的能力,它反映钢的过冷奥氏体的稳定性,即与钢的临界冷却速度有关。过冷奥氏体越稳定,临界冷却速度越小。在一定条件下淬硬深度越深,钢的淬透性就越好。影响淬透性的主要因素是钢的化学成分,绝大多数合金元素都能提高钢的淬透性。

钢的淬透性是钢的热处理工艺性能,在生产中有重要的实际意义。一些在拉压、弯曲或剪切载荷下工作的零件(如发动机的连杆、连杆螺栓及轴类零件等)希望整个截面都能被淬透,从而保证这些零件在整个截面上得到均匀的力学性能;对于形状复杂、变形限制严格的工件,若采用淬透性好的合金钢,则可在较缓慢的冷却介质中淬火,甚至可以在空气中冷却淬火,这样可以大大减少淬火应力和变形。但对于焊接结构构件,为避免在焊接接头处形成淬火组织,使焊接件产生变形和裂纹,则应尽量避免采用淬透性好的钢材。

(2)回火 钢淬火后处于不稳定的组织状态,钢件内应力很大,性能表现为硬度高,淬性大,塑性、韧性很低,因此淬火钢件不能直接使用,必须经过回火。回火可以促使淬火后的不稳定组织向稳定组织转变。

回火是将淬火后的钢重新加热到 A_{c1} 以下某一温度范围(大大低于退火、正火和淬火时的加热温度),保温后在空气、油或水中冷却的热处理工艺。淬火钢在回火时的组织转变,主要取决于回火加热温度,随着加热温度的升高,淬火钢的组织大致发生以下四个方面的变化:①马氏体分解;②残余奥氏体分解;③碳化物转变;④渗碳体聚集长大及铁素体再结晶。

淬火后组织取决于回火温度,根据回火加热温度的不同,回火常分为低温回火、中温回火和高温回火。

1)低温回火 回火温度为 150~250℃,回火后的组织为回火马氏体。低温回火主要是为了降低钢的淬火内应力和脆性,保持高硬度(一般为 58~64HRC)及高耐磨性。低温回火广泛用于要求硬度高、耐磨性好的零件,如各类高碳工具钢、低合金工具钢制作的刀具,冷变形模具、量具,滚珠轴承及表面淬火件等。

2)中温回火 回火温度为 350~450℃,回火后的组织为回火屈氏体。这种组织具有较高的弹性极限和屈服极限,并具有一定的韧性,硬度一般为 35~45HRC,主要用于弹簧和需要弹性的零件,如各类弹簧、热锻模具及某些要求较高强度的轴、轴套、刀杆。

3)高温回火 回火温度为 500~650℃,回火后的组织为回火索氏体。这种组织具有良好的综合力学性能,即在保持较高强度的同时,具有良好的塑性和韧性。生产中通常把淬火加高温回火的处理称为调质处理,简称"调质"。调质硬度一般为 25~35HRC。调质广泛用于各种重要的结构件,特别是在交变载荷下工作的零件,如连杆、螺栓、齿轮、轴等,都需经过调质处理后再使用。

6.4.2 钢的表面热处理

很多机器零件,如曲轴、齿轮、凸轮、机床导轨等,是在冲击载荷和强烈的摩擦条件下工作的，要求表面层坚硬耐磨，不易产生疲劳破坏，而心部则要求有足够的塑性和韧性。显然，采用整体热处理是难以达到上述要求的，这时可通过对工件表面采取强化热处理，即表面热处理的方法解决。常用的表面热处理方法有表面淬火和化学热处理两种。

（1）表面淬火　表面淬火是将钢件的表面层淬透到一定的深度，而心部仍保持未淬火状态的一种局部淬火方法。表面淬火时通过快速加热，使钢件的表层很快达到淬火温度，在热量来不及传到工件心部就立即冷却，实现局部淬火。淬火后需进行低温回火以降低内应力，提高表面硬化层的韧性及耐磨性能。

根据加热方法的不同，表面淬火方法有感应加热表面淬火、火焰加热表面淬火、盐浴快速加热表面淬火以及激光加热表面淬火等多种。目前生产中广为应用的是火焰加热表面淬火和感应加热表面淬火两种。

火焰加热表面淬火是指应用氧-乙炔（或其他可燃气体）火焰对零件表面进行加热，随后淬火的工艺。火焰加热表面淬火设备简单，操作简便，成本低，且不受零件体积大小的限制，但因氧-乙炔火焰温度较高，零件表面容易过热，而且淬火层质量控制比较困难，影响了这种方法的广泛使用。

感应加热表面淬火是目前应用较广的一种表面淬火方法。感应加热表面淬火法是在一个感应线圈中通以一定频率的交流电（有高频、中频、工频三种），使感应线圈周围产生频率相同的交变磁场，置于磁场中的工件就会产生与感应线圈频率相同、方向相反的感应电流，这个电流叫作涡流，如图 6-14 所示。

由于集肤效应，涡流主要集中在工件表层。由涡流产生的电阻热使工件表层被迅速加热到淬火温度，随即向工件喷水，使工件表层淬硬。这种热处理方法生产效率极高，加热一个零件仅需几秒至几十秒即可达到淬火温度。由于加热时间短，因此零件表面氧化、脱碳极少，变形也小. 还可以实现局部加热、连续加热，便于实现机械化

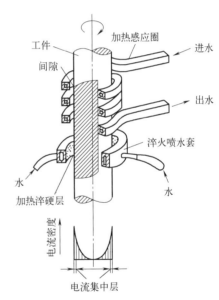

图 6-14　感应加热表面淬火示意图

和自动化。但高频感应设备结构复杂，成本较高，故适合于形状简单、大批量生产的零件。

（2）化学热处理　化学热处理是将工件置于一定的化学介质中加热和保温，使介质中的活性原子渗入工件表层，以改变工件表层的化学成分和组织，从而获得所需的力学性能或理化性能。通过化学热处理一般可以强化零件表面，提高零件表面的硬度、耐磨性、耐蚀性、耐热性及其他性能，而心部仍保持原有性能。化学热处理的种类很多，按照渗入元素的不同，有渗碳、渗氮、碳氮共渗等。

渗碳是将钢件置于渗碳介质中加热并保温，使碳原子渗入钢件表面，增加表层碳含量及获得一定碳浓度梯度的工艺方法。常用的渗碳方法有气体渗碳法、固体渗碳法和真空渗碳法。渗碳适用于碳的质量分数为 0.1%~0.25% 的低碳钢或低碳合金钢，如 20、20Cr、20CrMnTi 等。零件渗碳后，碳的质量分数从表层到心部逐渐减少，表面层碳的质量分数可达 0.80%~1.05%，而心部仍为低碳。渗碳后再经淬火加低温回火，表层硬度可达 56~64HRC，因而表面具有高硬度、高耐磨性，而心部因仍是低碳钢，保持良好塑性和韧性。

渗氮是在一定温度下将零件置于渗氮介质中加热、保温，使活性氮原子渗入零件表层的化学热处理工艺。目前广泛应用的渗氮工艺是气体渗氮，它是在可提供活性氮原子的气体中进行的渗氮。渗氮温度一般为 500~560℃，时间一般为 30~50h，常用的渗氮介质是氨气。零件渗氮后表面形成氮化层，氮化后不需淬火，钢件的表层硬度高达 950~1200HV，这种高硬度和高耐磨性可保持到 560~600℃ 工作环境温度下而不降低，故氮化钢件具有很好的热稳定性。由于氮化层体积胀大，在表层形成较大的残余压应力，因此可以获得比渗碳更好的疲劳强度、抗咬合性能和低的缺口敏感性。渗氮后由于钢的表面形成致密的氮化物薄膜，因而具有良好的耐腐蚀性能。由于上述特点，渗氮在机械工业中获得了广泛应用，特别适宜于许多精密零件的最终热处理，例如磨床主轴、精密机床丝杠、内燃机曲轴以及各种精密齿轮和量具等。

碳氮共渗是指工件表面同时渗入碳原子和氮原子的化学热处理工艺，也称氰化，主要有液体氰化和气体氰化。液体氰化有毒，很少应用。气体氰化又分为高温和低温两种。低温气体氰化实质就是渗氮。高温气体氰化以渗碳为主，工艺与气体渗碳相似。氰化主要应用于低碳钢，也可用于中碳钢。

6.4.3　其他热处理

（1）真空热处理　在真空中进行的热处理称为真空热处理，包括真空淬火、真空退火、真空回火和真空化学热处理等。真空热处理是在真空中加热，升温速度很慢，工件变形小。在高真空中，表面的氧化物、油污发生分解，工件可得到光亮的表面，提高耐磨性、疲劳强度，防止工件表面氧化；有利于改善钢的韧性，提高使用寿命。真空淬火用于各种渗碳钢、合金工具钢、高速钢及不锈钢的淬火，以及各种失效合金、硬磁合金的固溶处理。

（2）激光热处理　激光热处理利用激光对零件表面扫描，在极短的时间内零件被加热到淬火温度，当激光束离开零件表面时，零件表面高温迅速向基体内部传导，表面冷却且硬化。其特点是：加热速度快，不需要淬火冷却介质，零件变形小；硬度均匀且超过 60HRC；硬化深度能精确控制；改善了劳动条件，减小了环境污染。

（3）形变热处理　形变强化和热处理强化都是金属及其合金最基本的强化方法。将形变强化和热处理强化有机结合起来以提高材料力学性能的复合强化热处理工艺，称为形变热处理。它是将热加工成形后的锻件（轧制件等），在锻造温度到淬火温度之间进行塑性变形，然后立即淬火冷却的热处理工艺。其特点是：零件同时受形变和相变，内部组织更为细化；有利于位错密度增高和碳化物弥散度增大，使零件具有较高的强韧性；简化了生产流程，节省能源、设备，具有很高的经济效益。

高温形变热处理是将钢加热到稳定的奥氏体区域，进行塑性变形，然后立即淬火和回火。高温形变热处理能提高钢的强度，显著提高钢的塑性和韧性，使钢的力学性能得到显著的改善。另外，由于钢件表面有较大的残余应力，疲劳极限显著提高。高温形变热处理可将锻造和轧制联合起来，省去重新加热过程，从而节省能源，减少材料氧化、脱碳变形。

中温形变处理是将钢加热到稳定的奥氏体状态后，迅速冷却到过冷奥氏体的亚稳区进行塑性变形，然后淬火和回火。这种方法强化效果很明显，可大大提高强度，甚至使塑性略有提高。因工艺难，仅用于强度要求很高的弹簧、轴承等小零件。

（4）离子轰击热处理　离子轰击热处理是利用阴极（零件）和阳极间的辉光放电产生的等离子体轰击零件，使零件表层的成分、组织及性能发生变化的热处理工艺。常用的是离子渗氮工艺。离子渗氮表面形成的氮化层具有优异的力学性能，如高硬度、高耐磨性、良好的韧性和疲劳强度等，并使得离子渗氮零件的使用寿命成倍提高。此外，离子渗氮节约能源，操作环境无污染。其缺点是设备昂贵，工艺成本高，不适于大批量生产。

第三篇 冷机械加工

第7章 金属切削加工基础

教学目标	本章重点
（1）熟悉金属切削加工的基本概念； （2）了解常见刀具及相关知识； （3）掌握金属切削加工质量。	金属切削加工的基本知识、切削加工工艺。
	本章难点
	金属切削加工质量。

思政目标

　　通过对金属切削加工知识的学习，使学生理解每一个数字的意义，认识到每一个好的产品就在微米和毫米之间，培养学生精益求精的精神。

　　金属零件切削加工是指通过刀具与工件之间的相对运动，从毛坯上切除多余的金属，以获得满足图纸所规定的几何形状、尺寸精度、位置精度和表面质量等技术要求的零件加工过程。在机械制造过程中，金属切削加工占有重要地位，担负着几乎所有零件的加工任务。

　　金属切削加工包括机械加工和钳工两大类。机械加工主要通过金属切削机床对工件进行切削加工，其基本形式有车削、铣削、刨削、磨削、钻削等。钳工是使用手工切削工具在钳台上对工件进行加工，其基本形式有錾削、锉削、锯削、刮削、钻孔、铰孔、攻螺纹和套螺纹等。

7.1 切削加工的基本概念

7.1.1 切削运动

　　金属的切削加工是通过切削运动来完成的。所谓切削运动是指在零件的切削加工过程中刀具与工件之间的相对运动，即表面成形运动。所有的切削运动均可分为两大类：主运动和进给运动。

　　（1）主运动　主运动是使工件与刀具产生相对运动以进行切削的最基本运动，没有主运动，切削加工就无法进行。其特点是速度最快，消耗功率最大，并且只有一个，用 v_c 表示，如车削加工过程中工件的旋转运动，铣削加工过程中铣刀的旋转运动和刨削加工过程中刨刀的往复直线运动等。

（2）进给运动（又称走刀运动） 进给运动是不断把被切削层材料投入切削过程中，以形成全部已加工表面的运动。进给运动是保证切削加工能连续进行的运动，没有进给运动，切削加工就不能连续进行。其特点是一般速度较慢，消耗的功率较小，可以由一个或多个运动组成，可以是连续的，也可以是间歇的，用v_f表示。车削加工过程中车刀的纵向或横向运动，铣削、刨削和磨削加工过程中工件的移动等都是进给运动。

图 7-1 所示为常见的切削加工运动简图及其加工表面，图（a）~（d）中，在切削加工过程中的主运动和进给运动分别由刀具和工件来完成，主运动和进给运动也可以由刀具单独完成，图（e）所示的钻削加工过程中，钻头的旋转是主运动，而钻头的移动却是进给运动。

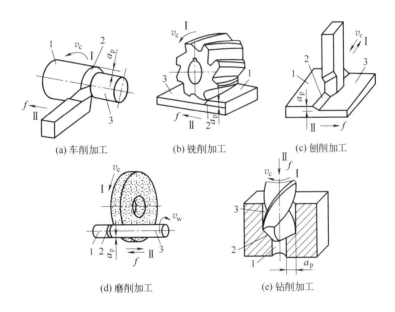

(a) 车削加工　　　　　(b) 铣削加工　　　　　(c) 刨削加工

(d) 磨削加工　　　　　(e) 钻削加工

图 7-1　常见的切削加工运动简图及其加工表面

I—主运动；Ⅱ—进给运动；1—待加工表面；2—过渡表面；3—已加工表面

在切削过程中，既有主运动又有进给运动，二者的合成运动称为合成切削运动v_e。图 7-2 中外圆车削时速度的合成关系，可以用下式确定

$$v_e = v_c + v_f$$

7.1.2　切削加工过程中的工件表面

切削加工过程中，工件上通常会有三种变化着的加工表面，如图 7-1 所示。

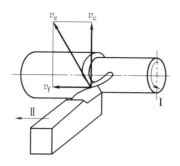

图 7-2　外圆切削运动的合成

Ⅰ—主运动；Ⅱ—进给运动

1）待加工表面，工件上即将被切削加工的表面；

2）过渡表面，处于已加工表面和待加工表面之间，正在被切削刃切削的表面；

3）已加工表面，经过切削加工后在工件上形成的新表面。

7.1.3　切削用量及选用

切削用量是切削时各种参数的总称，包括切削速度v_c，进给量 f 和切削深度a_p（背吃刀量），又称切削三要素，如图 7-1 所示。它们对被加工零件的表面质量、加工效率以及刀具的使用寿命等具有非常重要的影响，是切削加工前调整机床的重要依据。

（1）切削速度v_c　切削速度是指单位时间内，刀具沿主运动方向的相对位移量。计算切削速度时，应选取刀刃上速度最高的点进行计算。当主运动为旋转运动时，切削速度由下式确定

$$v_c = \frac{\pi d_w n}{1000 \times 60}(\text{m}/\text{s})$$

式中　d_w——工件或刀具的最大直径，mm；

　　　n——主运动每分钟的转速，r/min。

当主运动是往复直线运动时（如刨削），切削速度由下式确定

$$v_c = \frac{2Ln_r}{1000 \times 60}(\text{m}/\text{s})$$

式中　L——往复运动的行程长度，mm；

　　　n_r——主运动每分钟的往复次数，次/min。

（2）进给量 f（也称进给速度或走刀量）　进给量是指工件或刀具转一周（或每往复一次），刀具与工件之间沿进给运动方向的相对位移量，单位为 mm/r 或 mm/双行程。

（3）切削深度a_p　切削深度是指待加工表面和已加工表面之间的垂直距离，即

$$a_p = \frac{d_w - d_m}{2}(\text{mm})$$

式中　d_w——工件待加工表面的直径，mm；

　　　d_m——工件已加工表面的直径，mm。

正确选择切削用量是保证加工质量、提高生产率、降低生产成本的前提条件。切削用量的选择要根据刀具材料、刀具的几何角度、工件材料、机床的刚性、切削液的选择等来确定。

刀具的磨损对生产率的影响较大。如果切削用量选得太大，刀具容易磨损，刃磨时间长，生产率降低。如果切削用量选得太小，加工时间长，生产率也会降低。在切削用量三要素中，对刀具磨损影响最大的是切削速度，其次是进给量和切削深度，而对加工零件的表面质量影响比较大的是进给量和切削深度。综合上述，选择切削用量的基本原则是：

1）粗加工时，尽量选择较大的切削深度和进给量，以提高生产率，并选择适当的切削速度。

2）精加工或半精加工时，一般选择较小的切削深度和进给量，以保证表面加工质量，并根据实际情况选择适当的切削速度。

7.1.4 基准

在零件图纸和加工过程中，需要依据一些指定的点、线、面来确定另一些点、线、面的位置，这些作为依据的点、线、面就称为基准。按照基准的不同作用，常将其分为设计基准和工艺基准两大类。零件在加工工艺过程中所用的基准称为工艺基准，根据用途不同，工艺基准又分为工序基准、定位基准、测量基准和装配基准。其中定位基准是机械加工过程中用于确定工件在机床或夹具上的正确位置的基准。定位基准是获得零件尺寸、形状和位置的直接基准，可以分为粗基准和精基准，又可分为固有基准和附加基准。正确选择定位基准，对零件的加工质量具有重要影响。

7.2 刀具

7.2.1 刀具材料

刀具材料一般是指刀具切削部分的材料。

7.2.1.1 刀具材料应具备的性能

在切削加工过程中，刀具要承受很大的切削力及高温、摩擦、振动、冲击等外界影响，因此刀具材料必须具备优良的性能，才能使切削加工顺利进行。

（1）高的硬度和耐磨性 硬度是指金属材料抵抗其他更硬物体压入表面的能力。足够的硬度是刀具切削加工零件的前提条件，只有硬度高于零件材料的刀具，才能切削加工该零件。一般的刀具材料硬度应在 60HRC 以上，且硬度越高，耐磨性越好。

（2）足够的强度和韧性 强度是指金属材料在外力作用下抵抗变形和破坏的能力。足够的强度是保证刀具在切削加工过程中不至于被折断的基本条件，通常用抗弯强度来表示。韧性是指金属材料在抵抗冲击性外力作用下不被破坏的能力。只有具有较好的冲击韧性，刀具在切削加工过程中才不至于因振动、冲击等外界因素而崩刃或断裂。

（3）高的红硬性　红硬性是指在高温下保持硬度的性能。

（4）良好的热物理性能和稳定的化学性能　要求具有良好的导热性，能及时将切削热传递出去，同时具有稳定地抵抗周围介质侵蚀的能力。

（5）良好的工艺性和经济性　良好的工艺性是保证刀具材料便于机械加工成各种刀具并推广使用的先决条件。另外经济性能也应成为刀具材料的重要指标之一，有的刀具如超硬硬质合金、涂层刀具，虽然单件费用较贵，但因其使用寿命很长，在成批或大量生产中，分摊到每个零件中的费用反而有所降低。只有容易加工成各种刀具、造价低并经济实用的刀具材料，才能广泛推广使用。

7.2.1.2　常用的刀具材料

常用的刀具材料有工具钢（含高速钢）、硬质合金，陶瓷和超硬材料四大类，见表 7-1。目前使用量最大的材料为高速钢和硬质合金。

（1）工具钢

1）碳素工具钢　碳素工具钢牌号"T"后面的数字表示含碳量的千分数，含碳量越高，硬度和耐磨性越高,但韧性越差。后面的"A"表示高级优质。常用的碳素工具钢牌号有 T10A、T12A 等。

表 7-1　常用刀具材料牌号、性能及用途

材料种类		常用牌号	按GB分类	按ISO分类	硬度 HRC（HRA）[HV]	耐热性/℃	抗弯强度/GPa	冲击韧性/（MJ/m²）	主要用途
工具钢	碳索工具钢	T10A T12A			60~65	200~250	2.16	—	用于手动工具，如丝锥、板牙、锯条、锉刀等
	合金工具钢	9SiCr CrWMn			60~65	300 ~ 400	2.35	—	用于手动或低速机动工具，如丝锥、板牙、拉刀等
	高速钢	W18Cr4V		S	63~70	600 ~ 700	1.96~4.4l	0.098~0.588	用于各种刀具，特别是形状较复杂的刀具，如车刀、立铣刀、钻头、齿轮刀具等

材料种类	常用牌号	按GB分类	按ISO分类	硬度 HRC（HRA）[HV]	耐热性/℃	抗弯强度/GPa	冲击韧性/（MJ/m²）	主要用途
硬质合金（钨钴类）	YG6X	K类	K10	89~91.5	800	1.08~2.16	0.019~0.059	用于铸铁、非铁合金的粗车和间断精车，半精车
硬质合金（钨钴类）	Y8	K类	K30	89~91.5	800	1.08~2.16	0.019~0.059	用于间断切削铸铁、非铁合金、非金属材料
硬质合金（钨钛钴类）	YT15	P类	P10	89~92.5	900	0.88~1.27	0.0029~0.0068	用于碳素钢的加工、合金钢的粗加工和半精加工
硬质合金（钨钛钴类）	YT30	P类	P01	89~92.5	900	0.88~1.27	0.0029~0.0068	用于碳素钢、合金钢、淬火钢的精加工
硬质合金（钨钛钽钴类）	YW1	M类	M10	≈92	1000~1100	≈1.47	—	用于难加工材料的精加工和一般钢材、普通铸铁的精加工
硬质合金（钨钛钽钴类）	YW2	M类	M20	≈92	1000~1100	≈1.47	—	用于难加工材料的半精加工和一般钢材、普通铸铁、有色金属的半精加工
陶瓷（氧化铝）	AM			（>91）	1200	0.44~0.686	0.0094~0.0117	用于高速、小进给量精车，半精车铸铁和调质钢
陶瓷（碳化混合物）	T8			93~94	1100	0.54~0.64	0.0049~0.0117	用于粗精加工冷硬铸铁、淬硬合金钢
陶瓷（碳化混合物）	T1			92.5~3	1100	0.71~0.88	0.0049~0.0117	用于粗精加工冷硬铸铁、淬硬合金钢
超硬材料（立方氮化硼）				[8000~10000]	1400~1500	≈0.294	—	精加工调质钢、淬硬钢、高速钢、高强度耐热钢及有色金属
超硬材料（人造金刚石）				[9000]	700~800	≈0.291~0.48	—	有色金属的高精度、低粗糙度切削，Ra 可达 0.04~0.12μm

2）合金工具钢　合金工具钢是在碳素工具钢的基础上加入少量合金元素（如 Si、Mn、Cr、M、W、V 等）而成，合金元素的含量一般不超过 3%~5%，因此也称低合金工具钢。合金工具钢比碳素工具钢的淬透性、红硬性、耐磨性等基本性能都要好，常用的合金工具钢牌号有 9SiCr、CrWMn 等。

3）高速钢　高速钢是含 Cr、Mn、W、V 等合金元素的高合金工具钢，它具有良好的综合性能，其红硬性、淬透性、工艺性都很好，俗称"风钢"。常用的高速钢牌号有 W18Cr4V 等。

（2）硬质合金　硬质合金是将高硬度、高熔点的金属碳化物，以钴、镍等金属为黏结剂，通过粉末冶金的方法制成的合金。硬质合金具有良好的硬度、耐磨性和红硬性，但强度、韧性和工艺性都较差，主要用来制成刀片，焊接或夹持在车刀、铣刀等的刀体（刀杆）上使用。硬质合金可分为以下三类。

1）钨钴类（K）　钨钴类硬质合金主要由碳化钨和钴组成，韧性好，抗弯强度高，但硬度、耐磨性较差，主要用于加工短切屑的黑色金属、有色金属和非金属材料，适用于粗加工，或者加工铸铁、青铜等脆性材料，也称 YG 类。钨钴类硬质合金常用牌号有 K10、K30 等。

2）钨钛钴类（P）　钨钛钴类硬质合金主要由碳化钨、碳化钛和钴组成，硬度高，耐磨性和红硬性好，主要用于加工长切屑的黑色金属，加工零件的表面光洁度也好，适合于碳钢的精加工或半精加工，也称 YT 类。钨钛钴类硬质合金常用牌号有 P10、P01 等。

3）钨钛钽钴类（M）　钨钛钽钴类硬质合金主要由碳化钨、碳化钛、碳化钽和钴组成，主要用于加工长切屑或短切屑的黑色金属和有色金属，又称通用硬质合金，也称 YW 类。

K、P、M 后面的数字表示刀具材料的性能和加工时承受载荷的情况或加工条件，数字越小，硬度越高，韧性越差。

7.2.2　刀具结构

切削加工的刀具种类虽然很多，如车刀、铣刀、刨刀等，还有各种多齿刀具或复杂刀具，但其切削部分的几何形状与参数却有共性。就一个刀齿而言，均可转化为外圆车刀，由"三面、两刃、一尖、六角"组成，如图 7-3 所示。现以车刀为例，分析刀具的组成部分和几何角度。

（1）切削部分的组成　刀具的切削部分是由三个面组成的，即前刀面、主后刀面和副后刀面。

1）前刀面 A_γ 是切削过程中与切屑接触并相互作用，切屑沿其流出的刀具表面。

2）主后刀面 A_α 是切削过程中与工件的过渡表面相接触并相互作用的刀具表面。

3）副后刀面 A_α' 是切削过程中与工件的已加工表面相接触并相互作用的刀具表面。

4）主切削刃 S 为前刀面与主后刀面的交线，切削加工时起主要切削作用。

5）副切削刃 S′ 为前刀面与副后刀面的交线，协同主切削刃完成切削工作，并最终形成已加工表面。

6）刀尖是指主切削刃与副切削刃的交点。为了提高零件表面的光洁度，增强切削部分的强度，通常把刀尖磨成一段过渡的圆弧或直线。

（2）切削部分的主要角度　为了确定刀具的组成面和切削刃的空间位置，先要建立一个由三个互相垂直的辅助平面组成的空间坐标参考系，从而可以其为基准，用角度值来描述刀具的组成面和切削刃的空间位置。

1）辅助平面　辅助平面主要包括基面、切削平面和主剖面（或正交平面），如图7-4所示。

基面P_r为通过主切削刃上某一点，与该点切削速度方向垂直的平面。

主切削平面P_s为通过主切削刃上某一点，与该点加工表面相切的平面，它包含切削速度。

正交平面（或主剖面）P_o为通过主切削刃上某一点，同时垂直于基面和切削平面的平面。

2）几何角度　刀具的几何角度是刀具制造和刃磨的依据，在切削加工过程中，对工件的表面质量、刀具的强度等具有重要影响，如图7-5所示。

前角γ_0为在主剖面内前刀面与基面之间的夹角。前角越大，刀具越锋利，已加工表面质量越好；但前角越大，主切削刃强度越低，越易崩刃。一般粗加工、工件材料硬度较大、加工脆性材料时，前角应较小；反之，前角应较大。前角$\gamma_0 \approx -5° \sim 25°$。

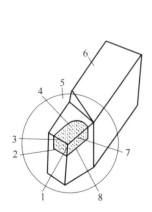

图7-3　外圆车刀切削部分的组成

1—刀尖；2—副后刀面；3—副切削刃；4—前刀面；

5—切削部分；6—夹持部分；7—主切削刃；

8—主后刀面

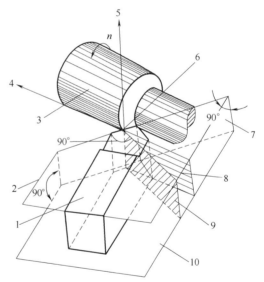

图7-4　确定车刀角度的正交平面参考系

1—车刀；2—基面；3—工件；4—假定进给运动方向；

5—假定主运动方向；6—切削刃选定点；7—主切削平面；

8—假定工作平面；9—正交平面；10—底平面

主后角α_0为在主剖面内主后刀面与加工表面之间的夹角。主后角主要是为了减小主后刀面与加工表面之间的摩擦，提高主切削刃的锋利程度。主后角越大，主切削刃越锋利，但强度降低。主后角$\alpha_0 \approx 6° \sim 12°$。

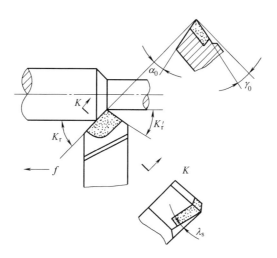

图 7-5 刀具的几何角度

副后角 α' 为在副剖面内副后刀面与已加工表面之间的夹角。副后角主要是为了减小副后刀面与已加工表面之间的摩擦，提高副切削刃的锋利程度。副后角越大，副切削刃越锋利，但强度会降低。副后角 $\alpha' \approx 6° \sim 12°$。

主偏角 K_r 为在基面上主切削刃的投影与进给方向之间的夹角。主偏角越小，主切削刃参加切削的长度越长，刀具越不易磨损，但作用于工件上的径向力会增加。主偏角 $K_r \approx 45° \sim 90°$。

副偏角 K_r' 为在基面上副切削刃的投影与进给反方向之间的夹角。副偏角可减小副切削刃与已加工表面之间的摩擦，提高零件表面的粗糙度。副偏角 $K_r' \approx -5° \sim 15°$。

刃倾角 λ_s 为在切削平面上主切削刃与基面之间的夹角。刃倾角对切屑的流出方向和刀头的强度具有一定的影响。刃倾角 $\lambda_s \approx -5° \sim 5°$。

刀具在切削过程中，由于各种客观因素，如刀尖与工件回转轴线的高度不一致，刀杆的纵向轴线不垂直于进给方向等，会引起刀具的实际切削角度（又称工作角度）与几何角度不相等，在使用中应引起注意。

7.2.3 刀具的刃磨

刀具使用一段时间后会变钝，为了保证加工零件的表面质量，变钝后的刀具需要重新刃磨。不同材料的刀具需要使用不同种类的砂轮进行刃磨，通常高速钢使用氧化铝砂轮刃磨，硬质合金使用碳化硅砂轮刃磨。

1）磨主后刀面，先使刀杆向左倾斜，磨出主偏角；再使刀头向上翘，磨出主后角，如图 7-6（a）所示。

2）磨副后刀面，先使刀杆向右倾斜，磨出副偏角；再使刀头向上翘，磨出副后角，如图 7-6（b）所示。

3）磨前刀面，倾斜前刀面，磨出前角和刃倾角，如图7-6（c）所示。

4）磨刀尖，刀具左右摆动，磨出过渡圆弧或直线，如图7-6（d）所示。

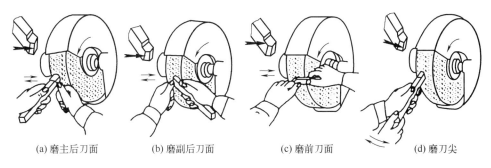

   （a）磨主后刀面   （b）磨副后刀面   （c）磨前刀面   （d）磨刀尖

图 7-6　刀具的刃磨方法

7.3　金属切削加工质量

任何一种机械产品，质量永远是第一位的，产品的质量包括三个层面：设计质量、制造质量与服务质量。产品的制造质量主要与零件的制造质量和产品的装配质量有关，零件的制造质量是保证产品质量的基础。切削加工是零件制造的重要途径。

切削加工质量主要分为加工精度和表面质量两个方面，前者包括尺寸精度、形状精度和位置精度，后者主要指表面粗糙度。

7.3.1　加工精度

加工精度是指零件切削后其尺寸、形状、表面相互位置等参数的实际值与理想值的符合程度，而实际值相对理想值的偏离程度则称为加工误差。加工精度在数值上通过加工误差的大小来表示，即误差越小，加工精度越高；反之，误差越大，加工精度越低。生产实践证明，任何精密加工方法都不能把零件加工成尺寸实际数值与理想值完全一致的产品，只要误差值不影响产品质量，则允许误差值在一定范围内波动（即公差）。

（1）尺寸精度　尺寸精度是指零件的实际尺寸与零件尺寸公差带中心相符合的程度。就一批零件而言，工件平均尺寸与公差带中心的符合程度由调整决定；而工件之间尺寸的分散程度，则取决于工序的加工能力，是决定尺寸精度的主要方面。

尺寸精度的高低，用尺寸公差的大小来表示。根据国家标准 GB/T 1800.1 规定，尺寸公差共分 20 个等级，即 IT01，IT0，IT1，…，IT18，IT 表示标准公差，数值越大，精度越低。其中 IT01~IT13 用于配合尺寸，其余用于非配合尺寸。

（2）形状精度　零件的形状精度是指零件在加工完成后，轮廓表面的实际几何形状与理想形状之间的符合程度。如圆柱面的圆柱度、圆度，平面的平面度等。零件轮廓表面形状精度的高低，用形状公差来表示。公差数值越大，形状精度越低。根据 GB/T 1182 规定，形状公差有 6 项，见表 7-2。

表 7-2　形状公差及符号

项目	直线度	平面度	圆度	圆柱度	线轮廓度	面轮廓度
符号	—	▱	○	⌀	⌒	⌓

（3）位置精度　位置精度是指零件上的点、线、面的实际位置相对于理想位置的符合程度。位置精度的高低用位置公差来表示，公差数值越大，位置精度越低。根据 GB/T 1182 规定，位置公差有 8 项，见表 7-3。

表 7-3　位置公差及符号

项目	平行度	垂直度	倾斜度	位置度	同轴度	对称度	圆跳动度	全跳动度
符号	//	⊥	∠	⊕	◎	≡	↗	↗↗

7.3.2　表面粗糙度

任何加工方法加工出来的零件表面，都会有微细的凸凹不平现象，当波距和波高之比小于 50 时，这种表面的微观几何形状误差就称作表面粗糙度。零件的耐磨性、耐腐蚀性、疲劳强度以及磨损在很大程度上取决于零件表面层的质量。表面粗糙度常用轮廓算术平均偏差 Ra 作为评定参数，有些旧手册上也用光洁度来衡量表面粗糙度。

根据 GB/T 1031 及 GB/T 131 规定，常用的表面粗糙度 Ra 值与光洁度的对应关系见表 7-4。

表 7-4　常用 Ra 值与光洁度的对应关系

Ra（μm）≤	50	25	12.5	6.3	3.2	1.6	0.8	0.4	0.2	0.1
光洁度级别	▽1	▽2	▽3	▽4	▽5	▽6	▽7	▽8	▽9	▽10

常用表面粗糙度符号的含义介绍如下：

√为基本符号，表示表面可用任何方法获得。当不加粗糙度值或有关说明时，仅适用于简化代号标注。

√表示非加工表面，如通过铸造、锻压、冲压、拉拔、粉末冶金等不去除材料的方法获得的表面或保持毛坯（包括上道工序）原状况的表面。

√表示加工表面，如通过车、铣、刨、磨、钻、电火花加工等去除材料的方法获得的表面。上面的数字表示 Ra 的上限值，如√$^{Ra\,1.6}$表示表面粗糙度 Ra 的上限值为 1.6μm。

第8章 钳工加工

教学目标	本章重点
（1）熟悉钳工加工的基本概念；	钳工加工的划线、锯削和挫削。
（2）了解钳工划线及其意义；	**本章难点**
（3）掌握钳工加工的锯削和挫削。	钳工加工的锯削和挫削。

思政目标
通过对钳工加工知识的学习，培养学生具有能够吃苦耐劳的精神，使学生理解获得一个优质加工产品每一步都需要脚踏实地，培养出具有爱国精神和高度负责任的科学技术人才。

8.1 概述

钳工是以手工操作为主，使用各种工具来完成零件的加工、装配和修理等工作的统称。由于常在钳工工作台上用虎钳夹持工件操作而得名，它是机械制造中的重要工种之一。

（1）钳工的加工特点 使用的工具简单，操作灵活。可以完成机械加工不便加工或难以完成的工作。与机械加工相比，劳动强度大，生产效率低，对工人技术水平要求较高。

（2）钳工的应用范围 加工前的准备工作，如清理毛坯、在毛坯或半成品上划线等。在单件或小批生产中，制造一般的零件。加工精密零件，如刮削或研磨机器、量具和工具的配合面，夹具与模具的精加工等。零件装配前的钻孔、铰孔、攻螺纹和套螺纹等。机器的组装、试车、调整和维修等。

（3）钳工的基本操作 辅助性操作，即划线，它是根据图样在毛坯或半成品工件上划出加工界限的操作。切削性操作，有錾削、锯削、锉削、攻螺纹、套螺纹、钻孔（包括扩孔、铰孔）、刮削和研磨等多种操作。装配性操作，即装配，将零件或部件按图样技术要求组装成机器并进行调试的工艺过程。维修性操作，即维修，对机器设备进行维修、检查、修理的操作以及对零件进行矫正、弯曲、铆接等的操作。

钳工工具及工艺不断改进，钳工操作正在逐步实现半机械化和机械化，如錾削、锯切、锉削、划线及装配等工作中已广泛使用了电动或气动工具。钳工是一种复杂、细致、工艺要求较高的工作，虽然有各种先进的加工方法，但钳工具有所用工具简单、适应面广的特点，很多工作仍需要由钳工来完成。钳工在机械制造及维修中有着特殊的、不可取代的作用。

（4）钳工常用设备 钳工常用的设备包括台虎钳、钳工工作台等。

台虎钳外形和构造如图 8-1、图 8-2 所示。台虎钳有固定式和回转式两种。其规格以钳口的宽度表示，有 100mm、125mm、150mm 等规格，主要用来夹持工件。以图 8-2 所示回转式台虎钳为例，其构造和工作原理如下。

活动钳身通过其上的导轨与固定钳身的导轨作滑动配合。丝杆装在活动钳身上，并与螺母配合。当摇动手柄使丝杆旋转就可以带动活动钳身相对于固定钳身作进退移动，从而夹紧或松开工件。弹簧靠挡圈和销固定在丝杆上，其作用是当放松丝杆时，可使活动钳身能及时地退出。在固定钳身和活动钳身上，都装有钢质钳口，并用螺钉固定。固定钳身装在转座上，并能绕转座轴心线转动，当转到要求的方向时，扳动手柄 1 使夹紧螺钉旋紧，便可把固定钳身固定紧。

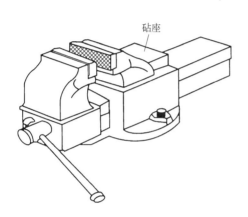

图 8-1　固定式台虎钳

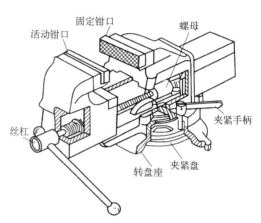

图 8-2　回转式台虎钳

使用虎钳时，应注意下列事项。

1）工件应夹在虎钳钳口中部，以使钳口受力均匀。

2）当转动手柄来夹紧工件时，手柄上不准套上管子或用锤子敲击，以免虎钳丝杠或螺母上的螺纹损坏。

3）夹紧工件时松紧要适当，只能用手力拧紧手柄，不能借助工具去敲击手柄，一是防止丝杠与螺母及钳身受损坏，二是防止夹坏工件表面。

4）只能在钳口砧面上敲击，其他部位不能敲打，因为其部件均由铸铁制成，性脆易裂。

5）夹紧后的工件应稳定可靠，便于加工，但不能产生变形。

6）锤击工件只可在砧面上进行。

7）加工时用力方向最好是朝向固定钳身。

8）用后应清洁，保持润滑，防止生锈。

钳工工作台外形如图 8-3 所示，用来安装台虎钳，放置工具、工件等，一般是用木材制成的，也有用灰铸铁制成的，要求其坚实、平稳，高度为 800~900mm，其上装有防护网。装上台虎钳以钳口高度恰好齐人手肘为宜，如图 8-4 所示，长度和宽度随工作需要而定。

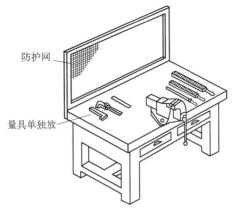

图 8-3　钳工工作台

防护网

量具单独放

图 8-4　台虎钳的合适高度

8.2　划线

8.2.1　划线的作用和种类

根据图样的尺寸要求，用划线工具在毛坯或半成品工件上划出待加工部位的轮廓线或作为基准的点、线的操作，称为划线。

（1）划线的作用

1）检查、发现和处理不合格的毛坯，避免造成损失。

2）定出合格坯件的加工位置，标明加工余量，明确加工界限。

3）对有缺陷的坯件，可采用划线借料法，合理分配加工余量。

4）为便于复杂工件在机床上的装夹，可按划线找正定位。

（2）划线的种类　划线的种类有平面划线和立体划线两种：

1）平面划线，仅在工件的一个平面上划线称为平面划线。

2）立体划线，在工件两个或两个以上互呈不同角度（一般是互相垂直）的表面上划线，才能明确标明加工界限的，称为立体划线。

划线要求线条清晰匀称，定形、定位尺寸准确，冲眼均匀，一般要求精度达到 0.25~0.5mm。工件的加工精度不能完全由划线确定，而应该在加工过程中通过测量来保证。

8.2.2　划线工具

（1）划线平台　划线平台又称划线平板，是划线的主要基准工具，其外形如图 8-5 所示。划线平

图 8-5　划线平台

台由铸铁毛坯精刨和刮削制成，其作用是安放工件和划线工具，并在平台表面上完成划线工作。划线平台的平面各处要均匀使用，表面不准敲击，且要经常保持清洁。划线平台长期不用时，应涂油防锈。

（2）方箱 划线方箱的外形如图8-6所示，是用铸铁制成的空心立方体，它的六个面都经过精加工，相邻各面互相垂直。其上的V形槽和压紧装置，可夹持圆形工件。尺寸较小而加工面较多的工件，可通过翻转方箱，找正中心，划出中心线和互相垂直线。

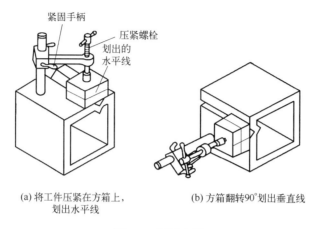

(a) 将工件压紧在方箱上，划出水平线　　　(b) 方箱翻转90°划出垂直线

图8-6　划线方箱

（3）V形铁 V形铁用于支承轴类工件，使其轴线与基准面保持平行，如图8-7所示。

（4）千斤顶 千斤顶是高度可调节的支承件，配有V形铁或顶尖。通常用三个千斤顶组成一组，用于不规则或较大工件的划线找正，如图8-8所示。

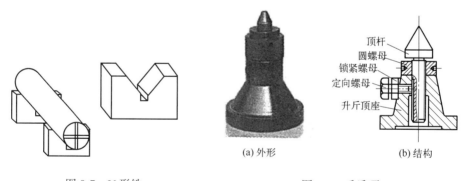

(a) 外形　　　(b) 结构

图8-7　V形铁　　　　　　图8-8　千斤顶

（5）划针 划针是在工件表面划线用的工具，常用直径3mm或5mm的工具钢或弹簧钢制成，如图8-9（a）、（b）所示。可将划针先磨成15°~20°后经淬硬处理，或在划针尖端部分焊有硬质合金，这样划针就更锐利，耐磨性好。划线时，划针要依靠钢直尺或直角尺等向导工具移动，并向外倾斜15°~20°，向划线方向倾斜45°~75°，如图8-9（c）所示。划线时，应尽可能一次划成，并使划出的线条清晰、准确。

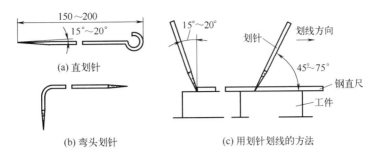

(a) 直划针

(b) 弯头划针

(c) 用划针划线的方法

图 8-9　划针的种类及使用方法

（6）划规　划规是划圆、弧线、等分线段、等分角度及量取尺寸等用的工具，其外形如图 8-10 所示，划规与制图中使用的圆规的用法相同。

（7）划线盘　划线盘主要用于立体划线和找正工件位置，如图 8-11 所示。用划线盘划线时，划针装夹要牢固，伸出长度要短，底座要保持与划线平台贴紧。

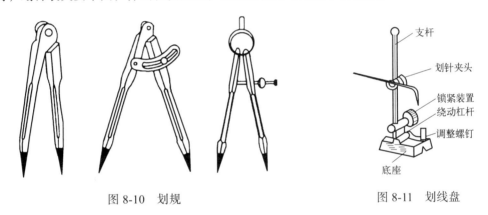

图 8-10　划规

图 8-11　划线盘

（8）样冲　样冲是在划好的线上冲眼时使用的工具，由工具钢制成，并经淬火硬化。样冲及其用法如图 8-12 所示。冲眼是为了强化显示用划针划出的加工界限，另外它也可为划圆弧作定性脚点使用。冲眼使用时应注意以下几点：

1）冲眼位置要准确，冲心不能偏离线条。

2）冲眼间的距离要以划线的形状和长短而定，直线上可稀，曲线则稍密，转折交叉点处需冲点。

3）冲眼大小要根据工件材料、表面情况而定，薄的可浅些，粗糙的应深些，软的应轻些，精加工表面禁止冲眼。

4）圆孔中心处的冲眼，最好打得大些，以便在钻孔时钻头容易对中。

（9）测量工具　常见的测量工具有普通高度尺、高度游标卡尺、钢直尺和 90°角尺等。普通高度尺见图 8-13（a），又称量高尺，由钢直尺和底座组成，使用时配合划针盘量取高度尺寸。高度游标卡尺见图 8-13（b），可视为划针盘与游标卡尺的组合，它是一种精密工具，能直接表示出高度尺寸，读数精度一般为 0.02mm。高度游标卡尺主要用于半成品划线，不允许用它在毛坯上划线。

123

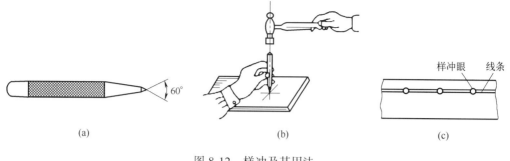

(a)   (b)   (c)

图 8-12　样冲及其用法

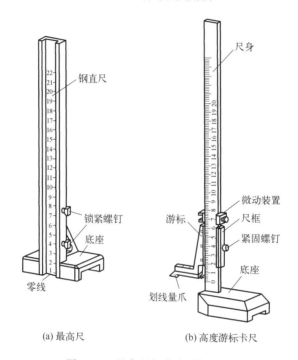

(a) 量高尺   (b) 高度游标卡尺

图 8-13　量高尺与高度游标卡尺

8.2.3　划线基准的选择

用划线盘划线时应选定某些基准作为依据，并以此来调节每次划线的高度，这个基准称为划线基准。

选择划线基准的原则为：当工件为毛坯时，可选零件图上较重要的几何要素，如重要孔的轴线或平面为划线基准；若工件上个别平面已加工过，则应以加工过的平面为划线基准。

8.2.4　划线步骤

先清理毛坯，去除疤痕和毛刺等，在将要划线的位置上涂白浆水（已加工表面可涂蓝油）；用铅或木块堵孔，将工件支承在三只千斤顶上，用划线盘找正。先划出基准线，然后再划出其他各水平线；将工件翻转 90°，划出与已划的线互相垂直的其余各条直线。在划出的线上打上样冲眼。

（1）划线的一般步骤

1）研究图纸，确定划线基准，详细了解需要划线的部位。

2）初步检查毛坯的误差情况，去除不合格毛坯。

3）工件表面涂色（蓝油）。

4）正确安放工件，选用划线工具。

5）先划基准线，然后按图纸尺寸依次划出水平线、垂直线、斜线，最后划出圆、圆弧和曲线等。

6）根据图纸检查核对尺寸。

7）在划出的线条上打出样冲眼。

（2）划线操作要点

划线前要进行准备工作，包括工件准备，主要是工件的清理、检查和表面涂色；工具准备，即按工件图样的要求，选择所需工具，并检查和校验工具。

操作时的注意事项主要有以下几点：

1）看懂图样，了解零件的作用，分析零件的加工顺序和加工方法。

2）工件夹持或支承要稳妥，以防滑倒或移动。

3）在一次支承中应将要划出的平行线全部划出，以免再次支承补划，造成误差。

4）正确使用划线工具，划出的线条要准确、清晰。

5）划线完成后，要反复核对尺寸，才能进行机械加工。

8.2.5 基本线条的划法

（1）平行线的划法

1）用作图法划平行线，以已知平行线之间的距离为半径，用划规划出两圆弧，然后划出两圆弧公切线即可。

2）用角尺推平行线，划线时角尺要紧靠工件基准边并沿基准边移动，用钢板尺度量两平行线之间距离后，再用划针沿角尺边划出。

3）用平台划针盘划平行线，若工件可以垂直安放在划线平台上，则可用划针盘在高度兽标卡尺上度量尺寸后，沿平台移动划出。

（2）垂直线的划法

1）用作图法划垂直线，过直线 AB 上的点 C 作一条线与 AB 线垂直，其作图方法为以点 C 为圆心，以任意半径 r 划半圆与 AB 线相交于 D、E 两点；分别以 D、E 两点为圆心以任意半径 R 圆弧得交点 F，连接 F、C 两点划直线，此直线就是 AB 线的垂线，如图 8-14（a）所示，r、R 越大，作图越准确。

在直线 AB 一端划垂直线，其作图方法为：以点 A 为圆心，以适当长 R 为半径划弧，交 AB 线于点 C，以点 C 为圆心，以 R 为半径划弧交前弧于点 D，连接点 C、D 划直线并延长；以点 D 为圆心，以 R 为半径划弧交 CD 延长线于点 E，连接点 E、A 则得 EA 垂直于 AB，如图 8-14（b）所示。

2）用直角尺划垂直线，当要求划出与某一平面垂直的加工线时，可用直角尺根据该平面划出。

（3）角度线的划法

1）二等分已知角　等分已知∠abc 的具体做法是：以角的顶点 b 为圆心，以适当长度为半径划圆弧交两边于 d、c 两点。然后分别以点 d、e 为圆心，用略大于 de 距离的一半为半径各划一圆弧相交于点 f，连接 b、f 则得该角的二等分线，如图 8-15（a）所示。

2）三等分直角　如果要三等分已知∠bac，具体做法是：以点 a 为圆心，适当长度为半径的圆相交 ab、ac 于 d、e 两点，分别以 d 和 e 两点为圆心，仍以原半径划圆弧相交前圆弧 de 于点 f 和 g，用直线连接 af、ag，则∠daf、∠fag、∠gae 均相等，等于 30°角，如图 8-15（b）所示。如果把 30°角再等分就得 15°角，于是利用这种方法可以划出在划线时常遇到的 30°、45°、60°、75°、120°等角。例如，在图 8-15（c）中，在∠bac 中作出 75°角，可以先用上面的方法定出点 f，得出∠fac 为 60°，再把∠baf 等分，得出∠gaf 为 15°，所以∠gac 就等于 75°。

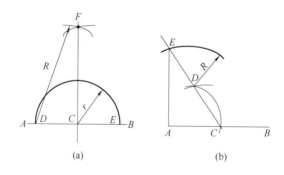

图 8-14　垂直线的划法

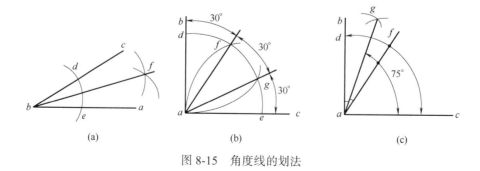

图 8-15　角度线的划法

126

（4）正多边形的划法

1）在已知圆内划正方形，先在圆内划互相垂直的中心线，与圆周相交于 *a*、*b*、*c*、*d* 四点，后连接 *ab*、*bc*、*cd*、*da* 即得，如图 8-16（a）所示。

2）在已知圆内划正六边形，先在圆内划出与要求边平行的中心线，交圆周于 *a*、*d* 两点；然后以 *a*、*d* 两点为圆心，以圆的半径为半径划圆弧，分别交圆周于 *c*、*b*、*f*、*e* 四点，再连接 *ab*、*bc*、*cd*、*de*、*ef*、*fa* 即得，如图 8-16（b）。

3）在已知圆内划正五边形，先在圆内划出互相垂直的中心线与圆周相交于 *a*、*b*、*c*、*d* 四点，然后以点 *c* 为圆心，以已知圆半径 *r* 为半径划弧交圆周于 *k*、*i* 两点，连接 *k*、*i* 与直径 *ac* 相交于点 *e*，再以点 *e* 为圆心，以 *be* 为半径划弧与直径 *ac* 相交于点 *f*，*bf* 即为所求五边形的边长。最后以点 *b* 为起点，依次在圆周上划等分点 1、2、3、4，则 *b*、1、2、3、4 就是圆周上的五个等分点，连接各等分点即得正五边形，如图 8-16（c）所示。

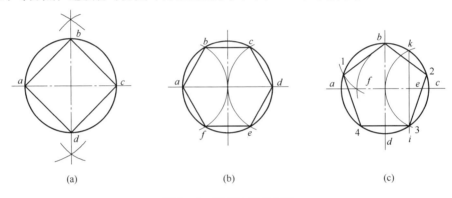

(a) (b) (c)

图 8-16　正多边形的划法

8.3　锯削

8.3.1　锯削的作用

利用锯条锯断金属材料或在工件上进行切槽的操作称为锯削。虽然当前各种自动化、机

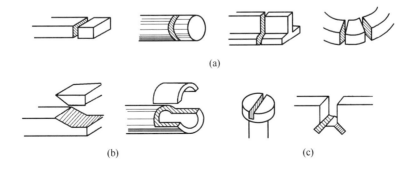

(a)

(b) (c)

图 8-17　锯削的应用

械化的切割设备已广泛地使用，但手工锯切割还是常见的一种操作。它具有方便、简单和灵活的特点，在单件小批生产，在临时工地以及切割异形工件、开槽、修整等场合应用较广。锯削工作范围包括：分割各种材料及半成品，如图 8-17（a）所示；锯掉工件上的多余部分，如图 8-17（b）所示；在工件上锯槽，如图 8-17（c）所示。

8.3.2 锯削的工具

锯削的工具是手锯，手锯由锯弓和锯条两部分组成。

（1）锯弓 锯弓是用来夹持和拉紧锯条的工具。有固定式和可调式两种（见图 8-18）。固定式锯弓的弓架是整体结构，只能装一种长度规格的锯条。可调式锯弓的弓架分成前后两段，由于前段在后段套内可以伸缩，因此可以安装几种长度规格的锯条。

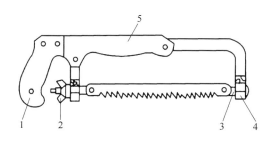

图 8-18 可调式手锯弓

1—手柄；2—翼形螺母；3—夹头；4—方形导管；5—锯弓

（2）锯条及选用

1）锯条的材料与结构 锯条采用碳素工具钢（如 T10 或 T12）或合金工具钢，并经热处理制成。锯条的规格以锯条两端安装孔间的距离来表示（长度有 150~400 mm）。常用的锯条长 300mm、宽 12mm、厚 0.8mm。

锯条的锯齿按一定形状左右错开，排列成一定的形状称为锯路。锯路有交叉、波浪等不同排列形状（见图 8-19）。锯路的作用是使锯缝宽度大于锯条背部的厚度，防止锯割时锯条卡在锯缝中，并减少锯条与锯缝的摩擦阻力，使排屑顺利，锯割省力。锯齿的粗细是按锯条上每 25mm 长度内的齿数表示。14~18 齿为粗齿，24 齿为中齿，32 齿为细齿。锯齿的粗细也可按齿距 t 的大小来划分：粗齿的齿距 $t=1.6$mm，中齿的齿距 $t=1.2$mm，细齿的齿距 $t=0.8$mm。

锯条的切削部分由许多锯齿组成，每个齿相当于一把錾子，起切割作用。常用的锯条前角 γ 为 0°，后角 α 为 40°~50°，楔角 β 为 45°~50°（见图 8-20）。

2）锯条锯齿的选择 锯条锯齿的粗细应根据加工材料的硬度、厚薄来选择。锯割软材料（如铜、铝合金等）或厚材料时，应选用粗齿锯条，因为锯屑较多，要求较大的容屑空间。锯割硬材料（如合金钢等）或薄板、薄管时应选用细齿锯条，因为材料硬，锯齿不易切入，锯屑量少，不需要大的容屑空间。锯薄材料时，锯齿易被工件勾住而崩断，需要同时工作的

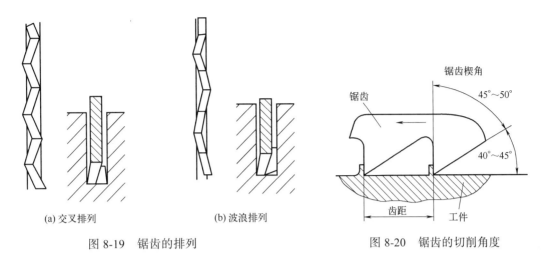

(a) 交叉排列	(b) 波浪排列	
图 8-19　锯齿的排列		图 8-20　锯齿的切削角度

齿数多，使锯齿承受的力量减少。锯割中等硬度材料（如普通钢、铸铁等）和中等厚度的工件时，一般选用中齿锯条。

8.3.3　锯削的操作

（1）锯条的安装　手锯是在向前推时起切削作用，因此锯条安装在锯弓上时，锯齿应向前，不能反装，如图 8-21 所示。锯条安装在锯弓上不能过紧或过松，太紧则容易将锯条折断，太松也易折断，且在锯割时锯缝容易歪斜。一般松紧程度以用两个手指的力旋紧为止。锯条装好后检查锯条装得是否歪斜扭曲，应保证锯条与锯弓在同一平面内。

（2）工件的安装　工件伸出钳口的部分应尽量短，以防止锯切时产生振动，锯割线应与钳口垂直，以防锯斜；工件要夹紧，但要防止变形和夹坏已加工表面。

（3）姿势　锯割时站立位置和身体摆动姿势与锉削基本相似，摆动要自然。握锯弓时右手满握手柄，左手轻扶在锯弓前端，如图 8-22 所示。

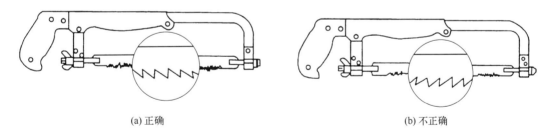

(a) 正确	(b) 不正确

图 8-21　锯齿的安装方向

（4）锯削　锯削过程分起锯、锯切和结束三个阶段。

1）起锯　起锯时，右手握着锯弓手柄，锯条靠住左手大拇指，锯条应与工件表面倾斜成起锯角（10°~15°）。起锯角太小，锯齿不易切入工件，产生打滑，但也不能过大，以免崩齿（见图 8-23）。起锯时的压力要小，往复行程要短，速度要慢，一般待锯痕深度达到 2mm 后，

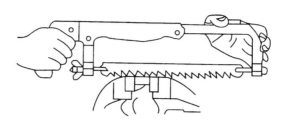

图 8-22　手锯的握法

可将手锯逐渐放至水平位置进行正常锯削。

2）正常锯削　正常锯削时，锯条应与工件表面垂直，作直线往复运动，不能左右晃动。锯割运动一般采用小幅度的上下摆动式运动。即手锯推进时，身体略向前倾，左手上翘，右手下压。返回时不要加压，轻轻拉回，速度可快些。锯割时速度不宜过快，以每分钟 30~60 次为宜。并应用锯条全长的 2/3 工作，以免锯条中间部分迅速磨钝。

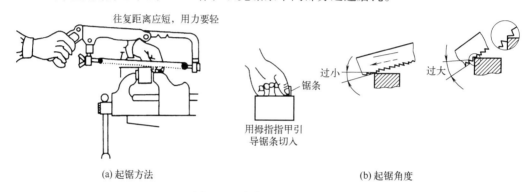

(a) 起锯方法　　　　　　　　　　　　　　　　　(b) 起锯角度

图 8-23　起锯的方法与角度

推锯时锯弓的运动方式有两种：一种是直线运动，适用于锯缝底面要求平直的槽和薄壁工件的锯割；另一种锯弓上下摆动，这样操作自然，两手不易疲劳。锯割到材料快断时，用力要轻，以防碰伤手臂或折断锯条。锯缝如歪斜，不可强扭，否则锯条将被折断，应将工件翻转 90°重新起锯。锯切较厚钢料时，可加机油冷却和润滑，以提高锯条寿命。

3）结束锯削　当锯削将结束时，用力应轻，速度要慢，行程要小。锯削将完成时，用力不可太大，并需用左手扶住被锯下的部分，以免该部分落下时砸脚。

（5）锯条损坏的原因以及预防办法　见表 8-1。

表 8-1　锯条损坏的原因以及预防办法

锯条损坏类型	原因	预防方法
锯条折断	锯条装得过紧、过松	注意锯条要装得松紧适当
	工件装夹不准确，产生抖动或松动	工件夹牢，锯缝靠近钳口
	锯缝歪斜，强行纠正	扶正锯弓，按线锯削
	压力太大，起锯较猛	压力适当，起锯较慢
	旧锯缝使用新锯条	调换厚度合适的新锯条

锯条损坏类型	原因	预防方法
锯齿崩裂	锯齿粗细选择不当	正确选择锯条
	起锯角度和方向不对	选用正确的起锯方向和角度
	突然碰到工件中的砂眼、杂质	碰到砂眼时减小压力
锯齿很快磨钝	锯削速度太快	锯削速度适当减慢
	锯削时未加冷却液	选用冷却液

8.3.4 锯削的应用

（1）棒料的锯切　如果锯切的断面要求平整，则应从开始连续锯到结束。若锯出的断面要求不高，可从几个方向锯下，这样可以减小锯削面，提高工作效率。

（2）管子的锯切　一般情况下，钢管壁厚较薄，因此，锯管子时应选用细齿锯条，而且，一般不采用一锯锯到底的方法，而是当管壁锯透后随即将管子沿着推锯方向转动一个适当的角度，再继续锯割，依次转动，直至将管子锯断（见图8-24）。这样，一方面可以保持较长的锯割缝口，效率提高；另一方面也能防止因锯缝卡住锯条或管壁钩住锯齿而造成锯条损伤，消除因锯条跳动所造成的锯割表面不平整的现象。对于已精加工过的管件，为防止装夹变形，应将管件夹在有V形槽的两块木板之间。

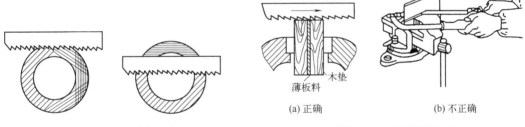

(a) 正确　　　　　　(b) 不正确

图 8-24　锯管件的方法　　　　图 8-25　板料锯削方法

（3）薄板料的锯切　锯削时尽可能从宽面上锯下。当只能在板料的狭面上锯下去时，可用两块木垫夹持，连木块一起锯下，避免锯齿钩住，同时也增加了板料的刚度，锯削时板料

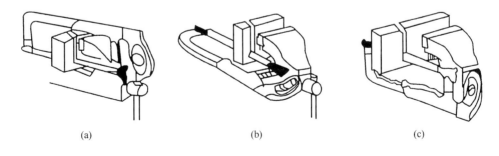

(a)　　　　　　　(b)　　　　　　　(c)

图 8-26　深缝的锯削方法

131

不发生颤动，见图 8-25（a）。也可以把薄板料直接夹在虎钳上，用手锯作横向斜推锯，使锯齿与薄板接触的齿数增加，避免锯齿崩裂，见图 8-25（b）。

（4）深缝锯切　当锯缝的深度超过锯弓的高度时，见图 8-26（a），应将锯条转过 90°后重新装夹，使锯弓转到工件的旁边，见图 8-26（b），当锯弓横下来其高度仍不够时，也可把锯条装夹成使锯齿朝向锯内进行锯削，见图 8-26（c）。

8.4　锉削

锉削是用锉刀锉掉工件表面的多余金属，使其尺寸、形状、表面粗糙度等都达到图纸要求的加工方法。它可以加工工件的内外表面、内外角、沟槽和各种复杂的表面。虽然锉削是一种手工操作，效率低，但因某些工件表面在机床上不易加工或即使能加工却达不到精度要求，仍需要用锉刀加工去完成。锉削可用于成形样板、模具型腔以及部件、机器装配时的工件修整、配做等，是钳工最基本的操作方法之一。锉削加工范围如图 8-27 所示。锉削的主要工具是锉刀。

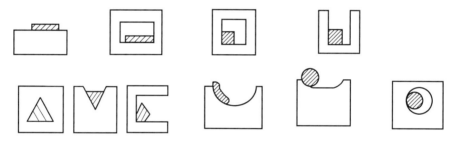

图 8-27　锉削加工范围

8.4.1　锉刀的构造和种类

锉刀是用以锉削的工具。常用 T12A 或 T13A 制成，并经热处理淬硬，硬度为 62~67HRC。锉刀由锉刀面 1、锉刀边 2、锉刀尾 3、锉刀舌 4、锉柄 5 等组成，如图 8-28 所示。

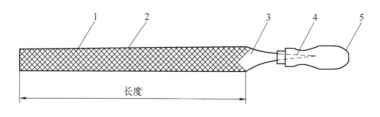

图 8-28　锉刀的结构

1—锉刀面；2—锉刀边；3—锉刀尾；4—锉刀舌；5—锉柄

锉刀按照用途可划分为以下几种。

（1）普通锉刀　按其截面形状可分为：平锉、半圆锉、圆锉、方锉和三角锉等。其中以扁锉用得最为广泛，如图 8-29 所示。

(a) 平锉　　　(b) 方锉　　　(c) 三角锉　　　(d) 半圆锉　　　(e) 圆锉

图 8-29　普通锉刀的断面形状

（2）特种锉刀　用来加工零件特殊表面，有刀口锉、菱形锉、椭圆锉、圆肚锉等。如图 8-30 所示。

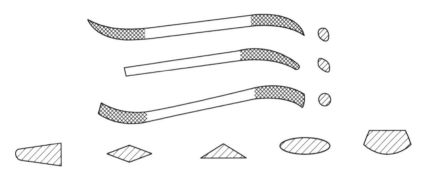

图 8-30　特种锉及断面形状

（3）整形锉刀　常称什锦锉或组锉。主要用于细小物件修理、精密工件的加工以及表面要求很高的零件的细微加工。通常以 5 把、6 把、12 把为一组。

锉刀的规格一般以锉刀长度、齿纹粗细来表示。锉刀大小以工作部分的长度表示，按其长度可分为 100mm、150mm、200mm、250mm、300mm、350mm 和 400mm 等七种。按其齿纹可分为单齿纹锉刀和双齿纹锉刀。锉刀齿纹多制成交错排列的双纹，便于断屑和排屑，使锉削省力；也有单纹锉刀，一般用于锉铝等软材料。按每 10mm 长度锉面上的齿数多少可分为粗齿锉（4~12 齿），中齿锉（13~23 齿），细齿锉（30~40 齿），最细齿锉（油光锉，50~62齿）。

8.4.2　锉刀的选择

合理选用锉刀对保证加工质量、提高工作效率和延长锉刀寿命有很大影响。锉刀规格根据加工表面的大小选择；锉刀断面形状根据加工表面的形状选择，锉刀齿纹粗细根据工件材料、加工余量、精度和表面粗糙度值选择。粗齿锉由于齿间距离大，不易堵塞，多用于锉削非铁材料（有色金属）以及加工余量大、精度要求低的工件；油光锉仅用于工件表面的最后修光，如表 8-2 所示。

表 8-2　锉刀刀齿粗细的划分、特点和应用

锉齿粗细	10 mm 长度内齿纹条数	特点和应用	加工余量/mm	表面粗糙度/μm
粗齿	4~12	齿间大，不易堵塞，适宜粗加工或加工铜、铝等有色金属	0.5~1	12.5~50
中齿	13~23	齿间适中，适宜粗锉后加工	0.2~0.5	3.2~6.3
细齿	30~40	锉光表面或硬金属	0.05~0.2	1.6
油光齿	50~62	精加工时修光表面	<0.05	0.8

8.4.3　锉削操作

（1）锉刀的握法　正确握持锉刀有助于提高锉削质量，可根据锉刀大小和形状的不同，采用相应的握法。使用大的平锉时，应右手握锉柄，左手压在锉端上，使锉刀保持水平，如图 8-31（a）、（b）、（c）所示。用中平锉时，因用力较小，左手的大拇指和食指应捏着锉端，引导锉刀水平移动，如图 8-31（d）所示。小锉刀及什锦锉的握法如图 8-31（e）、（f）所示。

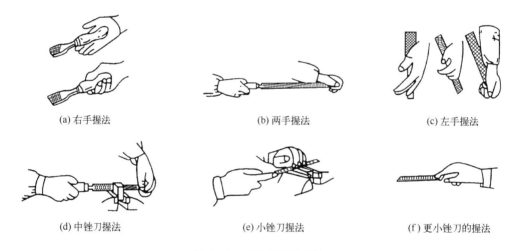

(a) 右手握法　　　　　　　　(b) 两手握法　　　　　　　　(c) 左手握法

(d) 中锉刀握法　　　　　　　(e) 小锉刀握法　　　　　　　(f) 更小锉刀的握法

图 8-31　各种锉刀的握法

（2）锉削姿势　锉削姿势如图 8-32 所示，两手握住锉刀放在工件上面，左臂弯曲，小臂与工件锉削面的左右方向保持基本平行，右小臂要与工件锉削面的前后方向基本保持平行，但要自然。锉削时，身体先于锉刀并与之一起向前，右脚伸直并稍向前倾，重心在左脚，左膝部呈弯曲状态；当锉刀锉到约 3/4 长度时，身体停止前进，两臂则继续将锉刀向前锉到头，同时，左腿自然伸直。随着锉削时的反作用力，身体前倾，作第二次锉削的向前运动。

（3）锉削力的运用　锉削时锉刀的平直运动是完成锉削的关键步骤。锉削的力量有水平推力和垂直压力两种。推力主要由右手控制，其大小必须大于切削阻力才能锉去切屑。压力是由两手控制的，其作用是使锉齿深入金属表面。由于锉刀两端伸出工件的长度随时都在变

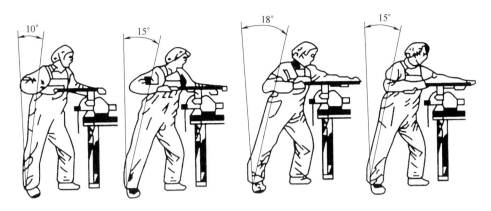

图 8-32 锉削姿势

化，因此两手的压力大小也必须随之变化，即两手压力对工件中心的力矩应相等，这是保证锉刀平直运动的关键。保证锉刀平直运动的方法是：随着锉刀的推进，左手压力应由大逐渐减小，右手的压力则由小逐渐增大，到中间时两手压力相等。回程时不加压力，以减少锉齿的磨损。锉刀在工件的任意位置时，锉刀两端压力对工件中心的力矩保持平衡，否则，锉刀就不会平衡，使工件中间将会产生凸面或鼓形面。

锉削时，因为锉齿存屑空间有限，对锉刀的总压力不能太大，压力太大使锉刀磨损加快，但压力也不能过小，压力过小锉刀容易打滑，达不到锉削目的。

锉削速度一般约在 40 次/min，太快，操作者容易疲劳，且锉齿易磨钝；太慢，切削效率低。锉削推出时稍慢，回程时稍快，动作要自然协调。

8.4.4 锉削方法

（1）平面锉削　平面锉削是最基本的锉削，常用的方法有三种。

1）顺向锉法（见图 8-33a）　锉刀沿着工件表面横向或纵向移动，锉削平面可得到正直的锉痕，比较整齐美观。这种方法适用于工件锉光、锉平或锉顺锉纹。

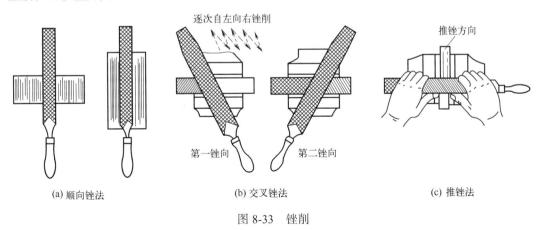

(a) 顺向锉法　　　　　　(b) 交叉锉法　　　　　　(c) 推锉法

图 8-33 锉削

2）交叉锉法（见图 8-33b） 该方法是以交叉的两方向顺序对工件进行锉削。由于锉痕是交叉的，容易判断锉削表面的不平程度，因而也容易把表面锉平。交叉锉法去屑较快，适用于平面的粗锉。

3）推锉法（见图 8-33c） 两手对称地握住锉刀，用两大拇指推锉刀进行锉削。这种方法适用于对表面较窄且已经锉平、加工余量很小的工件进行尺寸修正和减小表面粗糙度。

（2）圆弧面（曲面）的锉削

1）外圆弧面锉削 锉刀要同时完成两个运动：锉刀的前推运动和绕圆弧面中心的转动。前推是完成锉削，转动是保证锉出圆弧面形状。常用的外圆弧面锉削方法有滚锉法和横锉法两种。滚锉法（见图 8-34a）是使锉刀顺着圆弧面滚锉削的方法，此法用于精滚锉外圆面；横锉法（见图 8-34b）是使锉刀横着圆弧而锉削的方法。此法用于粗锉外圆弧面或不能用滚锉法加工的情况。

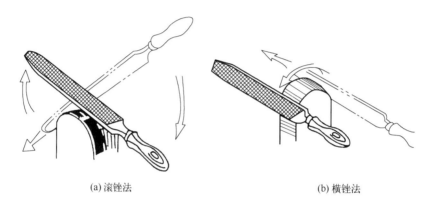

(a) 滚锉法
(b) 横锉法

图 8-34　外圆弧面锉削

2）内圆弧面锉削（见图 8-35） 锉刀要同时完成三个运动：锉刀的前推运动、锉刀的左右移动和锉刀自身的转动，如缺少任一项运动都将锉不好内圆弧面。

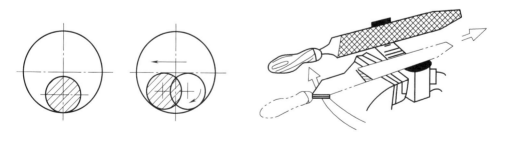

图 8-35　内圆弧面锉削

（3）通孔的锉削 根据通孔的形状、工件材料、加工余量、加工精度和表面粗糙度来选择所需的锉刀进行通孔的锉削，通孔的锉削方法如图 8-36 所示。

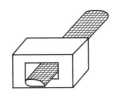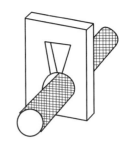

图 8-36　通孔的锉削

8.4.5　锉削质量与质量检查

（1）锉削常见的质量问题

1）平面出现凸、塌边和塌角，是操作不熟练、锉削力运用不当或锉刀选用不当造成的。

2）形状、尺寸不准确，是划线错误或锉削过程中没有及时检查工件尺寸造成的。

3）表面较粗糙，是锉刀粗细选择不当或铁屑卡在锉齿间造成的。

4）锉掉了不该锉的部分，是锉刀打滑或者没有注意带锉齿工作边和不带锉齿的光边造成的。

5）工件夹坏，是工件在台虎钳上装夹不当造成的。

（2）锉削质量的检查

1）检查直线度　用钢直尺和90°角尺以透光法来检查工件的直线度（见图 8-37a）。

2）检查垂直度　用90°角尺采用透光法检查，其方法是：先选择基准面，然后对其他各面进行检查（见图 8-37b）。

3）检查尺寸　根据精度要求，用游标卡尺或钢板尺在不同的位置上进行数次测量。

4）检查表面粗糙度　检查表面粗糙度一般用眼睛观察即可，如要求准确，可用表面粗糙度样板对照进行检查。

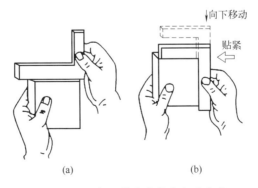

(a)　　　　　　(b)

图 8-37　用角尺检查直线度和垂直度

8.4.6 锉削注意事项

1）锉刀必须装柄使用，以免刺伤手腕。松动的锉刀柄应装紧后再用。

2）不准用嘴吹锉屑，也不要用手清除锉屑。当锉刀堵塞后，应用钢丝刷顺着锉纹方向刷屑。

3）对铸件上的硬皮或黏砂、锻件上的飞边或毛刺等，应先用砂轮磨去，然后锉削。

4）锉削时不准用手摸锉过的表面，因手有油污，再锉时锉刀容易打滑。

5）锉刀不能作撬棒或锤子敲击工件，以防止锉刀折断伤人。

6）不能把锉刀与锉刀叠放或与量具叠放在一起。

第9章 车削加工

教学目标	本章重点
（1）熟悉车削加工的基本概念；	车床附件和工件安装、基本操作。
（2）了解车削的车床结构；	
（3）掌握车床附件和工件安装；	**本章难点**
（4）掌握车床的基本操作。	车床的基本操作。

思政目标

通过对车削加工知识的学习，培养学生具有能够吃苦耐劳的精神，使学生理解获得一个优质加工产品每一步都需要脚踏实地，从基础做起。

9.1 概述

车削加工是指在车床上利用车刀或钻头、铰刀、丝锥、滚花刀等加工零件的回转表面。车削加工主要是作直线运动的车刀对旋转的工件进行加工，在此切削运动中，工件的高速旋转运动是主运动，刀具的缓慢直线运动是进给运动。

车削加工可完成的典型零件如图 9-1 所示。车削加工的典型加工方法如图 9-2 所示。

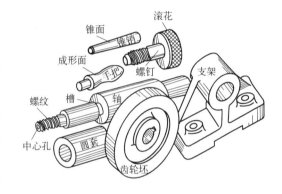

图 9-1 车削加工的典型零件

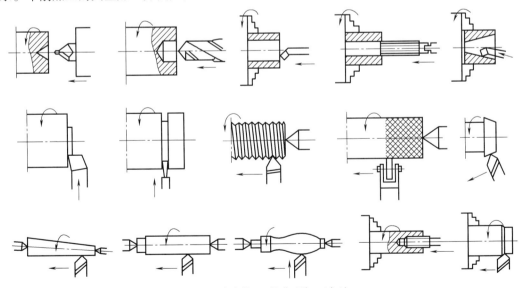

图 9-2 车削加工的典型加工方法

139

车削加工精度可达 IT6~ITll，表面粗糙度为 Ra0.8~12.5μm。车削加工是机械加工中最主要的加工方法，既适合于小批量加工，也适合大批量加工，具有生产成本低、效率高、易于操作等特点，应用特别广泛。

9.1.1　车削加工工艺过程

车削加工中为了保证工件质量和提高生产率，一般按粗车、半精车、精车的顺序进行。

粗车的目的是尽快地从毛坯上切去大部分加工余量。粗车工艺一般优先采用较大的切削深度，其次选用较大的进给量，采用中等偏低的切削速度，以得到较高的生产率和提高刀具的使用寿命。车削硬脆材料一般选用较低的切削速度，比如车削铸铁件比车削优质钢件对的切削速度要低，不用切削液时的切削速度也要低些。精车的目的是保证工件的加工精度和表面要求，在此前提下尽可能地提高生产率。精车一般选用较小的切削深度和进给量，同时选用较高的切削速度。例如，使用硬质合金车刀粗车低碳钢时可选择a_p=2~3mm，f=0.15~0.4mm/r，v_c=40~60m/min，精车低碳钢时可选择a_p=0.1~0.3mm，f=0.05~0.2mm/r，v_c≥100m/min。对于一些精度及表面质量要求高的工件，在粗车与精车间还需安排半精加工，为精车做好精度和余量准备。

粗车可达到的尺寸精度为 IT11~IT13，表面粗糙度为 Ra12.5~50μm；半精车可达到的尺寸精度为 IT9~IT10，表面粗糙度为 Ra3.2~6.3μm；精车可达到的尺寸精度为 IT6~IT8，表面粗糙度为 Ra0.8~3.2μm。

9.1.2　切削液的选择

车削时应根据加工性质、工件材料、刀具材料等条件选用合适的切削液。粗加工时，加工余量和切削量大，产生大量的切削热，故应选用冷却性能好的水基切削液或低浓度的乳化液；精加工时，为保证加工精度和表面质量，以切削油或高浓度的乳化液为好；钻孔、铰孔等孔加工时，排屑和散热困难，容易烧伤刀具和增大工件表面粗糙度，故选用黏度小的水基切削液或乳化液，并加大流量和压力强化冲洗作用。切削铸铁等脆性材料时，一般可不用切削液；精加工时，为提高切削表面质量，可选用渗透性和清洗性都比较好的煤基或水基切削液。硬质合金刀具耐热性好，一般可不加切削液，必要时可采用低浓度的乳化液，但必须连续充分浇注，以免因断续使用切削液使刀片骤冷骤热而产生裂纹。

9.2　车床

9.2.1　车床的种类和型号

车床按用途和结构的不同，可分为卧式车床、落地车床、立式车床、转塔车床、仿形车床，以及多刀车床、单轴自动车床、多轴自动和半自动车床、数控车床和车削中心等，此外，还有各种专门化车床，如仪表车床、凸轮轴车床、曲轴车床、铲齿车床、高精密丝杠车床、车轮车床等。在大批量生产的工厂中还有各种专用车床和组合车床。在所有车床中，卧式车床的应用最为广泛，占车床类机床的60%。

（1）机床型号表示方法　金属切削机床的型号编制依据 GB/T 15375—2008《金属切削机床　型号编制方法》。机床型号由基本部分和辅助部分组成，中间用"/"隔开，读作"之"。前者需统一管理，后者纳入型号与否由企业自定。型号构成如图 9-3 所示。

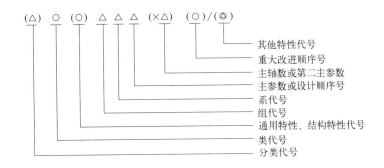

图 9-3　机床型号表示方法

注：有"（ ）"的代号或数字，若无内容时，则不表示，若有内容则不带括号；有"○"符号的，为大写的汉语拼音字母；

　　有"△"符号的，为阿拉伯数字；有"◎"符号的，为大写的汉语拼音字母，或阿拉伯数字，或两者兼有之

（2）机床的分类及代号　机床按其工作原理划分为车床、钻床、镗床、磨床、齿轮加工机床、螺纹加工机床、铣床、刨插床、拉床、特种加工机床、锯床和其他机床等共 12 类。

机床的类代号用大写的汉语拼音字母表示。必要时，每类可分为若干分类。分类代号在类代号之前，作为型号的首位，并用阿拉伯数字表示。第"1"分类代号前的"1"省略，第"2""3"分类代号则应予以表示。机床的分类和代号见表 9-1。

表 9-1　机床的类别和代号

类别	车床	钻床	镗床	磨床			齿轮加工机床	螺纹加工机床	铣床	刨插床	拉床	特种加工机床	锯床	其他机床
代号	C	Z	T	M	2M	3M	Y	S	X	B	L	D	G	Q
读音	车	钻	镗	磨	二磨	三磨	牙	丝	铣	刨	拉	电	割	其

（3）机床通用特性代号　通用特性代号有统一的规定含义，它在各类机床的型号中表示的意义相同。当某类型机床，除有普通型外，还有下列某种通用特性时，则在类代号之后加通用特性代号予以区分。如果某类型机床仅有某种通用特性，而无普通型者，则通用特性不予表示。当在一个型号中需要同时使用 2~3 个普通特性代号时，一般按重要程度排列顺序。

141

通用特性代号按其相应的汉字字意读音。表 9-2 列出了所有机床的通用特性代号。

表 9-2　机床的通用特性代号

通用特性	高精度	精密	自动	半自动	数控	加工中心（自动换刀）	仿形	轻型	加重型	柔性加工单元	数显	高速
代号	G	M	Z	B	K	H	F	Q	C	R	X	S
读音	高	密	自	半	控	换	仿	轻	重	柔	显	速

（4）机床结构特性代号　对主参数值相同而结构、性能不同的机床，在型号中加结构特性代号予以区分。根据各类机床的具体情况，对某些结构特性代号，可以赋予一定含义。但结构特性代号与通用特性代号不同，它在型号中没有统一的含义，只在同类机床中起区分机床结构、性能不同的作用。当型号中有通用特性代号时，结构特性代号应排在通用特性代号之后。结构特性代号，用汉语拼音字母（通用特性代号已用的字母和"I""O"两个字母不能用）表示，当单个字母不够用时，可将两个字母组合起来使用，如 AD、AE 等，或 DA、EA 等。

（5）机床组、系的划分原则及其代号　机床组、系的划分原则如下：将每类机床划分为 10 个组，每个组又划分为 10 个系（系列）。在同一类机床，主要布局或使用范围基本相同的机床，即为同一组。在同一组机床中，其主参数相同、主要结构及布局形式相同的机床，即为同一系。

机床的组用一位阿拉伯数字表示，位于类代号或通用特性代号、结构特性代号之后。机床的系，也用一位阿拉伯数字表示，位于组代号之后。

（6）机床主参数的表示方法　机床型号中主参数用折算值表示，位于系代号之后。当折算值大于 1 时则取整数，前面不加"0"；当折算值小于 1 时，则取小数点后第一位数，并在前面加"0"。表 9-3 是卧式车床的详细型号表，从中可以看出机床的统一名称和组、系划分，以及型号中主参数的表示方法。

表 9-3　卧式车床型号表

组		系			主参数	
代号	名称	代号	名称	折算系数	名称	
6	落地及卧式车床	0	落地车床	1/100	最大工件回转直径	
		1	卧式车床	1/10	床身最大回转直径	
		2	马鞍车床	1/10	床身最大回转直径	
		3	轴车床	1/10	床身最大回转直径	
		4	卡盘车床	1/10	床身最大回转直径	
		5	球面车床	1/10	刀架最大回转直径	
		6	主轴箱移动型卡盘车床	1/10	床身最大回转直径	

（7）通用机床的设计顺序号　某些通用机床，当无法用一个主参数表示时，则在型号中用设计顺序号表示。设计顺序号由 1 起始，当设计顺序号小于 10 时，由 01 开始编号。

（8）主轴数的表示方法　对于多轴车床、多轴钻床、排式钻床等机床，其主轴数应以实际数值列入型号，置于主参数之后，用"×"分开，读作"乘"。单轴可省略，不予表示。

（9）机床的重大改进顺序号　当机床的结构、性能有更高的要求，并需按新产品重新设计、试制和鉴定时，才按改进的先后顺序选用 A、B、C 等汉语拼音字母（但"I""O"两个字母不得选用），加在型号基本部分的尾部，以区别原机床型号。

重大改进设计不同于完全的新设计，它是在原有机床的基础上进行改进设计的，因此，重大改进后的产品与原型号的产品，是一种取代关系。

凡属局部的小改进，或增减某些附件、测量装置及改变装夹工件的方法等，因对原机床的结构、性能没有作重大的改变，故不属重大改进，其型号不变。

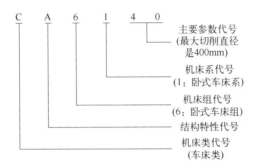

图 9-4　"CA6l40"型号含义

例如 CA6140 车床型号（图 9-4）中，"C"表示机床类代号，从表 9-1 中，可以看出"C"表示的是车床；"A"表示机床的结构特性代号，表示此机床在同类型主参数机床中，结构与其他机床不同；"6"和"1"分别表示车床的组、系代号，从表 9-3 中可以看出"61"表示机床属于"落地及卧式车床"组中的"卧式车床"系。"40"为该机床的主参数折算系数，从表 9-3 中可以看出，"40"表示该机床的床身最大回转直径为 40mm×10＝400mm，即机床可加工的工件最大外圆尺寸为 400mm，此尺寸限值由机床结构决定，超过 400mm 直径的工件将难以在该车床上加工。

9.2.2　C6132 型车床的组成部分及其作用

C6132 型车床的构造如图 9-5 所示。

（1）床身　床身是车床的基础零件，用来支承和连接车床上有关部件，并保证它们之间的相对位置。床身上有 4 条精确的导轨，床鞍和尾座可沿导轨移动。床身由床脚支承并用螺钉固定在地基上。

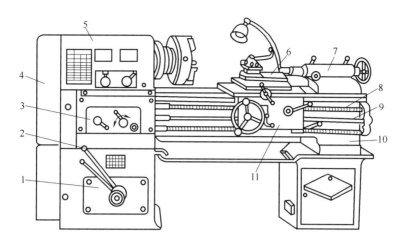

图 9-5   C6132 型卧式车床外形图

1—变速箱；2—变速手柄；3—进给箱；4—挂轮箱；5—主轴箱；6—刀架；7—尾座；8—丝杠；

9—光杠；10—床身；11—溜板箱

（2）变速箱　变速箱用于改变主轴的转速。有的机床（如 CA6140）主轴变速机构都放在主轴箱内，其内有滑移齿轮变速机构。改变变速箱上操纵手柄的位置，可向主轴传出不同的转速。

（3）主轴箱（床头箱）　主轴箱用于支承主轴，由主轴带动工件旋转。内装主轴和部分齿轮变速机构。通过主轴箱内的变速机构，可改变主轴的转速和转向。主轴的前端有外螺纹和锥孔，可安装卡盘、花盘和顶尖等夹具，用来夹持工件，并带动工件旋转。主轴是空心轴，以便穿入长棒料。

（4）进给箱（走刀箱）　进给箱将主轴的旋转运动经过挂轮架上的齿轮传给光杠或丝杠，通过其内部的齿轮变速机构可改变光杠或丝杠的转速。调整进给箱上各手柄的位置，可使刀具获得所需的进给量或螺距。

（5）光杠或丝杠　进给箱的运动经光杠或丝杠传至溜板箱。车削螺纹时用丝杠，车削其他表面用光杠。

（6）溜板箱（拖板箱）　溜板箱是车床进给运动的操纵箱，其上有刀架。溜板箱将光杠或丝杠的运动传给刀架，接通光杠时，可使刀架作纵向或横向进给。接通丝杠和闭合对开螺母可车削螺纹。

（7）刀架　刀架用来夹持车刀，可作纵向、横向或斜向进给运动。它由大刀架、横刀架、转盘、小刀架和方刀架组成，如图 9-6 所示。

1）大刀架（纵溜板、中滑板），与溜板箱连接，带动车刀沿床身导轨作纵向移动。

2）横刀架（横溜板），通过丝杠副带动车刀沿床鞍上的燕尾导轨作横向移动。

3）转盘，与横溜板用螺钉固定，其上有角度刻线。松开螺钉，转盘可在水平面内扳转任意角度。

4）小刀架（小滑板），可沿转盘上面的燕尾导轨作短距离的手动进给。将转盘扳转一定角度后，小刀架斜向进给可车削内外锥面。

5）方刀架，固定在小刀架上，可同时装夹 4 把车刀，松开其上手柄，方刀架可扳转任意角度。换刀时只需将方刀架旋转 90°，固定后即可继续切削。

（8）尾座 图 9-7 所示的尾座位于床身导轨上。尾座套筒可安装顶尖，支承工件，也可安装钻头、中心钻等。松开套筒锁紧手柄，转动手轮，则套筒带动刀具或顶尖移动，若将套筒退缩到尾座体内，且锁紧套筒，转动手轮，螺杆顶出套筒内的顶尖或刀具。

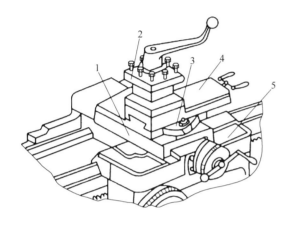

图 9-6　刀架的组成

1—横刀架；2—方刀架；3—转盘；4—小刀架；5—大刀架

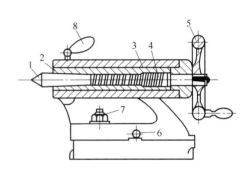

图 9-7　尾座的构造

1—顶尖；2—套筒；3—尾座体；4—螺杆；5—手轮；

6—调节螺钉；7—固定螺钉；8—套筒锁紧手柄

（9）底座 底座用于支承床身，用地脚螺钉与地基连接。

（10）挂轮箱 挂轮箱把主轴的旋转送给进给箱，变换箱内齿轮并和进给箱及光杠或丝杠配合，可获得不同的自动进给速度或车削不同螺距的螺纹。

9.2.3 卧式车床的组成与传动

9.2.3.1 卧式车床的组成

卧式车床的型号很多，本书以常见的 CA6140 车床为例进行介绍。

CA6140 型机床的总体布局与大多数卧式车床相似，主轴水平布置，以便于加工细长的轴形工件。车床的主要组成部分及其相互位置如图 9-8 所示。这种机床的性能及质量较好，但结构较复杂，自动化程度较低，适用于单件、小批量生产及修配车间使用。

（1）床身 1 床身固定在空心的前床腿 8 和后床腿 9 上。床身上安装和连接着机床的各主要部件，并带有导轨，能够保证各部件之间准确的相对位置和移动部件的运动轨迹。

（2）主轴箱 2 主轴箱是车床最重要的部件之一，是装有主轴及变速传动机构的箱形部

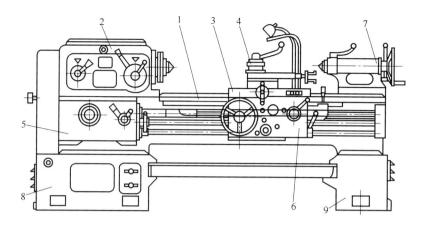

图 9-8　CA6140 卧式车床外形

1—床身；2—主轴箱；3—床鞍；4—刀架；5—进给箱；6—溜板箱；7—尾座；8—前床腿；9—后床腿

件。它支承并传动主轴，通过卡盘等装夹工件，使主轴带动工件旋转，实现车削主运动。

（3）床鞍 3 和刀架 4　床鞍的底面有导轨，可沿床身上相配的导轨纵向移动，其顶部安装有刀架。刀架用于装夹刀具，是实现进给运动的工作部件。刀架由几层组成，以实现纵向、横向和斜向运动。

（4）进给箱 5　进给箱固定在床身的左前侧，内部装有进给变换机构，用于改变被加工螺纹的导程或机动进给的进给量，以及加工不同种类螺纹的变换。

（5）溜板箱 6　溜板箱固定在床鞍的底部，是一个驱动刀架移动的传动箱，它把进给箱传来的运动再传给刀架，实现纵向和横向机动进给、手动进给和快速移动或车螺纹。溜板箱上装有各种操纵手柄和按钮。

（6）尾座 7　尾座安装在与床身尾部相配导轨的另一组导轨上，用手推动可纵向调整位置，并可紧固在床身上。它用于安装顶尖，以支承细长工件，或安装钻头和铰刀等孔加工刀具。

9.2.3.2　卧式车床的传动

对于一台金属切削加工机床，在使用之前应先熟悉机床的传动系统构成。机床的传动分析是指对机床运动的传动联系进行分析，以及对有关运动参数进行计算和调整，这是机床传动分析的一个重要内容。

（1）机床传动系统图　机床传动系统图是用国家规定的符号代表各种传动元件，按机床传递运动的先后顺序，以展开图的形式绘制的表示机床全部运动关系的示意图。绘制时，用数字代表传动件参数，如齿轮的齿数、带轮直径、丝杠的螺距及头数、电动机的转速及功率等。机床传动系统图是将空间的传动结构展开并画在一个平面图上，个别难以直接表达的地方可以采用示意画法，但要尽量反映机床主要部件的相互位置，并尽量将其画在机床的外形轮廓线内，各传动件的位置尽量按运动传递的先后顺序安排。机床传动系统图只是简明直观地表达出机床传动系统的组成和相互联系，并不表示各构件及机构的实际尺寸和空间位置。CA6140 型卧式车床的传动系统图如图 9-9 所示。

（2）主运动传动分析　卧式车床的主运动为主轴的旋转运动，通过下面分析，可以清楚旋转运动由电动机传递至主轴，并实现变速的整个过程。

由图 9-9 可以看出，主电动机的转动经 V 带传动至主轴箱的 I 轴，I 轴上装有双向多片摩擦离合器 M_1，M_1 处于中间位置时，I 轴空转，左、右空套齿轮不随之转动，可断开主轴运动。

若实现主轴正转，可将 M1 向左压紧，使左面的摩擦片带动双联空套齿轮 56、51 随 I 轴转动，I 轴的运动经 II 轴上的双联滑移齿轮不同位置的啮合（56/38 或 51/43），使 II 轴得到两种不同的转速，再通过 III 轴上的三联滑移齿轮不同位置的啮合（39/41 或 22/58 或 30/50），使 III 轴共得到 2×3＝6 种不同的正向转速。运动由 III 轴传至主轴有两条路线。

1）高速传动路线，即主轴 IV 上的齿轮 50 向左滑移与 III 轴上的齿轮 63 直接啮合，因 M_2 脱开，齿轮 58 空套在轴上，不会出现运动干涉，所以可使主轴得到高速的 6 种转速。

2）低速传动路线，即主轴 IV 上的内齿离合器 M_2 接通，此时 III 轴的运动经 III、IV 轴间的齿轮副 20/80 或 50/50 和 IV、V 轴间的齿轮副 20/80 或 51/50，再经 V、VI 轴间的齿轮副 26/58 和内齿离合器 M_2，使主轴 IV 得到低速的 18 种转速。因此正转时主轴共有 18+6=24 种转速。由于 V 轴与 III 轴同心，经 IV 轴传动，可实现较大的降速，将 III-IV-V 轴的传动称为折回（背轮）传动。

若实现主轴反转，可将 M_1，向右压紧，使右面的摩擦片带动空套齿轮 50 随 I 轴转动，I 轴的运动经 VII 轴上的空套齿轮 34 传给 II 轴（50/34 及 34/30），使 II 轴换向（与主轴正转时反向）并得到一种转速，后面的传动路线与主轴正转时相同，主轴可得到 12 种反转转速。

传动路线可用传动路线表达式表示。CA6140 型车床主传动链传动路线的表达式如图 9-10 所示。

（3）进给运动传动分析　卧式车床的进给运动是实现刀架纵向或横向机动进给的运动，刀架进给运动的动力源是机床的主电动机，经主传动链、主轴及进给运动传动链传动给刀架。

进给传动链包括机动进给传动链和车削螺纹传动链两部分，在机动进给或车削螺纹时，进给量及螺纹的导程都是以主轴每转一转时刀架的移动量来表示的，所以尽管刀架进给的动力来自主电动机，但刀架的运动却是和主轴旋转运动直接相关。

车削螺纹时，进给箱传动丝杠带动刀架纵向移动，进给传动链是一条内联系传动链，主轴每转一转，刀架要均匀准确地移动一个被加工螺纹的导程值 5，刀架与主轴之间必须保持严格的传动比关系；在机动进给时，进给箱传动光杠经溜板箱带动刀架作纵向或横向机动进给，此时，主轴每转一转，刀架虽然也要相应地移动一个距离，但刀架与主轴间不必有那样严格的传动比关系。

9.3　车床附件及工件的安装

车床常备有一定数量的附件（主要是夹具），用来满足各种不同的车削工艺需求。普通车床常用的附件有三爪自定心卡盘、四爪单动卡盘、顶尖、心轴、中心架、跟刀架、花盘、弯板等。

148

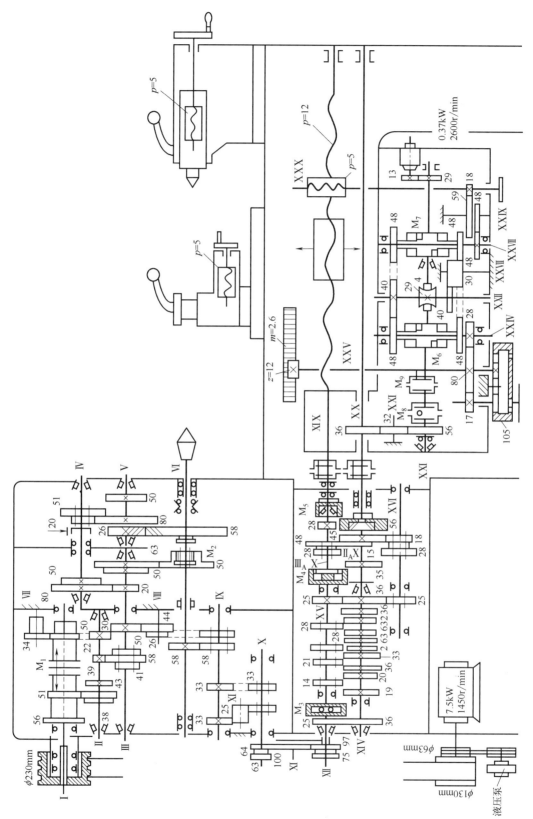

图 9-9 CA6140 型卧式车床的传动系统图

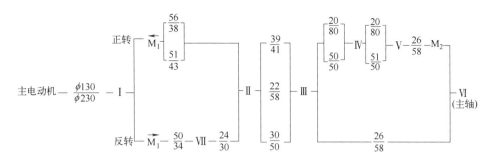

图 9-10　CA6140 型车床主传动链传动路线

车削时，工件旋转的主运动是由主轴通过夹具来实现的。安装的工件应使被加工表面的回转中心和车床主轴的回转中心重合，以保证工件有正确的位置。切削过程中，工件会受到切削力的作用，所以必须夹紧，以保证车削时的安全。由于工件的形状、大小等不同，用的夹具及安装方法也不一样。

9.3.1　三爪自定心卡盘

三爪自定心卡盘是车床上最常用的一种夹具，其构造如图 9-11 所示。它通常作为车床附件由法兰盘内的螺纹直接旋装在主轴上，用来装夹回转体工件。当旋转小锥齿轮时，大锥齿轮随之转动，大锥齿轮背面的平面螺纹就使三个卡爪同时等速向中心靠拢或退出；用三爪自定心卡盘装夹工件，可使工件中心与车床主轴中心自动对中，自动对中的准确度为 0.05~0.15mm。

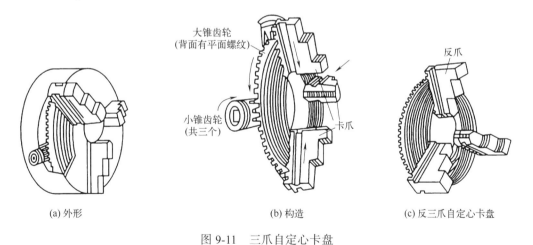

(a) 外形　　　　　　　　　　(b) 构造　　　　　　　　　(c) 反三爪自定心卡盘

图 9-11　三爪自定心卡盘

三爪自定心卡盘最适合装夹圆形截面的中小型工件，但也可装夹截面为正三边形或正六边形的工件。当工件直径较小时，工件置于三个卡爪之间装夹（见图 9-12a）；当工件孔径较大时，可将三个卡爪伸入工件内孔中，利用长爪的径向张力装夹盘、套、环状零件（见图 9-12b）；当工件直径较大时，可将三个顺爪换成三个反爪进行装夹（见图 9-12c）。

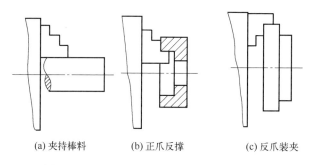

| (a) 夹持棒料 | (b) 正爪反撑 | (c) 反爪装夹 |

图 9-12　用三爪自定心卡盘装夹工件的方法

用三爪自定心卡盘装夹工件时，应先将工件置于三个卡爪中找正，轻轻夹紧，然后开动机床使主轴低速旋转，检查工件有无歪斜偏摆，并做好记号。停车后用小锤轻轻校正，然后夹紧工件，及时取下卡盘扳手，将车刀移至车削行程最右端，调整好主轴转速和切削用量后，才可开动机床。

卡盘夹持工件的长度一般不小于 10cm，三个卡爪应避开毛坯的飞边、凸台，工件自卡盘悬伸长度不宜过长，否则易引起切削振动，或顶弯工件及打刀。

9.3.2　四爪单动卡盘

四爪单动卡盘如图 9-13 所示，其固定位置与三爪自定心卡盘相同。四爪单动卡盘具有四个独立分布的卡爪，每个卡爪均可独立移动；卡爪可全部用正爪或反爪装夹工件，也可用一或两个反爪而其余仍用正爪。其夹紧力大于三爪自定心卡盘，适合装夹截面为圆形、方形、椭圆形或其他形状不规则的较重较大的工件，还可将圆形截面工件偏心安装加工出偏心轴或偏心孔。

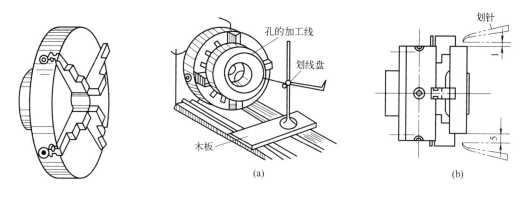

图 9-13　四爪单动卡盘　　　　　　　图 9-14　划线盘找正工件

因四爪单动卡盘的四个卡爪不能联动，欲使工件的回转中心与主轴回转轴心对中，需分别调整四个卡爪的位置，此工作称为找正。一般可用图 9-14（a）所示的划线盘，按工件上已划出的加工界限或基准线找正工件的回转中心。找正时，先使划针与工件表面具有一定间隙，慢慢转动卡盘，观察工件表面什么地方与划针离开远些，什么地方离开近些，然后将离开近些地方的卡爪松开，将对面卡爪旋紧，其卡爪径向调整量约为间隙差值的一半。图 9-14（b）所示的情况，卡爪径向调整量为 2mm。经过这样反复数次，直到把工件找正为止。如果工件安装精度要求较高，可用百分表找正，如图 9-15 所示，其安装精度可达 0.01mm。

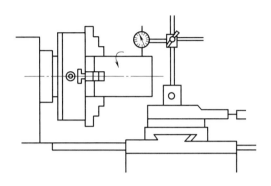

图 9-15　百分表找正工件

9.3.3　顶尖

加工较长的轴和丝杠以及车削后需经铣削、磨削等加工的工件，一般多采用前、后顶尖安装。主轴的旋转运动通过拨盘带动夹紧在轴端的卡箍（也称鸡心夹头）传给工件，见图 9-16。

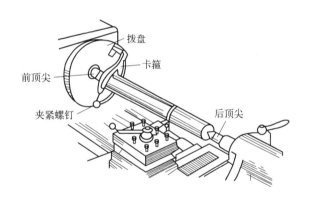

图 9-16　用双顶尖安装工件

用顶尖安装轴类零件的一般步骤如下所述。

（1）在轴的两端钻中心孔　中心孔一般是在车床或钻床上用标准中心钻加工的，加工前应将轴端面车平。如图 9-17 所示，常用的中心孔有普通中心孔和双锥面中心孔两种。中心孔的 60°锥面用于与顶尖的锥面相配合，前面的小圆柱孔是为了保证顶尖和中心孔锥面能紧密接触，同时可储存润滑油。双锥面中心孔的 120°外锥面是防止 60°锥面被碰坏而影响与顶尖的配合。中心孔的尺寸根据工件质量、直径大小确定，大和重的工件应选择较大的中心孔。

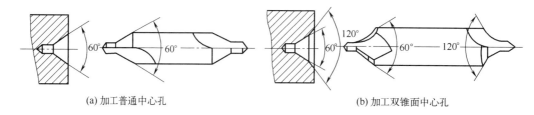

(a) 加工普通中心孔   (b) 加工双锥面中心孔

图 9-17　中心孔和中心钻

（2）安装和校正顶尖　如图 9-18 所示，常用的顶尖有固定顶尖和回转顶尖两种，固定顶尖又分为普通顶尖和反顶尖。前顶尖既可插在一个过渡专用锥套内，再将锥套插入主轴锥孔内，也可将其直接装入主轴锥孔内，并随主轴和工件一起旋转，故采用不需淬火的固定顶尖。后顶尖装在尾座的套筒内，既可用固定顶尖，也可用回转顶尖。前者不随下件一起转动，会因摩擦发热烧损、研坏顶尖或中心孔，但安装工件比较稳固，精度较高，后者随工件一起转动，克服了固定顶尖的缺点，但安装工件不够稳固，精度较低。故一般粗加工、半精加工可用回转顶尖，精加工用淬火的固定顶尖，且应合理选择切削速度。

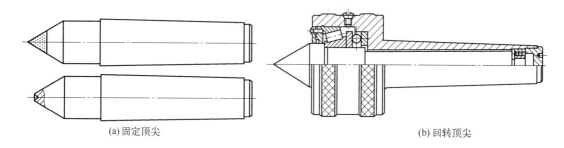

(a) 固定顶尖   (b) 回转顶尖

图 9-18　顶尖

安装顶尖前，要将顶尖尾部锥面及与其配合的主轴和尾座的锥孔擦拭干净，然后装牢、装正。装后顶尖的尾座套筒应尽量伸出短些，以增强支撑刚性，避免切削时振动。装好前、后顶尖后，应将尾座推向床头，检查两顶尖是否在同一轴线上，如图 9-19 所示。对精度要求较高的轴，仅靠目测是不够的，要边加工，边测量，边校正。若顶尖的轴线不重合，如图 9-20 所示，则工件回转轴线与进给方向不重合，轴会被加工成锥体。

(a) 两顶尖轴线重合   (b) 调节顶尖轴线重合

图 9-19　校正顶尖

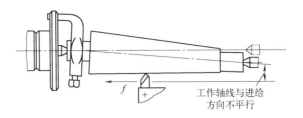

图 9-20　两顶尖未校正车出锥体

（3）安装工件　如图 9-21 所示，首先把鸡心夹头夹紧在轴端，且使工件露出尽量短些。对于已加工过的轴，为避免鸡心夹头的固紧螺钉夹伤工件表面，可在装鸡心夹头处垫以纵向开缝的套筒或铜皮。鸡心夹头有直尾和弯尾两种，见图 9-22。直尾鸡心夹头与带拨杆的拨盘配合使用，如图 9-23 所示。弯尾鸡心夹头既可如图 9-16 所示与带 U 形槽的拨盘配合使用，也可如图 9-24 那样，由卡盘的卡爪代替拨盘传递运动。若用固定顶尖，应在中心孔内涂上黄油。工件安装在顶尖间不能太松或太紧，过松工件不能正确定心，车削时易产生振动，影响加工质量，也不安全；过紧会加剧摩擦，烧损研坏顶尖和中心孔，且会因温升工件无伸长余地而弯曲变形，一般手握工件既感觉不到轴向窜动又转动自如即可。

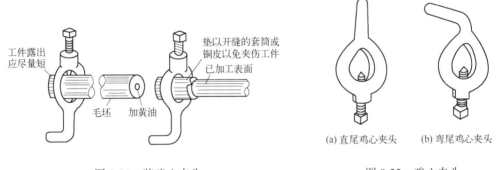

图 9-21　装鸡心夹头

(a) 直尾鸡心夹头　(b) 弯尾鸡心夹头

图 9-22　鸡心夹头

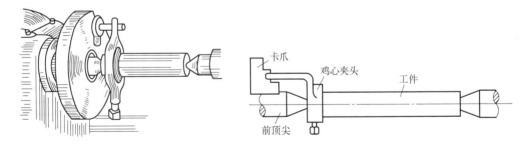

图 9-23　带拨杆的拨盘

图 9-24　用卡盘代替拨盘

对于较长较重的工件，也常采用前卡盘后顶尖的方法装夹，使装夹稳固、安全、能承受较大的切削力，但定心精度较低。

用前、后顶尖安装轴类件，因两端采用锥面定位，所以定位准确度高，即使多次装卸与

153

调头，工件的位置也不变，从而保证工件的各圆柱面有较高的同轴度。

9.3.4 心轴

为了保证盘套类零件的外圆、孔和端面间的位置精度，可利用精加工过的孔把工件装在心轴上，再将心轴安装在前、后顶尖之间或三爪自定心卡盘上，用加工轴类零件的安装方法来精加工盘、套类零件的外圆或端面。

心轴一般用工具钢制造，种类很多，常用的有锥度心轴、圆柱心轴、可胀心轴等。

图 9-25 所示为锥度心轴，心轴两端有中心孔并带扁头，便于装顶尖、鸡心夹头夹紧。此种心轴一般具有 1：5000~1：2000 的微小锥度。工件从小端压入心轴，靠摩擦力与心轴固紧。锥度心轴与工件间对中准确，车出的外圆与孔同轴度较高，装卸方便，但不能承受较大的力矩，多用于盘、套类零件外圆和端面的精加工。

当工件的孔深与孔径之比小于 1~1.5 时，工件套装在锥度心轴上容易歪斜，可采用图 9-26 所示的圆柱心轴安装工件。工件装入心轴后，加上垫圈，用螺母锁紧，然后一并安装在前、后顶尖间。这种心轴夹紧力较大，能承受较大的力矩，但要求工件上与心轴台阶和垫片接触的两个端平面与孔的轴线有较高的垂直度，以免拧紧螺母时心轴变形。由于心轴和孔配合存有间隙，所以对中准确度较锥度心轴低，一般多用于加工大直径盘类件。

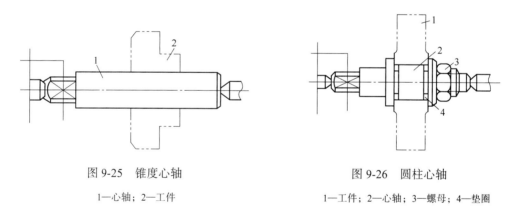

图 9-25　锥度心轴

1—心轴；2—工件

图 9-26　圆柱心轴

1—工件；2—心轴；3—螺母；4—垫圈

图 9-27 所示为可胀心轴，它可以直接装在主轴锥孔内。拧动螺母，可胀锥套轴向移动，靠心轴锥面使锥套胀开，撑紧工件。可胀锥套胀紧工件前，二者有 0.5~1.5mm 的间隙，故装卸工件方便迅速，但对中性与可胀锥套质量有很大关系。

9.3.5 中心架和跟刀架

中心架固定在床身上，有上、前、后三个支承爪，主要用于提高细长轴或悬臂安装工件的支承刚度（见图 9-28）。安装中心架之前先要在工件上车出中心架支承凹槽。车细长轴时中心架装在工件中段；车一端夹持的悬臂工件的端面或钻中心孔，或车削较长的套筒类工件的

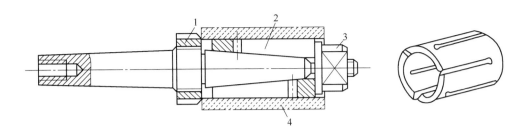

图 9-27　可胀心轴

1—螺母；2—可胀锥套；3—螺母；4—工件

内孔时，中心架装在工件悬臂端附近。在调整中心架三个支承爪的中心位置时，应先调整下面两个爪，然后把盖子盖好固定，最后调上面的一个爪。车削时，支承爪与工件接触处应经常加润滑油，注意其松紧要适当，以防工件拉毛及摩擦发热。

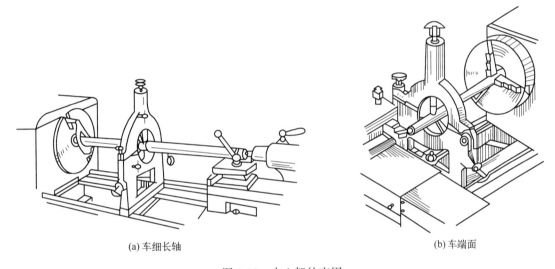

(a) 车细长轴　　　　　　　　　　　　　　　　(b) 车端面

图 9-28　中心架的应用

使用中心架车细长轴时，安装中心架所需辅助时间较多，且一般都要接刀（由于中心架的阻拦而不能从头到尾走刀），因此比较麻烦。

跟刀架固定在车床的床鞍上，跟着车刀一起移动（见图 9-29a），主要用作精车、半精车细长轴（长径比为 30~70）的辅助支承，以防止由于径向切削力而使工件弯曲变形。车削时，先在工件端头上车好一段外圆，然后使跟刀架支承爪与其接触并调整至松紧合适。工作时支承处要加润滑油。由于车削中跟刀架总是跟着车刀而支撑着工件，所以使用跟刀架加工细长轴时可以不要接刀。

三爪跟刀架（见图 9-29b）夹持工件稳固，工件上下、左右的变形均受到限制，不易发生振动。有的跟刀架上只有两个支承爪（见图 9-29c），一个从车刀的对面抵住工件，另一个从上向下压住工件，第三个支承爪由车刀代替。中心架、跟刀架与工件接触的支承爪弧面形状对所车细长轴的精度有较大影响，最好按照工件的直径镗出或用工件研磨、跑合的方法修正支承爪弧面。

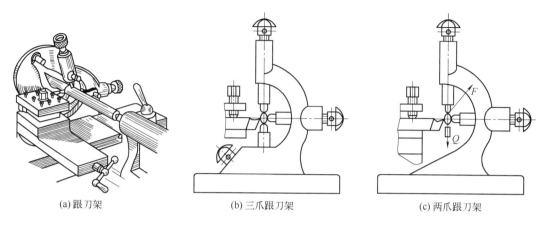

(a) 跟刀架   (b) 三爪跟刀架   (c) 两爪跟刀架

图 9-29　跟刀架及其应用

9.3.6　花盘、弯板

　　加工某些形状不规则的工件时，为保证工件上需加工的表面与安装基准面平行或外圆、孔的轴线与安装基准面垂直，可以把工件直接压紧在花盘上加工，如图 9-30 所示。花盘是一个直接装在车床主轴上的铸铁大圆盘，盘面上有许多长短不等的径向槽，用来穿放压紧螺栓。花盘端平面的平面度较高，并与车床的主轴轴线垂直，所用垫铁高度和压板位置要有利于夹紧工件。用花盘安装工件时，要仔细找正。

　　图 9-31 所示为用花盘、弯板安装工件。弯板多为 90′，其上也有长短不等的直槽，用以穿放紧固螺栓。弯板要有较高的刚度。用花盘、弯板安装工件也要仔细找正。

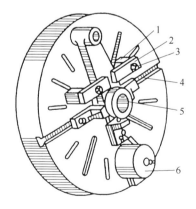

图 9-30　在花盘上安装工件

1—垫铁；2—压板；3—螺栓；4—螺栓槽；

5—工件；6—平衡铁

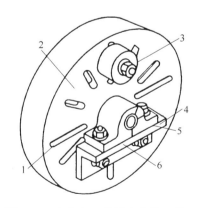

图 9-31　在花盘、弯板上安装工件

1—螺栓槽；2—花盘；3—平衡铁；

4—工件；5—安装基准面；6—弯板

用花盘、弯板安装形状不规则的工件，重心往往偏向一边，需要在另一边加平衡铁予以平衡，以保证旋转时平稳。一般在平衡铁装好后，用手多次转动花盘，如果花盘能在任意位置上停下来，说明已平衡，否则必须重新调整平衡铁在花盘上的位置或增减重量，直至平衡为止。

9.4 车床操作要点

在车削加工零件时，要准确、迅速地调整背吃刀量，以提高加工效率，保证加工质量，要熟练地使用中滑板和小滑板的刻度盘，同时在加工中必须按照操作步骤进行。

9.4.1 刻度盘及其手柄的使用

中滑板的刻度盘紧固在丝杠轴头上，中滑板和丝杠螺母紧固在一起。当中滑板手柄带着刻度盘转一周时，丝杠也转一周，这时螺母带动中滑板移动一个螺距。所以中滑板移动的距离可根据刻度盘上的格数来计算。

例如，C6132车床中滑板丝杠螺距为4mm，中滑板刻度盘等分为200格，故每转一格中滑板移动的距离为4÷200＝0.02（mm），刻度盘转1格，滑板带着刀架移动0.02mm，即径向背吃刀量最小为0.02mm，零件直径减少了0.04mm。

小滑板刻度盘主要用于控制零件长度方向的尺寸，其刻度原理及使用方法与中滑板相同。

加工零件外表面时，车刀向零件中心移动为进刀，远离中心为退刀，而加工内表面时则与其相反。进刀时，必须慢慢转动刻度盘手柄使刻线转到所需的格数。当手柄转过头或试切后发现直径太小需退刀时，由于丝杠与螺母之间存在间隙，会产生空行程（即刻度盘转动而溜板并未移动），因此不能将刻度盘直接退回到所需的刻度，此时一定要向相反方向全部退回，以消除空行程，然后再转到所需要的格数。如图9-32（a）所示，要求手柄转至30刻度，但摇过头到了40刻度，此时不能将刻度盘直接退回到30刻度；如果直接退回到30刻度，则是错误的，如图9-32（b）所示；而应该反转约半周后，再转至30刻度，如图9-32（c）所示。

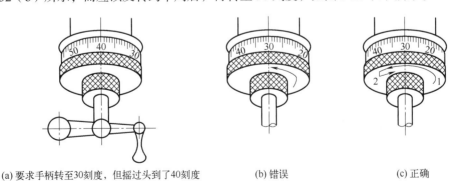

(a) 要求手柄转至30刻度，但摇过头到了40刻度　　(b) 错误　　(c) 正确

图9-32　手柄摇过头后的纠正方法

157

9.4.2　车削步骤

车床上安装好工件和车刀以后，即可开始车削加工，加工中必须按照如下步骤进行：

1）开车对零点，即确定刀具与工件的接触点，作为进背吃刀量（切深）的起点。对零点时必须开车，因为这样不仅可以找到刀具与工件最高处的接触点，而且也不易损坏车刀。

2）沿进给反方向移出车刀。

3）进背吃刀量（切深）。

4）走刀切削。

5）如需再切削，可将车刀沿进给反方向移出，再进背吃刀量进行切削。如不再切削，则应先将车刀沿进背吃刀量的反方向退出，脱离工件的已加工表面，再沿进给反方向退出车刀。

9.4.3　粗车和精车

车削一个零件，往往需要经过多次走刀才能完成。为了提高生产效率，保证加工质量，生产中常把车削加工分为粗车和精车(零件精度要求高需要磨削时,车削分为粗车和半精车)。

（1）粗车　粗车的目的是尽快地从工件上切去大部分加工余量，使工件接近最后的形状和尺寸。粗车要给精车留有合适的加工余量，而精度和表面粗糙度则要求较低，粗车后尺寸公差等级一般为ITll~ITl4，表面粗糙度 Ra 值一般为 12.5~50μm。

实践证明，加大背吃刀量不仅可以提高生产率，而且对车刀的耐用度影响不大。因此粗车时应优先选用较大的背吃刀量，其次根据可能性适当加大进给量，最后选用中等或中等偏低的切削速度。

在 C6136 或 C6132 卧式车床上使用硬质合金车刀粗车时，常用切削用量的选用范围为：背吃刀量 $a_p \approx 2$~4mm；进给量 $f \approx 0.15$~0.40mm/r；切削速度 v_c 因工件材料不同而略有不同，切钢时取 50~70m/min，切铸铁时可取 40~60m/min。

粗车铸件时，因工件表面有硬皮，如果背吃刀量过小，刀尖容易被硬皮碰坏或磨损，因此第一刀的背吃刀量应大于硬皮厚度。

选择切削用量时，要看加工时工件的刚度和工件装夹的牢固程度等具体情况。若工件夹持的长度较短或表面凹凸不平，则应选用较小的切削用量。粗车给精车（或半精车）留的加工余量一般为 0.5~2mm。

（2）精车　精车的目的是要保证零件的尺寸精度和表面粗糙度等要求，尺寸公差等级可达 IT7~IT8，表面粗糙度 Ra 值可达 1.6μm。

精车时，完全靠刻度盘定背吃刀量来保证工件的尺寸精度是不够的，因为刻度盘和丝杠的螺距均有一定误差，往往不能满足精车的要求。必须采用试切的方法来保证工件精车的尺寸精度。现以图 9-33 所示的车外圆为例，说明试切的方法与步骤。

图 9-33 中（a）~（e）是试切的一个循环。如果尺寸合格，就以该背吃刀量车削整个表面；如果未到尺寸，就要自第（f）步起重新进刀、切削、度量；如果试车尺寸小了，必须按图 9-32（c）所示的方法加以纠正继续试切，直到试切尺寸合格以后才能车削整个表面。

精车的另一个加工目的是保证加工表面的粗糙度要求。减小表面粗糙度 Ra 值的主要措施如下：

1）选择几何形状合适的车刀。如采用较小的副偏角 K'_r，或刀尖磨有小圆弧等，均能减小残留面积，使 Ra 值减小。

2）选用较大的前角 γ_0，并用油石把车刀的前刀面和后刀面打磨得光一些，也可使 Ra 值减小。

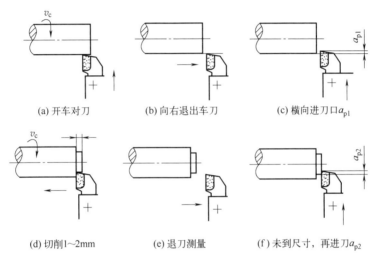

(a) 开车对刀　　　　　(b) 向右退出车刀　　　　　(c) 横向进刀口 a_{p1}

(d) 切削1~2mm　　　　(e) 退刀测量　　　　(f) 未到尺寸，再进刀 a_{p2}

图 9-33　试切方法与步骤

3）合理选择精车时的切削用量。生产实践证明，车削钢件时较高的切速（$v_c \geqslant 100\text{m/min}$）或较低的切速（$v_c \leqslant 5\text{m/min}$）都可获得较小的 Ra 值。采用低速切削，生产率较低，一般只在刀具材料为高速钢或精车小直径的工件时才采用。选用较小的背吃刀量对减小 Ra 值较为有利。但背吃刀量过小 [$a_p <$（0.03~0.05mm）]，因工件上原有的凹凸不平表面不能完全切除而达不到要求。采用较小的进给量可使残留面积减小，因而有利于减小 Ra 值。精车的切削用量选择范围推荐如下：背吃刀量 a_p 取 0.3~0.5mm（高速精车）或 0.05~0.10mm（低速精车）；进给量 $f \approx 0.05~0.20\text{mm/r}$；用硬质合金车刀高速精车钢件切速 v_c 取 100~200m/min，高速精车铸铁件取 60~100m/min。

4）合理使用切削液也有助于降低表面粗糙度。低速精车钢件使用乳化液，低速精车铸铁件多用煤油。

9.4.4　车床安全操作规程

为了保持车床的精度，延长其使用寿命以及保障人身和设备的安全，除平时进行严格的维护保养外，操作时还必须严格遵守下列安全操作规程。

1）开车前：①上班时应对机床进行加油润滑；②检查机床各部分机构是否完好，皮带安全罩是否装好；③检查各手柄是否处于正常位置。

2）安装工件：①工件要夹正、夹紧；②装卸工件后必须立即取下三爪扳手；③装卸大工件时应在床面上铺垫木板。

3）安装刀具：①刀具要夹紧，要正确使用方刀架扳手，防止滑脱伤人；②装卸刀具和切削工件时要先锁紧方刀架；③装好工件和刀具后要进行极限位置检查。

4）开车时：①不能改变主轴转速；②溜板箱上的纵、横向自动手柄不能同时抬起；③不能在旋转工件上度量尺寸；④不能用手摸旋转工件，不能用手拉切屑；⑤不许离开机床，要精神集中；⑥切削时要戴好防护眼镜。

5）下班时：①擦净机床，整理场地，切断机床电源；②擦机床时，小心刀尖、切屑等物划伤手臂；③擦拭导轨摇动溜板箱时，切勿使刀架或刀具与主轴箱、卡盘、尾座相撞。

6）发生事故时：①立即停车切断电源；②保护好现场；③及时向有关人员汇报，以便分析原因，总结经验教训。

9.4.5 车削质量检验

由于各种因素的影响，车削加工可能会产生多种质量缺陷，每个工件车削完毕都需要对其进行质量检验。经过检验，及时发现加工存在的问题，分析质量缺陷产生的原因，提出改进措施，保证车削加工的质量。

车削加工的质量主要是指外圆表面、内孔及端面的表面粗糙度、尺寸精度、形状精度和位置精度。

经过检验后，车削加工外圆、内孔和端面可能出现的质量缺陷及产生原因和解决措施见表 9-4~表 9-6。

表 9-4　车外圆质量缺陷原因分析及预防措施

质量缺陷	产生原因	预防措施
尺寸超差	看错进刀刻度	看清并记住刻度盘读数刻度，记住手柄转过的圈数
	盲目进刀	根据余量计算背吃刀量，并通过试切法来修正
	量具有误差或使用不当，量具未校零，测量、读数不正确	使用前检查量具和校零，掌握正确的测量和读数方法
圆度超差	主轴轴线漂移	调整主轴组件
	毛坯余量或材质不均，产生误差复映	采用多次走刀
	质量偏心引起离心惯性力	加平衡块
圆柱度超差	刀具磨损	合理选用刀具材料，降低工件硬度，使用切削液

质量缺陷	产生原因	预防措施
圆柱度超差	工件变形	使用顶尖、中心架、跟刀架，减小刀具主偏角
	尾座偏移	调整尾座
	主轴轴线角度摆动	调整主轴组件
阶梯轴同轴度超差	定位基准不统一	用中心孔定位或减少装夹次数
表面粗糙度数值大	切削用量选择不当	提高或降低切削速度，减小走刀量和背吃刀量
	刀具几何参数不当	增大前角和后角，减小副偏角
	破碎的积屑瘤	使用切削液
	切削振动	提高工艺系统刚性
	刀具磨损	及时刃磨刀具并用油石磨光，使用切削液

表 9-5 车端面质量缺陷原因分析及预防措施

质量缺陷	产生原因	预防措施
平面度超差	主轴轴向窜动引起端面不平	调整主轴组件
	主轴轴线角度摆动引起端面内凹或外凸	调整主轴组件
垂直度超差	二次装夹引起工件轴线偏斜	二次装夹时严格找正或采用一次装夹加工
阶梯轴同轴度超差	定位基准不统一	用中心孔定位或减少装夹次数
表面粗糙度数值大	切削用量选择不当	提高或降低切削速度，减小走刀量和背吃刀量
	刀具几何参数不当	增大前角和后角，减小副偏角，右偏刀由中心向外进给

表 9-6 车床镗孔质量缺陷原因分析及预防措施

质量缺陷	产生原因	预防措施
尺寸超差	看错进刀刻度	看清并记住刻度盘读数刻度，记住手柄转过的圈数
	盲目进刀	根据余量计算背吃刀量，并通过试切法来修正
	镗刀口与孔壁产生运动干涉	重新装夹镗刀并空行程试走刀，选择合适的刀杆直径
	工件热胀冷缩	粗、精加工相隔一段时间或加切削液
	量具有误差或使用不当	使用前检查量具和校零，掌握正确的测量和读数方法
圆度超差	主轴轴线漂移	调整主轴组件
	毛坯余量或材质不均，产生误差复映	采用多次走刀
	卡爪引起夹紧变形	采用多点夹紧，工件增加法兰
	质量偏心引起离心惯性力	加平衡块

质量缺陷	产生原因	预防措施
圆柱度超差	刀具磨损	合理选用刀具材料，降低工件硬度，使用切削液
	主轴轴线角度摆动	调整主轴组件
与外圆同轴度超差	二次装夹引起工件轴线漂移	二次装夹时严格找正或在一次装夹加工出外圆和内孔
表面粗糙度数值大	切削用量选择不当	提高或降低切削速度，减小走刀量和背吃刀量
	刀具几何参数不当	增大前角和后角，减小副偏角
	破碎的积屑瘤	使用切削液
	切削振动	减小镗杆悬伸量，增加刚性
	刀具装夹偏低引起孔刀直刀杆底部与孔壁摩擦	使刀尖高于工件中心，减小刀头尺寸
	刀具磨损	及时刃磨刀具并用油石磨光，用切削液

第10章 铣削加工

教学目标	本章重点
（1）熟悉铣削加工的基本概念； （2）了解铣削的车床结构； （3）掌握铣削附件和工件安装； （4）掌握铣削工艺和齿轮加工。	铣床附件和工件安装、铣削工艺。
	本章难点
	铣削工艺和齿轮加工。

思政目标
通过对铣削加工知识的学习，培养学生具有精益求精的精神，使学生知道获得一个优质加工产品每一步都需要认真细致，以此培养工匠精神和保护环境的意识。

10.1 铣削加工概述

10.1.1 铣削加工的范围及特点

铣削是用多刃铣刀在铣床上完成的切削加工，刀具的散热条件好，允许有较大的进给量和较高的切削速度，加工效率较高。铣削加工时，主运动是铣刀的旋转运动。由于铣削是多齿断续切削，切削面积和切削厚度随时变化，铣刀刀齿不断切入和切出，切削力不断变化，容易产生冲击和振动，影响加工表面的质量，所以铣削加工对机床的刚度和抗振性能有较高的要求。工件或铣刀的直线移动为进给运动，适用于加工各种平面（水平面、垂直面、斜面）、台阶、沟槽（直角沟槽、V形槽、燕尾槽、T形槽等）及各种特殊型面。装上分度头还可加工需周向等分的花键、齿轮、螺旋槽等。在铣床上也可以进行钻孔、铰孔和镗孔等工作。铣

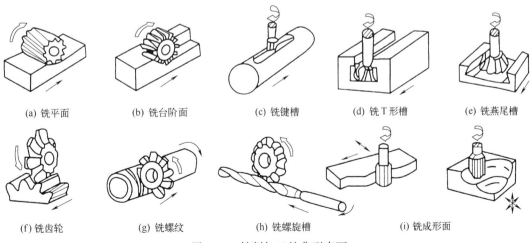

(a) 铣平面 (b) 铣台阶面 (c) 铣键槽 (d) 铣T形槽 (e) 铣燕尾槽

(f) 铣齿轮 (g) 铣螺纹 (h) 铣螺旋槽 (i) 铣成形面

图 10-1 铣削加工的典型表面

削加工的典型表面如图 10-1 所示。铣床加工的公差等级一般为 IT9~IT8；表面粗糙度 Ra 值一般为 6.3~1.6μm。

10.1.2 铣削运动和铣削用量

铣削要素如图 10-2 所示。

（1）铣削速度 v　铣削速度是指铣刀最大直径处切削刃的线速度，单位为 m/min。

（2）进给量　进给量是指工件与铣刀沿进给方向的相对位移量。有如下三种表示方式。

1）每齿进给量 f_z　即铣刀每转过一齿时，工件与铣刀沿进给方向的相对位移，单位为 mm/齿。

2）每转进给量 f　即铣刀每转一圈，工件与铣刀沿进给方向的相对位移，单位为 mm/r。

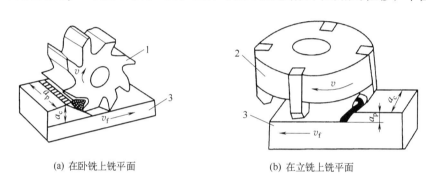

(a) 在卧铣上铣平面　　　　　　　(b) 在立铣上铣平面

图 10-2　铣削运动及铣削要素

1—圆柱铣刀；2—端铣刀；3—工件

3）每分钟进给量 v_f　即工件在铣削过程中每分钟相对于铣刀移动的距离，单位为 mm/min。

（3）铣削深度 a_p　铣削深度是指平行于铣刀轴线方向测量的切削层尺寸，单位为 mm。切削层是指工件上正被刀刃切削的那层金属。圆周铣削时，a_p 为已加工表面宽度；端铣时，a_p 为切削层的深度。

（4）铣削宽度 a_e　铣削宽度是指垂直于铣刀轴线方向测量的切削层尺寸，单位为 mm。圆周铣削时，a_e 为切削层深度；端铣时，a_e 为已加工表面的宽度。

10.2　铣床

10.2.1　铣床的种类和型号

铣床是指作旋转主运动的铣刀对作直线进给运动的工件进行铣削加工的机床。铣床的种类很多，根据它的结构形式不同，主要分为卧式万能升降台式铣床、立式升降台式铣床和龙门铣床、万能工具铣床、仿形铣床以及各种专门化铣床等。

（1）铣床型号的基本组成　铣床型号由基本部分和辅助部分组成。两者中间用"/"隔开，以示区别。基本部分包括类别、通用特性、组、系、主参数、重大改进等；辅助部分包括其他特性代号和企业代号等。

（2）型号示例 在铣床型号中，铣床类用大写汉语拼音字母"X"表示；组代号和名称见表 10-1；常用铣床的组系代号、名称和主参数见表 10-2。

表 10-1 铣床型号的组代号和名称

铣床类	组代号和名称										
	代号	0	1	2	3	4	5	6	7	8	9
K	名称	仪表铣床	悬臂及滑枕铣床	龙门铣床	平面铣床	仿形铣床	立式升降台式铣床	卧式升降台式铣床	床身铣床	工具铣床	其他铣床

表 10-2 常用铣床的组系代号、名称和主参数

组		系			主参数
代号	名称	代号	名称	折算系数	名称
5	立式升降台式铣床	0	立式升降台式铣床	1/10	工作台面宽度
		1	立式升降台式镗铣床	1/10	
		2	摇臂铣床	1/10	
		3	万能摇臂铣床	1/10	
		4	摇臂镗铣床	1/10	
		5	转塔升降台式铣床	1/10	
		6	立式滑枕升降台式铣床	1/10	
		7	万能滑枕升降台式铣床	1/10	
		8	圆弧铣床	1/10	
6	卧式升降台式铣床	0	卧式升降台式铣床	1/10	工作台面宽度
		1	万能升降台式铣床	1/10	
		2	万能回转头铣床	1/10	
		3	万能摇臂铣床	1/10	
		4	卧式回转头铣床	1/10	
		5	广用万能铣床	1/10	
		6	卧式滑枕升降台式铣床	1/10	

常用铣床型号的表示方法举例如下。

165

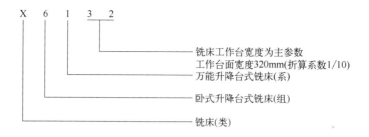

X 6 1 3 2

铣床工作台宽度为主参数
工作台面宽度320mm(折算系数1/10)
万能升降台式铣床(系)
卧式升降台式铣床(组)
铣床(类)

10.2.2 升降台式铣床

升降台式铣床是铣床中应用最普遍的一种类型，有卧式升降台式铣床、立式升降台式铣床、万能升降台式铣床三大类，适合在单件、小批以及成批生产中加工小型零件。

升降台式铣床的结构特征是：主轴带动铣刀旋转实现主运动。其轴线位置通常固定不动，工作台可在相互垂直的三个方向上调整位置，带动工件在其中任意方向上实现进给运动。

卧式升降台式铣床如图 10-3 所示，其主轴水平布置，床身 1 固定在底座 8 上，用于安装和支承机床各部件。床身内装有主轴部件、主运动变速传动机构及其操纵机构等，床身顶部的燕尾导轨上装有可沿主轴 3 轴线方向调整其前后位置的悬架 2，悬架上的刀杆支架 4 用于支承刀杆的悬伸端，升降台 7 装在床身 1 的垂直导轨上，可以上下（垂直）移动，升降台内装有进给电动机、进给运动变速传动机构及其操纵机构等。升降台的水平导轨上装有床鞍 6，可沿平行于主轴轴线的方向（横向）移动，工作台 5 装在床鞍的导轨上，可沿垂直于主轴轴线的方向（纵向）移动。固定在工作台上的工件，可随工作台一起，在相互垂直的三个方向上，实现任意方向的进给运动或位置调整。

万能升降台式铣床的结构与卧式升降台式铣床基本相同，但在工作台 5 和床鞍 6 之间增加了一层转盘。转盘相对于床鞍在水平面内可绕垂直轴线在 145° 范围内转动，当转盘偏转一角度时，工作台可作斜向进给，以便加工螺旋槽等表面。

当卧式升降台式铣床配置立铣头后，可作立式升降台式铣床使用，增大了机床的工艺范围。

立式升降台式铣床与卧式升降台式铣床的主要区别在于：它的主轴与工作台台面相垂直，可用端铣刀或立铣刀加工平面、斜面、沟槽、台阶、齿轮、凸轮等表面。图 10-4 所示为常见的一种立式升降台式铣床，其工作台 3、床鞍 4 及升降台 5 的结构与卧式升降台式铣床相同，铣头 1 可根据加工要求在垂直平面内调整角度，主轴 2 可沿其轴线进给或调整位置。在立式铣床上能装上镶有硬质合金刀片的端铣刀进行高速铣削。立铣在加工不通的沟槽、台阶面等平面时，比卧铣方便。在模具加工中，立式铣床最适合加工模具型腔和凸模成形表面。

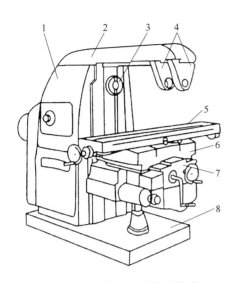

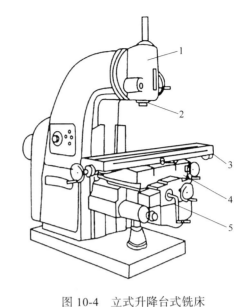

图 10-3　卧式升降台式铣床

1—床身；2—悬架；3—主轴；4—刀杆支架；5—工作台；

6—床鞍；7—升降台；8—底座

图 10-4　立式升降台式铣床

1—铣头；2—主轴；3—工作台；4—床鞍；5—升降台

10.2.3　龙门铣床

龙门铣床的外形如图 10-5 所示。机床主体结构为龙门式框架，横梁 3 可以在立柱 5 上升降，以适应加工不同高度的工件。横梁上装有两个铣削主轴箱（即垂直铣头）4 和 8，两个立柱上分别装有两个水平铣头 2 和 9，每个铣头都是一个独立的运动部件，内装主运动变速机构、主轴及操纵机构。工件装在工作台 1 上，工作台可在床身上作水平的纵向运动，立铣头可在横梁上作水平的横向运动，卧铣头可在立柱上升降，这些运动可以是进给运动，也可以是调整铣头与工件间相对位置的快速调位运动，而主运动是铣刀的旋转运动。加工时，工作台带动工件作纵向进给运动，工件从铣刀下通过后，就被加工出来。

龙门铣床刚度高，主要用来加工大型工件上的平面和沟槽，可多刀同时加工多个表面或多个工件，是一种大型高效通用的铣床，适用于大批量生产。

10.2.4　圆台铣床

圆台铣床可分为单轴和双轴两种形式，图 10-6 所示为双轴圆台铣床。主轴箱 5 的两个主轴上，分别安装有用于粗铣和半精铣的端铣刀，滑座 2 可沿床身 1 的导轨横向移动，以调整圆工作台 3 与主轴间的横向位置，主轴箱 5 可沿立柱 4 的导轨升降；主轴也可在主轴箱中调整其轴向位置，以便使刀具与工件的相对位置准确。加工时，可在工作台 3 上装夹多个工件，圆工作台 3 作连续转动，由两把铣刀分别完成粗、精加工。由于装卸工件的辅助时间与切削时间重合，生产效率较高。这种铣床的尺寸规格介于升降台式铣床与龙门铣床之间，适合在

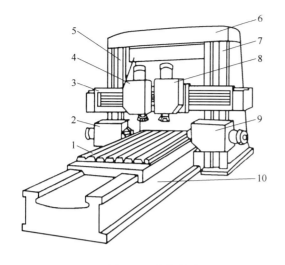

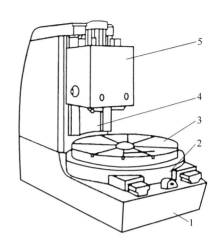

图 10-5　龙门铣床

1—工作台；2、9—水平铣头；3—横梁；4、8—垂直铣头；

5、7—立柱；6—顶梁；10—床身

图 10-6　双轴圆台铣床

1—床身；2—滑座；3—圆工作台；

4—立柱；5—主轴箱

成批大量生产中加工中、小型零件的平面。

10.3　铣床附件及工件的安装

10.3.1　铣床附件

铣床附件主要有平口虎钳、回转工作台、万能铣头、万能分度头等。

（1）平口虎钳　平口虎钳是铣床常用附件之一，它有固定钳口和活动钳口两种，通过丝杠、螺母传动调整平口虎钳的钳口间距离，以安装不同宽度的工件。平口虎钳是一种通用夹具，其结构简单，夹紧可靠。平口虎钳使用时安装在工作台的 T 形槽内，工作时应先校正其在工作台上的位置，然后再夹紧工件。

（2）回转工作台　回转工作台又称转台或圆工作台，利用它可以铣削圆形表面和曲线槽，有时用来作等分工作，在圆工作台上配置三爪自定心卡盘，就可以铣削四方、六方等工件。回转工作台有手动和机动等形式，如图 10-7 所示。它的内部有一副蜗轮蜗杆，手轮与蜗杆同轴连接，转台与蜗轮连接。转动手轮，通过蜗轮蜗杆副的传动使转台转动。转台周围有刻度，用来观察和确定转台位置，手轮上的刻度盘也可读出转台的准确位置。回转工作台一般用于零件的分度和非整圆弧面的加工。

如图 10-8 所示，铣圆弧槽时，工件安装在回转工作台上绕铣刀旋转，用手（或机动）均匀缓慢地摇动回转工作台，就可以铣出工件上的圆弧槽。

168

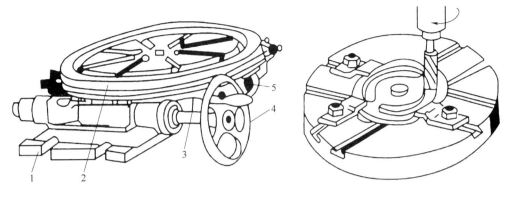

图 10-7　回转工作台　　　　　　　图 10-8　在回转工作台上铣圆弧槽

1—底座；2—转台；3—蜗杆轴；4—手轮；5—螺钉

（3）万能立铣头　在卧式铣床上安装万能立铣头可以扩大卧式铣床的加工范围。根据铣削的需要，可把立铣头主轴扳成任意角度，如图 10-9 所示。其底座用 4 个螺栓固定在铣床的垂直导轨上。铣床主轴的运动通过铣头内的两对齿数相同的锥齿轮传到铣头主轴上，因此铣头主轴的转速级数与铣床的转速级数相同。

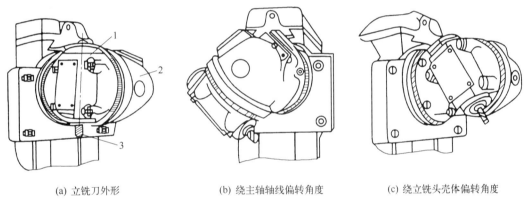

(a) 立铣刀外形　　　　　(b) 绕主轴轴线偏转角度　　　　　(c) 绕立铣头壳体偏转角度

图 10-9　万能立铣头

1—立铣头主轴壳体；2—立铣头壳体；3—铣刀

立铣头壳体可绕铣床主轴偏转任意角度，立铣头主轴壳体还能相对立铣头壳体偏转任意角度。因此，铣头主轴就能在空间偏转所需要的任意角度，从而扩大了卧式铣床的加工范围。

（4）万能分度头　铣削加工中经常需要工件按要求旋转一定的角度，这种转角工作称为分度。分度头就是一种用来分度的装置，是铣床的主要附件之一，它主要用于加工多面体零件（如四方头螺栓、六角头螺钉、螺母等）、花键轴、离合器等。分度头有多种类型，其中万能分度头应用较广泛。图 10-10 所示为铣床万能分度头结构。万能分度头的基座上装有回转体，分度头主轴可随回转体在垂直平面内作向上 90°和向下 10°范围内的转动。分度头主轴前端常装有三爪自定心卡盘或顶尖。进行分度操作时，需拔出定位销并转动手柄，通过齿数比

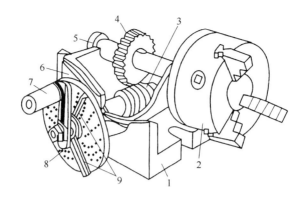

图 10-10 铣床万能分度头

1—基座；2—三爪卡盘；3—单头蜗杆；4—蜗轮；5—分度头主轴；6—旋转体；7—手柄；8—分度盘；9—扇形夹

为 1∶40 的蜗轮蜗杆传动副带动主轴旋转，即可完成分度。

使用分度头进行分度的方法很多，有直接分度法、简单分度法、角度分度法和差动分度法，这里介绍常用的简单分度法和差动分度法。

1）简单分度法 简单分度直接利用分度盘进行（见图 10-11）。分度时，用锁紧螺钉将分度盘固定，旋转手柄，通过蜗杆、蜗轮使主轴转动。手柄转一转，主轴及工件转 1/40 转（转过 9°）。若工件需分成 z 等分，则每铣完一等分后，主轴应转过 1/z 转，手柄便应转 n 转，即

$$n = \frac{40}{z} = a + \frac{P}{g}$$

式中 a——每次分度时，手柄应转过的整数转（当 $z>40$ 时，$a=0$）；

  g——分度盘上所适用孔圈的孔数；

  P——手柄在适用孔圈卜转过的孔数。

例如，铣有 35 个齿的齿轮，每铣一个齿（即工件应转过 1/35 转），手柄便应转的转数为

$$n = \frac{40}{z} = \frac{40}{35} = 1\frac{5}{35} = 1\frac{1}{7} = 1\frac{4}{28} = \left(1 + \frac{4}{28}\right) 转$$

28、42、49 均为分度盘上具有的孔圈孔数。如选用 28 个孔的孔圈，则每铣一个齿，手柄应转一整转，再在 28 个孔的孔圈上转过 4 个孔。为便于记录所转过的孔数，可使用分度叉，分度叉的两个脚可调整为任意角度。

简单分度法只适用于分度数 z 与分度盘上具有的孔圈孔数相同，或用 40／z 约分后，其分母为分度盘上某道孔圈孔数的因数。

2）差动分度法 差动分度时按转动的分度盘计算手柄的转数。为此，应在分度头主轴后锥孔内装入心轴，在心轴和分度盘轴之间装上挂轮 z_1、z_2、z_3、z_4（见图 10-11）。这样手柄转动时（弹簧销应从分度盘中拔出），主轴回转，经挂轮带动分度盘回转（松开分度盘紧固螺钉）。手柄实际转数等于手柄相对分度盘的转数与分度盘本身转数的代数和。分度盘转向可和手柄转向相同，也可相反，要视具体情况，通过加与不加介轮来调整。差动分度时，挂轮计算如

170

下：若把工件分为 z 等分，而 z 为质数，且 $z>40$，分度头主轴每次分度应转 $40/z$ 转（见图 10-12），即手柄由 A 转到 B 处，但若 B 处无相应的孔，就不能用简单分度法。

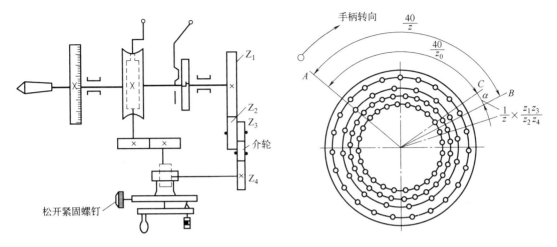

图 10-11　万能分度头传动系统　　　　图 10-12　手柄与分度头的转数关系

此时应先假设一个接近于所需等分数，且能用简单分度法进行分度的等分数 z_0，若按 z_0 计算手柄转数，则应转 $40/z_0$ 转，即由 A 转至 C 处。但这样分度会产生误差（即 α 角）。若能在分度过程中将 C 处孔转到 B 处（即分度盘相对转过 α 角），就不会产生误差。分度盘的这一转动可通过挂轮实现。可见，每次分度时手柄实际转数 $40/z$ 应等于手柄相对于分度盘转过的 $40/z_0$ 转与分度盘自身转过的 $\dfrac{1}{z}\times\dfrac{z_1z_3}{z_2z_4}$ 转之和，即

$$\frac{40}{z}=\frac{40}{z_0}+\frac{1}{z}\times\frac{z_1z_3}{z_2z_4}$$

移项整理后得

$$\frac{z_1z_3}{z_2z_4}=40\frac{\left(z_0-z\right)}{z_0}$$

式中　z_1、z_3——主动挂轮齿数。

　　　z_2、z_4——从动挂轮齿数。

　　　z——实际等分齿数。

　　　z_0——假设等分齿数。

若 $z_0>z$，传动比 $\dfrac{z_1z_3}{z_2z_4}$ 为正值，说明分度盘与手柄的转向相同，分度头不加介轮；若 $z_0<z$，则传动比为负值，说明两者转向相反，分度头需加介轮。

万能分度头适用于单件小批生产以及维修工作。

10.3.2 工件的安装

铣床上常用的工件安装方法有以下几种。

1）用平口虎钳安装。如图 10-13 所示，应使铣削力方向趋向固定钳口方向。

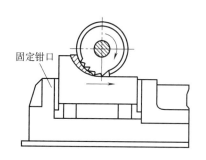

图 10-13　平口虎钳安装工件

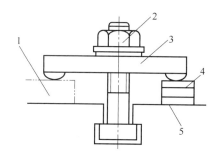

图 10-14　铣床万能分度头用压板和螺栓固定工件

1—工件；2—螺栓；3—压板；4—垫铁；5—工作台

2）用压板、螺栓安装。工件在铣床上常用的安装方法如图 10-14 所示。

3）用分度头安装。分度头安装工件一般用在等分工件中。它既可用分度头卡盘（或顶尖）与尾座顶尖一起安装轴类工件（见图 10-15），也可只用分度头卡盘安装一般工件（见图 10-16）。

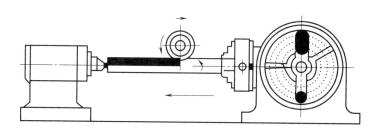

图 10-15　用分度头与尾座顶尖安装工件

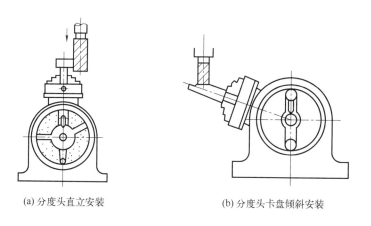

(a) 分度头直立安装　　　　　(b) 分度头卡盘倾斜安装

图 10-16　用分度头卡盘安装工件

4）用专用夹具装夹。为了保证零件的加工质量，常用各种专用夹具装夹工件。专用夹具就是根据工件的几何形状及加工方式特别设计的工艺设备。它不仅可以保证加工质量，提高劳动生产率，减轻劳动强度，而且可以使许多通用机床加工形状复杂的工件。

5）用组合夹具装夹。由于工业的迅速发展，产品种类繁多，结构形式变化很快，常需中、小批量和试制生产。这种情况要求夹具既能适应工件的变化，保证加工质量的不断提高，又要尽量缩短生产准备时间。组合夹具是由一套预先准备好的各种不同形状、不同规格尺寸的标准元件所组成，可以根据工件形状和工序要求，装配成各种夹具。当每个夹具用完以后，便可拆开，并经清洗、油封后存放起来，需要时再重新组装成其他夹具。这种方法给生产带来很大的方便。

10.4 铣削工艺

常见的铣削工艺有铣平面、铣斜面、铣沟槽、铣成形面、钻孔、镗孔，以及铣螺旋槽等。

10.4.1 铣平面

平面铣削有周铣和端铣两种方式，如图 10-17、图 10-18 所示。

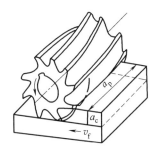

图 10-17　周铣

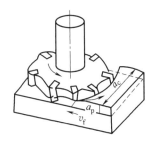

图 10-18　端铣

（1）周铣法　周铣是用圆柱形铣刀圆周上的刀齿对工件进行切削，根据铣刀旋转方向和工件移动进给方向的关系，可分为逆铣和顺铣两种，如图 10-19、图 10-20 所示。在切削部位刀齿的运动方向和工件的进给方向相反时，称为逆铣；相同时，称为顺铣。

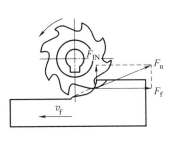

图 10-19　逆铣

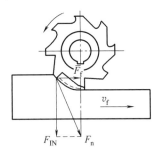

图 10-20　顺铣

逆铣时，每个刀齿的切削层厚度是从零增大到最大值，由于铣刀刃处总有圆弧存在，而不是绝对尖锐的，所以在刀齿接触工件的初期，不能切入工件，而是在工件表面上挤压、滑行，使刀尖与工件之间的摩擦加大，加速刀具磨损，同时也使加工表面质量下降。顺铣时，每个刀尖的切削层厚度是由最大减小到零，从而避免了上述缺点。逆铣时，铣削力上抬工件；而顺铣时，铣削力将工件压向工作台，从而减少了工件振动的可能性，尤其是在铣削薄而长的工件时更为有利。

由上述分析可知，从提高刀具耐用度和工件表面质量、增加工件夹持的稳定性等方面出发，一般以采用顺铣法为宜。但是，顺铣时忽大忽小的水平分力 F_f 与工件的进给方向是相同的。而工作台进给丝杠与固定螺母之间一般都存在间隙，如图 10-21 所示，该间隙在进给方向的前方。由于 F_f 的作用（当 F_f 大于进给力时）就会使工件连同工作台和丝杠一起向前窜动，造成进给量突然增大，甚至引起打刀。窜动产生后，间隙在进给方向的后方，又会造成丝杠仍在旋转，而工作台暂时不进给的现象。而逆铣时，水平分力 F_f 与进给方向相反，铣削过程中，工作台丝杠始终压向螺母，不致因为间隙的存在而引起工件窜动。目前，一般铣床未设有消除工作台丝杠与螺母之间间隙的装置，所以在生产中仍多采用逆铣法。

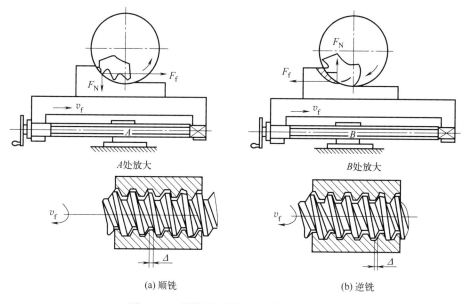

图 10-21 顺铣和逆铣对进给机构的影响

另外，当铣削带有黑皮的表面时，如对铸件或锻件表面的粗加工，若用顺铣法，因刀具首先接触黑皮，将加剧刀齿的磨损，所以也应采用逆铣法。

（2）端铣法 端铣法是以端铣刀端面上的刀刃铣削工件表面的一种加工方式。由于端铣刀具有较多同时工作的刀齿，所以加工表面粗糙度较低，并且铣刀的耐用度、生产效率都比周铣法高，根据铣刀和工件相对位置的不同，端铣法可以分为对称铣削法和不对称铣削法，如图 10-22 所示。

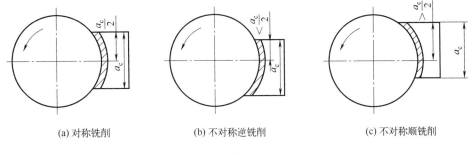

(a) 对称铣削　　　　　　(b) 不对称逆铣削　　　　　　(c) 不对称顺铣削

图 10-22　端铣法的方式

工件相对铣刀回转中心处于对称位置时称为对称铣。此时，刀齿切入工件与切出工件时的切削厚度相同。每个刀齿在切削过程中，有一半是逆铣、有一半是顺铣。当刀齿刚切入工件时，切屑较厚，没有滑行现象；但在转入顺铣阶段后，对称端铣与圆柱铣刀顺铣的方式一样，会使工作台顺着进给方向窜动，造成不良后果。生产中对称端铣方式适宜于加工淬硬钢件，因为它可以保证刀齿超越冷硬层切入工件，能提高端铣刀的耐用度和获得粗糙度较均匀的加工表面。

铣削时，切入时的切削厚度小于或大于切出时的切削厚度，称为不对称铣削，这种铣削方式又可分为不对称逆铣削和不对称顺铣削两种。

不对称逆铣削刀齿切入工件时的切削厚度小于切出时的厚度。这种铣削方式在加工碳钢及高强度合金钢之类的工件时，可减少切入时的冲击，能提高硬质合金端铣刀耐用度 1 倍以上。不对称逆铣方式还可减少工作台的窜动现象，特别是在铣削中采用大直径的端铣刀加工较窄平面时，切削很不平稳，若采用逆铣成分比较多的不对称端铣方式将更为有利。

不对称顺铣削刀齿以最大的切削厚度切入，以最小的切削厚度切出。实践证明：不对称顺铣用于加工不锈钢和耐热合金时，可以减少硬质合金刀具的热裂磨损，可使切削速度提高 40%~60%，提高刀具耐用度达 3 倍之多。

端铣法可以通过调整铣刀和工件的相对位置，调节刀齿切入和切出时的切削厚度，从而达到改善铣削过程的目的。一般情况下，当工件宽度接近铣刀直径时，采用对称铣；当工件较窄时，采用不对称铣。

（3）周铣法与端铣法的比较

1）端铣的加工质量比周铣高。端铣与周铣相比，同时工作的刀齿数多、铣削过程平稳，端铣的切削厚度虽小，但不像周铣时切削厚度最小时为零，因此它改善了刀具后刀面与工件的摩擦状况，提高了刀具耐用度，并减小了已加工件的表面粗糙度值，且端铣刀的修光刃可修光已加工表面，使表面粗糙度值较小。

2）端铣的生产率比周铣高。端铣时铣刀直接安装在铣床主轴端部，刀具系统刚性好，刀齿上可镶硬质合金刀片，易于采用较大的切削用量进行强力切削和高速切削，使生产率和加工表面质量得到提高。

3）端铣的适应性比周铣差。端铣一般只用于铣平面，而周铣可采用多种形式的铣刀加工平面、沟槽和成形面等，因此周铣的适应性强。

（4）铣削平面的步骤

1）根据工件的形状、加工平面的部位，用合适的方法装夹工件。

2）选择并安装铣刀。采用排屑顺利、铣削平稳的螺旋齿圆柱铣刀。铣刀的宽度应大于工件待加工表面的宽度，以减少走刀次数。并尽量选用小直径铣刀，以防止产生振动。

3）选取铣削用量。根据工件材料、加工余量及表面粗糙度要求等来确定合理的切削用量。

4）调整铣床工作台位置。开车使铣刀旋转，升高工作台使工件与铣刀稍微接触。停车，将垂直丝杠刻度盘零线对准。将铣刀退离工件，利用手柄转动刻度盘将工作台升高到选定的铣削深度位置，固定升降和横向进给手柄，调整纵向工作台自动进给挡铁位置。

5）铣削操作。先用手动进给方式使工作台纵向进给，当工件被稍微切入后，改为自动进给，进行铣削。

（5）铣削平面操作要点

1）粗铣时，铣削用量选择的顺序是：先选取较大的铣削宽度，再选取较大的进给量，最后选取合适的铣削速度。

2）精铣时，铣削用量选择的顺序是：先选取较高的铣削速度，再选取较小的进给量，最后根据零件尺寸确定铣削宽度。

3）当用手柄转动刻度盘调整工作台位置时，要注意"回间隙"的方法，即如果不小心把刻度盘多转了一些，要反转刻度盘时，必须把手柄倒转 2 周后，再重新仔细地将刻度盘转到原定位置。这是因为丝杆和螺母间存在间隙，仅把刻度盘退到原定刻度线上是不能带动工作台退回到所需位置上的。

10.4.2 铣斜面

常见的斜面铣削方法有以下几种。

1）使用倾斜垫片铣斜面。在零件定位基准的下面垫一块倾斜的垫铁，则铣出的平面就与设计基准面成倾斜位置。改变斜垫铁的角度，就可加工出不同角度的零件斜面。如图 10-23（a）所示。

2）使用分度头铣斜面。在一些圆柱形或特殊形状的零件上加工斜面时，可利用分度头将工件转成所需位置而铣出所需斜面，如图 10-23（b）所示。

3）使用万能立铣头铣斜面。由于万能立铣头能方便地改变刀轴的空间位置，可通过转动立铣头以使刀具相对于工件倾斜一个角度，即可铣出所需斜面，如图 10-23（c）所示。

4）使用角度铣刀铣斜面。如有角度相符的角度铣刀时，可用来直接铣削斜面，这种方法适合铣削宽度较小的斜面。如图 10-23（d）所示。

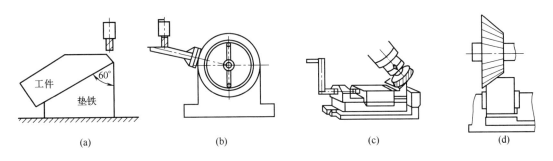

(a)   (b)   (c)   (d)

图 10-23　铣斜面

10.4.3　铣沟槽

（1）铣 T 形槽

1）找正工件的位置。加工带有 T 形槽的工件时，首先按如图 10-24（a）划线找正工件的位置，使工件与进给方向一致，并使工件的上平面与铣床工作台台面平行，以保证 T 形槽的切削深度一致，然后夹紧工件，即可进行铣削。

2）铣直角槽。在立式铣床上用立铣刀（或在卧式铣床上用三面刃盘铣刀）铣出一条宽、深均符合图纸要求的直角槽，如图 10-24（b）所示。

3）铣 T 形槽。拆下立铣刀，装上合适的 T 形槽铣刀。接着把 T 形槽铣刀的端面调整到与直角槽的槽底相接触，然后开始铣削，如图 10-24（c）所示。

4）槽口倒角。拆下 T 形槽铣刀，装上倒角铣刀进行倒角，如图 10-24（d）所示。

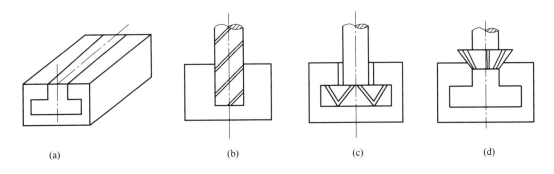

(a)   (b)   (c)   (d)

图 10-24　铣 T 形槽

由于 T 形槽的铣削条件差，排屑困难，所以切削用量应取小些，并加注充足的切削液。

（2）铣键槽　轴上的键槽有开口式和封闭式两种。铣键槽时，一般常用平口钳或 V 形架、分度头等装夹工件，不论哪一种装夹方法，都必须使工件的轴线与工作台的进给方向一致，并与工作台台面平行。

如图 10-25（a）所示，是在卧式铣床上用三面刃盘铣刀加工开口式键槽，由于三面刃盘铣刀参加铣削的刀刃数多、刚性好、散热条件好，其生产率比其他键槽铣刀的高，同时由于铣刀的振摆会使槽宽扩大，所以铣刀的宽度应稍小于键槽宽度。对于宽度要求较严的键槽，应先进行试铣，以便确定铣刀合适的宽度。

铣刀和工件安装好后，要进行仔细的对刀，使工件的轴线与铣刀的中心平面对准，以保证所铣键槽的对称性。随后进行铣削槽深的调整，调好后才可加工。当键槽较深时，需分多次走刀进行铣削。

在立式铣床上铣削封闭式键槽，通常使用键槽铣刀铣削，如图 10-25（b）所示。铣削键槽时，键槽的长度是由工作台纵向进给手轮上的刻度来控制的，深度由工作台升降进给手柄上的刻度来控制，宽度则由铣刀的直径来控制。铣封闭式键槽时，先将工件垂直进给移向铣刀，采用一定的吃刀量将工件纵向进给切至键槽的全长，再将工件垂直进给，最后反向纵向进给，经多次反复，直到完成键槽的加工。

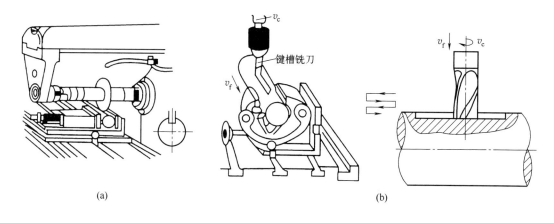

图 10-25　铣键槽

用立铣刀铣键槽时，由于铣刀的端面齿是垂直的，吃刀困难，应先在封闭式键槽的一端圆弧处用相同半径的钻头钻一个孔，然后再用立铣刀铣削。

10.5　齿轮加工

齿轮加工的方法很多，如滚压、冷挤压、热轧、压铸、注塑等，这些方法生产率高、材料消耗小，成本也低，但受材料的塑性因素影响，加工精度还不够高。精密齿轮的加工，目前主要还依靠切削法加工，按齿面加工原理可分为成形法和展成法（又称范成法）两种方法。

10.5.1　成形法加工齿轮

成形法加工齿轮，要求所用刀具的切削刃形状与被切齿轮的齿槽形状相吻合，例如在铣床上用盘形铣刀或指形铣刀铣削齿轮，如图 10-26 所示。

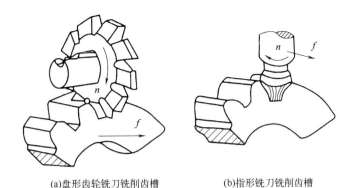

(a)盘形齿轮铣刀铣削齿槽　　　　　　(b)指形铣刀铣削齿槽

图 10-26　成形法加工齿轮

使用成形刀具加工齿轮时，每次只能加工一个齿槽，然后通过分度的方式，让齿坯依照齿数 n，严格地转过一个角度，即 $360°/n$，再加工下一个齿槽。成形法加工齿轮的特点：用刀具的刀刃形状来保证齿形的准确性，用分度的方法来保证齿轮圆周分布的均匀性。这种加工方法的优点是机床简单，可以使用通用机床稍加改造进行加工。由于铣刀每切一齿都要重复消耗一段切入、退刀和分度的辅助时间，生产率较低。对于同一模数的齿轮，只要齿数不同，齿廓形状就不相同，需采用不同的成形刀具铣制模数相同而齿数不同的齿轮。所用的铣刀一般只有八把，每把铣刀有它规定的铣齿范围（见表 10-3），而每把铣刀的刀齿轮廓只与该把铣刀号数范围内的最少齿数齿槽的理论轮廓相一致，对其他齿数的齿轮只能获得近似齿形，所以加工出的齿轮精度较低，只能达到 IT11~IT9 级。成形法加工齿轮效率低、精度低，一般多用于修配或单件制造某些转速低、精度要求不高的齿轮。

表 10-3　齿轮铣刀齿数范围和刀号

刀号	1	2	3	4	5	6	7	8
加工齿数范围	12~13	14~16	17~20	21~25	26~34	35~54	55~134	135 以上及齿条

10.5.2　展成法加工齿轮

利用齿轮刀具与被切齿轮的互相啮合运转而切出齿形的方法叫展成法，又叫范成法。插齿加工和滚齿加工就是利用展成法来加工齿形。

展成法加工齿轮是利用齿轮的啮合原理进行的，即把齿轮啮合副（齿条-齿轮或齿轮-齿轮）中的一个开出切削刃，做成刀具，另一个则为工件，并强制刀具和工件进行严格的啮合，在齿坯（工件）上留下刀具刃形的包络线，生成齿轮的渐开线齿廓。展成法加工齿轮的优点是：所用刀具切削刃的形状相当于齿条或齿轮的齿廓，只要刀具与被加工齿轮的模数和压力角相同，一把刀具可以加工模数相同而齿数不同的齿轮，且生产率和加工精度都比较高。在齿轮加工中，展成法应用最为广泛。

（1）插齿加工　插齿加工的过程相当于一对齿轮啮合对滚。插齿刀的形状类似一个齿轮，在插齿刀的刀齿上磨出前、后角，从而使它具有锋利的刀刃（见图10-27a）。插齿时要求插齿刀作上下往复切削运动，同时强制要求插齿刀和被加工齿轮之间严格保持着一对渐开线齿轮的啮合关系。这样插齿刀就能把工件上齿间的金属切去而形成渐开线齿形（见图10-27b）。

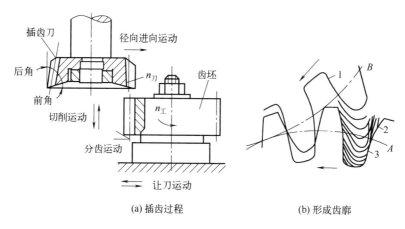

图 10-27　插齿加工

为完成插齿加工，插齿机需要有以下 5 种运动。

1）切削运动。插齿刀上下往复直线运动（主运动）。

2）分齿运动。插齿刀和齿坯之间强制地保持着一对齿轮传动啮合关系的运动。

3）径向进给运动。为了逐渐切至齿的全深，插齿刀必须有径向进给。

4）圆周进给运动。圆周进给运动为插齿刀每往复一次在分度圆周上所转过弧长的距离。

5）让刀运动。为了避免刀具回程时与工件表面摩擦，擦伤已加工表面和减少刀齿的磨损，要求插齿刀在回程时，工作台带着工件让开插齿刀，而在插齿时又要恢复到原来的位置，工作台的这个运动就称为让刀运动。

插齿加工是在插齿机上进行的，图 10-28 为 Y5132 型插齿机外形。它由床身 1、立柱 2、刀架 3、主轴 4、工作台 5、挡板支架 6、工作台溜板 7 等部件组成。

插齿机可加工直齿和斜齿圆柱齿轮，特别适合加工在滚齿机上不能加工的直齿内齿轮和齿条，尤其对于双联或多联齿轮、扇形齿轮等的加工有其独特的优越性。

（2）滚齿加工　滚齿加工是根据展成法原理来加工齿轮轮齿的，是由一对轴线交错的斜齿

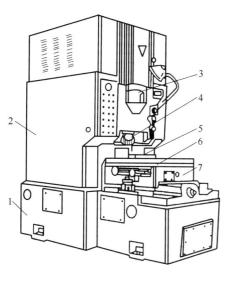

图 10-28　Y5132 型插齿机

轮啮合传动演变而来的，如图 10-29（a）所示。将这对啮合传动副中的一个齿轮的齿数减少到几个或一个，螺旋角增大到很大（即螺旋升角很小），它就成了蜗杆，如图 10-29（b）所示。再沿蜗杆开槽并铲背，就成为齿轮滚刀，如图 10-29（c）所示。齿轮滚刀实质上是一个螺旋角很大、螺旋升角很小、齿数很少、齿很长、绕了很多圈的斜齿圆柱齿轮。在它的圆柱面上均匀地开有容屑槽，经过铲背、淬火以及对各个刀齿的前、后面进行刃磨，即形成一把切削刃分布在蜗轮螺旋表面上的齿轮滚刀。当滚刀与工件按确定的关系强制相对运动时，滚刀的切削刃便在工件上滚切出齿槽，形成渐开线齿面。

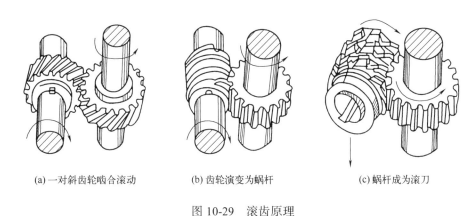

(a) 一对斜齿轮啮合滚动　　　(b) 齿轮演变为蜗杆　　　(c) 蜗杆成为滚刀

图 10-29　滚齿原理

在如图 10-30（a）所示的滚切过程中，分布在螺旋线上的滚刀各切削刃相继切去齿槽中一薄层金属，每个齿槽在滚刀的旋转过程中由若干个刀齿依次切出，渐开线齿廓则在滚刀与齿坯的对滚过程中由切削刃的一系列瞬间位置包络而成，如图 10-30（b）所示。滚刀的旋转运动 B_{11} 和工件的旋转运动 B_{12} 组合而成的复合成形运动，这个复合运动称为展成运动，也称为范成运动。当滚刀与工件连续不断地旋转时，便在工件整个圆周上依次切出所有齿槽，形成齿轮的渐开线齿廓。为了得到所需的渐开线齿廓和齿轮齿数，滚齿时滚刀和工件之间必须

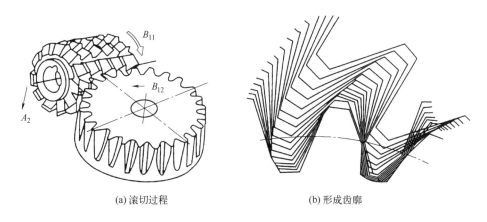

(a) 滚切过程　　　　　　　　(b) 形成齿廓

图 10-30　滚切过程

181

保持严格的相对运动关系，即当滚刀转过 1 转时，工件应该相应地转 k/z 转（k 为滚刀头数，z 为工件齿数）。

滚齿机在加工直齿轮时，有以下几种运动。

1）主运动　主运动为滚刀的旋转运动，如图 10-30（a）中的 B_{11} 所示。

2）分齿运动　分齿运动是保证滚刀的转速和被切齿轮的转速之间的关系的，就是滚刀旋转一转（相当于齿条轴向移动一个齿距），被切齿轮转过一个齿。如图 10-30（a）中的 B_{12}，所示。

3）垂直进给运动　即滚刀沿工件轴向的垂直进给，这是保证切出整个齿宽所必需的运动，如图 10-30（a）中的 A_2 所示。

滚齿加工是在滚齿机上进行的，常见的中型通用滚齿机有立柱移动式和工作台移动式两种。Y3150E 型滚齿机属于工作台移动式，该滚齿机能够加工直齿和斜齿圆柱齿轮。

第11章 刨削加工

教学目标	本章重点
（1）熟悉刨削加工的基本概念； （2）了解刨削的刨床结构； （3）掌握刨削工艺和工件安装； （4）掌握刨削加工方法。	刨削工艺和工件安装、刨削加工。
	本章难点
	刨削工艺和刨削加工。

思政目标

通过对刨削加工知识的学习，培养学生不断钻研的精神，使学生知道获得一个良好加工产品需要投入艰苦的努力，还要有可持续发展观，具备绿色制造和节约资源的意识。

11.1 刨削加工概述

刨削主要用来加工零件上的各种平面（如水平面、垂直面及斜面等）和沟槽（如 T 形槽、燕尾槽、V 形槽）等，其表面成形方法为轨迹法，如图 11-1 所示。

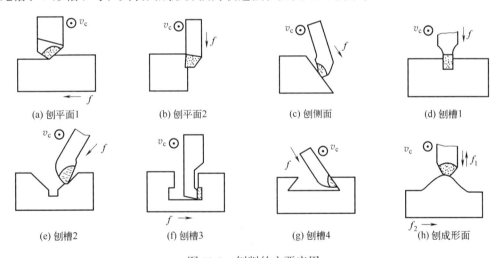

(a) 刨平面1 (b) 刨平面2 (c) 刨侧面 (d) 刨槽1

(e) 刨槽2 (f) 刨槽3 (g) 刨槽4 (h) 刨成形面

图 11-1 刨削的主要应用

（1）刨削的特点

1）刨削加工的生产率低。刨削的主运动是直线往复运动，回程时刀具不切削，有空程损失；反向时要克服惯性力，并且切削过程中有冲击现象，限制了切削速度的提高。因此刨削的生产率低，加工质量也不高。但用宽刃刨刀以大进给量加工狭长平面时的生产率较高。

2）刨削加工的通用性好、适应性强。刨床结构简单，调整和操作方便；刨刀的加工制造容易，刃磨方便，加工适应性强；切削时不需要加切削液。因此在单件、小批量生产和修配

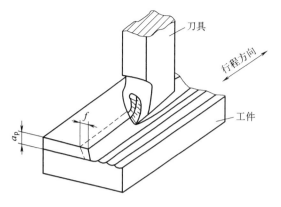

图 11-2　刨削运动与刨削用量

中应用广泛。

3）刨削加工精度可达 IT9~IT8 级，表面粗糙度 Ra 值为 12.5~3.2μm，用宽刀精刨时 Ra 值可达 1.6μm。

（2）刨削运动与刨削用量　刨削时，刨刀（或工件）的往复直线运动是主运动，刨刀前进时切下切屑的行程，称为工作行程或切削行程；反向退回的行程，称为回程或返回行程。刨刀（或工件）每次退回后作间歇横向移动称为进给运动，如图 11-2 所示。

刨削用量包括刨削深度 a_P、进给量 f 和刨削速度 v_c。刨削深度（又称背吃刀量）a_P 是指刨刀在一次行程中从工件表面切下的材料厚度，单位为 mm。进给量 f 是指刨刀或工件每往复一次，刨刀和工件之间相对移动的距离，单位为 mm/min。刨削速度 v_c 是指工件和刨刀在切削时相对运动的速度。在牛头刨床上是指滑枕（刀具）移动的速度，这个速度在龙门刨床上是指工作台（工件）移动的速度，单位是 m/min。

11.2　刨床

刨床类机床的主运动是刀具或工件所作的直线往复运动，进给运动由刀具或工件完成，进给方向与主运动方向垂直。刨床类机床所用工具结构简单，在单件小批量生产条件下加工形状复杂的表面比较经济，且生产准备工作省时，因而在单件小批量生产中，特别是在机修和工具车间里是常用的设备。刨床类机床主要有牛头刨床、龙门刨床和插床三种类型。

11.2.1　牛头刨床

牛头刨床是刨削类机床应用较广泛的一种机床，适合刨削长度不超过 1100mm 的中、小型零件，现以 B6050 型牛头刨床为例进行介绍。

（1）牛头刨床的型号　在型号 B6050 中，B 表示刨床，是汉语拼音"刨"的第一个字母的大写；6 表示牛头刨床组；0 表示牛头刨床型；50 表示刨削工件的最大长度的 1/10，即刨削工件的最大长度为 500mm。牛头刨床的主参数是最大刨削长度。

（2）牛头刨床的组成　牛头刨床因其滑枕刀架形似"牛头"而得名。图 11-3 所示为牛头刨床的外形。

1）床身　床身用于支承和连接刨床各部件，其顶面水平导轨供滑枕作往复运动用，前侧面垂直导轨供工作台升降用。床身内部装有齿轮变速机构和摆杆机构，以改变滑枕的往复运动速度和行程长度。

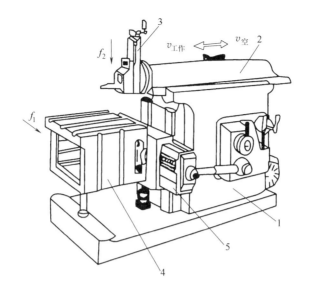

图 11-3　牛头刨床

1—床身；2—滑枕；3—刀架；4—工作台；5—横梁

2）滑枕　滑枕主要是用来带动刨刀作直线往复运动（即主运动）的。滑枕前端装有刀架，其内部装有丝杠螺母传动装置，可用以改变滑枕的往复行程位置。

3）刀架　刀架（见图 11-4）用于夹持刨刀。摇动刀架手柄，滑板可沿转盘上的导轨带动刨刀上下移动。松开转盘上的螺母，将转盘扭转一定角度后，可使刀架斜向进给。滑板上还装有可偏转的刀座（又称刀盒）。抬刀板可以绕刀座上的 A 轴向上抬起。刨刀安装在刀架上，在返回行程时刨刀可自由上抬，以减少刀具与工件的摩擦。

4）横梁　横梁安装在床身前侧的垂直导轨上，其底部装有升降横梁用的丝杠。

5）工作台　用于安装夹具和工件，侧面有许多沟槽和孔，以便用压板、螺栓来装夹某些特殊形状的工件。工作台可随横梁上下移动或垂直间歇进给，还可沿横梁水平横向移动或横向间歇进给。

（3）牛头刨床的传动系统　B6050 型牛头刨床的传动机构主要有以下两种。

1）变速机构　变速机构的作用是把电动机的旋转运动以不同的速度传给摆杆齿轮，

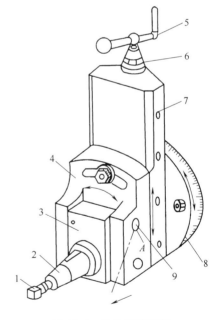

图 11-4　牛头刨床刀架

1—紧固螺钉门；2—刀夹；3—抬刀板；4—刀座；5—手柄；6—刻度环；7—滑板；8—刻度转盘；9—轴

185

如图 11-5 所示，轴 I 和轴Ⅲ上分别装有两组滑动齿轮，使轴Ⅲ有 3×2=6 种转速传给摆杆齿轮 8。

2）曲柄摇臂机构　曲柄摇臂机构的作用是将电动机传来的旋转运动变为滑枕的直线往复运动。结构如图 11-6 所示，主要由摇臂齿轮、摇臂、偏心滑块等组成。摇臂上端与滑枕内的螺母相连，下端与支架相连。摇臂齿轮上的偏心滑块与摇臂上的导槽相连。当摇臂齿轮由小齿轮带动旋转时，偏心滑块就在摇臂的导槽内上下滑动，带动摇臂绕支架中心左右摆动，滑枕便作直线往复运动。摆臂齿轮转动一周，滑枕带动刨刀往复运动一次。

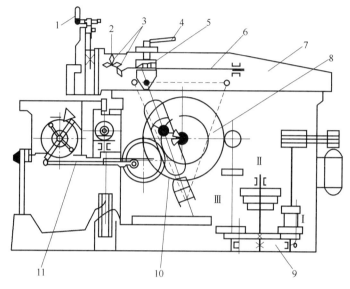

图 11-5　牛头刨床的传动系统

1—手柄；2—传动轴；3—锥齿轮；4—紧固手柄；5—螺母；6—丝杠；7—滑枕；8—摆杆齿轮；9—变速机构；10—曲柄摆臂机构；11—进给机构

3）棘轮机构　刨床的进给运动是间歇的，当滑枕返回行程时，工作台完成进给运动。进给运动如图 11-7 所示，它是由固定在大齿轮轴上的齿轮 z_1 来驱动与之相啮合的另一齿轮 z_2，通过这个齿轮上的曲柄销经连杆使棘爪架摆动，使棘爪推动棘轮拨过一定的齿数。由于棘轮同工作台上的丝杠固接在一起，棘轮的间歇转动，会使丝杠也相应转动，从而带动工作台作横向进给。进给量的大小是可以调节的，如图 11-8 所示。棘爪架摆动一定的角度，转动棘轮罩，可改变棘爪拨动棘轮的齿数。将棘爪提起，转动 180°再与棘轮啮合，即可改变工作台的进给方向。如将棘轮提起，则棘爪与棘轮分离，机动进给停止。此时可用手动方式使工作台移动。

（4）牛头刨床的调整与操纵

1）滑枕每分钟往复次数的调整，将变速手柄置于不同位置，即可改变变速箱中轴 I 和轴Ⅱ上滑动齿轮的位置，可使滑枕获得 12.5~73 次/min 之间六种不同的行程数。

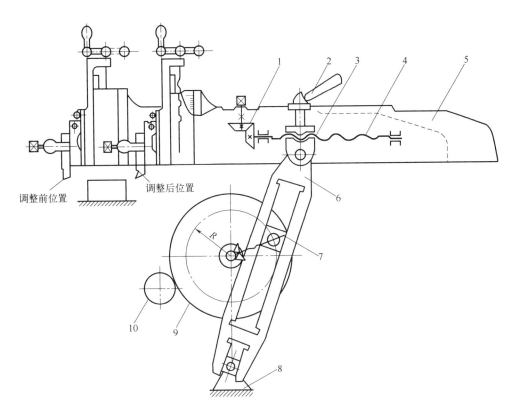

调整前位置　　调整后位置

图 11-6　牛头刨床的摇臂机构

1—锥齿轮；2—锁紧手柄；3—螺母；4—丝杠；5—滑枕；6—摇臂；7—偏心滑块；

8—支架；9—摇臂齿轮；10—小齿轮

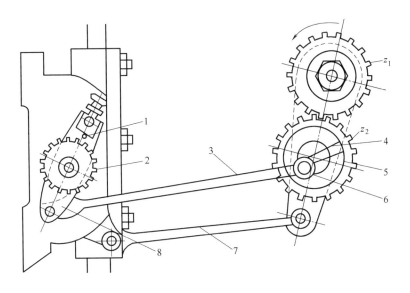

图 11-7　棘轮机构

1—棘爪；2—棘轮；3—连杆；4—销槽；5—圆盘；6—曲柄销；7—顶杆；8—棘爪架

2）滑枕行程起始位置的调整。参见图 11-5。松开紧固手柄 4，使丝杠能在螺母中自由转动。然后转动轴通过锥齿轮使丝杠转动。由于螺母固定在摆杆上不能动，所以丝杠的转动使丝杠连同滑枕一起沿导轨作前后移动，从而改变了滑枕的起始位置。调整好之后，再拧紧紧固手柄。

3）滑枕行程长度的调整。刨削时，滑枕行程的长度应略大于工件刨削表面的长度，一般为 30~40mm。调整方法是通过改变摇臂齿轮上偏心滑块的偏心距来实现的，如图 11-9 所示。先松开小轴上的锁紧螺母，转动小轴，经锥齿轮 1 和丝杠螺母传动，使偏心滑块在摇臂的导槽内移动，从而改变滑块偏移，摇臂齿轮轴心的距离即为偏心距。其偏心距越大，摇臂摆动的角度就越大，滑枕的行程长度也就越长；反之，则越短。调好后将锁紧螺母拧紧。

4）进给量和进给方向的调整。牛头刨床的棘轮和棘爪机构如图 11-8 所示。ϕ 为棘爪摆动角。转动棘轮罩，即改变其缺口的位置，就可盖住棘轮 3 在摆动角范围内的一定齿数。盖住的齿数越少，棘爪摆动一次拨动的齿数就越多，则工作台进给量就越大；同理，盖住的齿数越多，进给量越小，全部盖住，进给停止。改变棘轮罩缺口方向，并使棘爪反向 180°，就使进给反向。

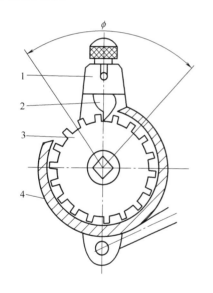

图 11-8　棘轮

1—棘爪架；2—棘爪；3—棘轮；4—棘轮罩

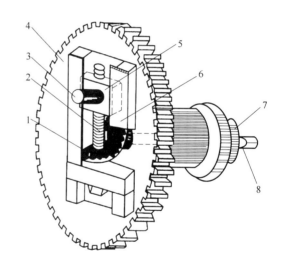

图 11-9　偏心滑块的调整

1—锥齿轮；2—丝杠；3—曲柄销；4—摇臂齿轮；5—偏心滑块；

6—摇臂；7—锁紧螺母；8—小轴

11.2.2　龙门刨床

刨削较长的零件时，因滑枕行程长，悬伸太长，不能采用牛头刨床的布局，而需要选用龙门式布局。图 11-10 所示为龙门刨床的外形，其布局与龙门铣床相似，工作台带动工件做主运动，刀架在龙门架上做垂直于工作台方向的间歇直线运动。

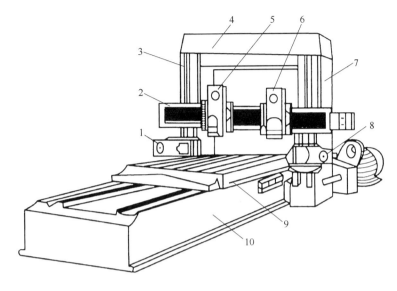

图 11-10　龙门刨床

1、5、6、8—刀架；2—横梁；3、7—立柱；4—顶梁；9—工作台；11—床身

立柱固定在床身的两侧，由顶梁连接，横梁可以在立柱上升降，从而组成龙门式框架。工作台可在床身上作纵向直线往复运动，立刀架可以在横梁作横向运动，横刀架分别在两根立柱上作升降运动，两个运动可以在工作台后退到终点时，进行间歇进给运动，也可以进行快速移动。

龙门刨床主要用于加工大型或重型零件上的各种平面、沟槽和各种导轨面，也可在工作台上一次装夹多个中、小型零件进行多件同时切削。精刨时，可得到较高的加工精度（直线度 0.02mm/1000mm）和表面质量（表面粗糙度 Ra=6.3~1.6μm）。在大批量生产中，龙门刨床常被龙门铣床代替。

在进行刨削加工时，工件装夹在工作台上，根据被加工面的需要，可分别或同时使用垂直刀架和侧刀架，垂直刀架和侧刀架都可作垂直或水平进给。刨削斜面时，可以将垂直刀架转动一定的角度。目前，刨床工作台多用直流发电机、电动机组驱动，并能实现无级调速，使工件慢速接近刨刀，待刨刀切入工件后，增速达到要求的切削速度，然后工件慢速离开刨刀，工作台再快速退回。工作台这样变速工作，能减少刨刀与工件的冲击。

11.2.3　插床

插床实质上是立式刨床，多用于与安装基面垂直的面、槽加工，主要用来在单件小批生产中加工键槽、多边形或成形表面。

189

图 11-11 所示为插床的外形，由滑枕 4 带着刀具作上下往复的主运动。床鞍和溜板带动工件可分别作横向及纵向的进给运动。圆工作台与分度装置一起作分度运动，可插削按一定角度分布的几条键槽。

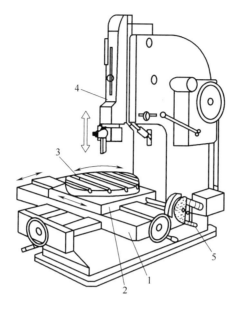

图 11-11　插床

1—床鞍；2—溜板门；3—圆工作台；4—滑枕；5—分度装置

刨床和插床主运动反向运动时需克服较大的惯性力，限制了其切削速度和空行程速度的提高。同时刨削加工只在刀具向工件（或工件向刀具）前进时进行，返回时不进行切削，存在时间损失，因此多数情况下生产率较低，在大批大量生产中常被铣床和拉床所代替。

11.3　刨刀及刨削工艺

11.3.1　刨刀

（1）刨刀的几何角度及结构特点　刨刀的几何角度与车刀相似，只是为了增加刀尖的强度，刨刀的刃倾角一般取正值。由于刨削加工的不连续性，刨刀切入工件时受到较大的冲击力，所以刨刀的刀杆横截面积较车刀大 1.25~1.5 倍。此外，刨刀往往做成弯头，这是刨刀的一个明显特点。另外，当刨刀刀尖碰到工件表面的硬点时，能围绕点 O 向后上方弹起，使刀尖离开工件表面，以免损坏刀刃和工件表面，如图 11-12（a）所示。而直头刨刀受力变形将会进入工件，损坏刀尖和工件表面，如图 11-12（b）所示。

（2）刨刀的种类及其应用　刨刀的种类很多，常见的刨刀有：平面刨刀用来刨水平面（见图 11-1a、b）、偏刀用来刨垂直面或斜面（见图 11-1c、e）、切刀用来刨削沟槽或切断工

190

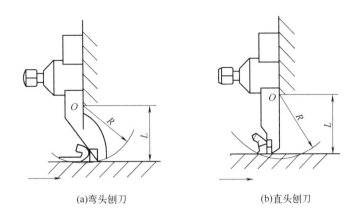

(a)弯头刨刀　　　　　　　　(b)直头刨刀

图 11-12　弯头刨刀和直头刨刀的比较

件（见图 11-1d）、弯切刀用来刨削 T 形槽或侧面槽（见图 11-1f）、角度偏刀用来刨燕尾槽和相互成一定角度的表面（见图 11-1g）、圆头刨刀用来加工直线型的成形面（见图 11-1h）。

（3）刨刀的安装　刨刀的安装如图 11-13 所示。刀头不要伸出太长，以免产生振动和折断。直头刨刀伸出长度一般为刀杆厚度的 1.5 倍，弯头刨刀伸出长度可稍长，以弯曲部分不碰刀座为宜。装刀或卸刀时，必须一只手扶住刨刀，另一只手使用扳手，用力方向自上而下，否则容易将抬刀板掀起，碰伤或夹伤手指。

11.3.2　刨削工艺

（1）刨削水平面　刨削水平面时，刀架和刀座均在中间垂直位置上。刨削深度 a_P 一般为 0.1~4mm，进给量 f 一般为 0.3~0.6mm/min，切削速度随刀具材料和工件材料的不同而略有不同，一般取 12~50m/min。粗刨时刨削深度和进给量取大值，而切削速度取低值；精刨时切削速度取高值，而刨削深度和进给量取小值。精刨时，为减小表面粗糙度，可在副切削刃上接近刀尖处磨出 1~2mm 的修光刃。装刀时，应使修光刃平行于加工表面。上述切削用量也适用于刨削垂直面和斜面。

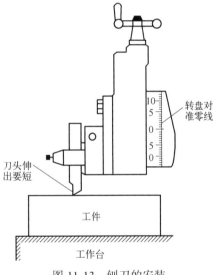

图 11-13　刨刀的安装

刨削操作步骤：①装夹工件。②装夹刀具。③把工作台升高到接近刀具的位置。④调整滑枕行程长度及位置。⑤调整滑枕每秒钟的往复次数和进给量。⑥开车，先手动进给试切，停车测量尺寸时利用刀架上的刻度盘调整切削深度，如工件加工余量较大，可分几次刨削加工。

（2）刨削垂直面　刨削垂直面就是用刀架垂直进给来加工平面的方法，主要用于加工狭长工件的两端面或其他不能在水平位置加工的平面。加工垂直面时应注意以下两点。

① 应使刀架转盘的刻度线对准零线。如果刻度线不准，可按图 11-14 所示的方法找正，使刀架垂直。

② 刀座应按上端偏离加工面的方向偏转 11°~15°，如图 11-15 所示。其目的是使刨刀在回程抬刀时离开加工表面，以减少刀具磨损。

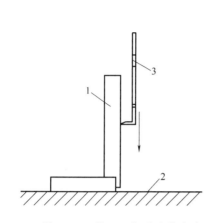

图 11-14 找正刀架垂直的方法

1—90°角尺；2—工作台；3—装在刀架中的弯头划针

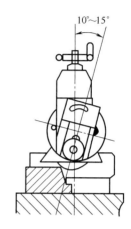

图 11-15 刨垂直面刀座偏离加工面的方向

（3）刨削斜面 与水平面成一定角度的平面叫斜面。零件上的斜面分为内斜面和外斜面两种。刨削斜面与刨削垂直面基本相同。通常采用倾斜刀架法刨斜面，即把刀架和刀座分别倾斜一定角度，从上向下倾斜进给进行刨削，如图 11-16 所示。刨削斜面时，刀架转盘的刻度不能对准零线。刀架转盘扳过的角度就是工件斜面与垂直面之间的夹角。刀座偏转的方向应与刨削垂直面时相同，即刀座上端要偏离加工面。

（4）刨削直槽 刨削直槽时，用切槽刀以垂直进给方式完成，如图 11-17 所示。

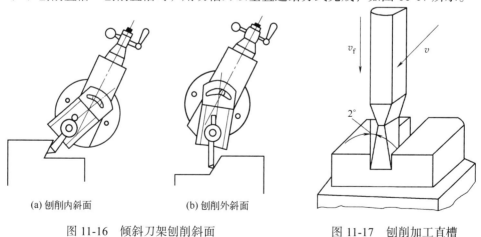

(a) 刨削内斜面　　　　　(b) 刨削外斜面

图 11-16 倾斜刀架刨削斜面

图 11-17 刨削加工直槽

（5）刨削 T 形槽 刨削 T 形槽的方法是，先将工件的各个关联平面加工完毕，并在工件前、后端面及平面上划出加工界限，如图 11-18（a）所示，然后按线找正加工。刨削步骤如下。

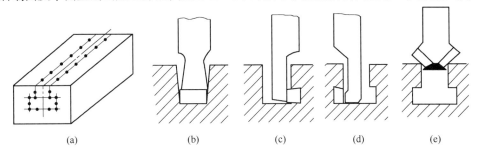

图 11-18　T 形槽的划线和刨削步骤

1）用切刀刨出直角槽，使其宽度等于 T 形槽槽口的宽度，深度等于 T 形槽的深度（见图 11-18b）。

2）用右弯头切刀刨削右侧凹槽（见图 11-18c），如果凹槽的高度较大，一次刨出全部高度有困难，可分几次刨出，最后垂直进给将槽壁精刨。

3）用左弯头切刀刨削左侧凹槽（见图 11-18d）。

4）用 45°刨刀倒角（见图 11-18e）。

（6）刨削 V 形槽　刨削 V 形槽的方法如图 11-19 所示。先按刨削平面的方法把 V 形槽粗刨出大致形状，然后用切槽刀刨削 V 形槽底的直角槽，再按刨削斜面的方法用偏刀刨削 V 形槽的两斜面，最后用样板刀进行精刨至图样要求的尺寸精度和表面粗糙度。

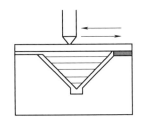 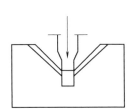 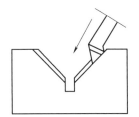 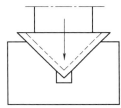

图 11-19　刨削 V 形槽

（7）刨削燕尾槽　燕尾槽的燕尾部分是两个对称的内斜面。其刨削方法是刨削直槽和刨削内斜面方法的综合，但需要专门刨削燕尾槽的左、右偏刀。在各面加工好的基础上，可按图示步骤刨削燕尾槽，如图 11-20（a）～（d）所示。

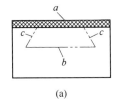 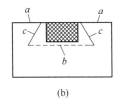 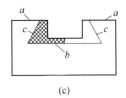 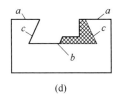

图 11-20　刨削燕尾槽

193

第 12 章　磨削加工

<table>
<tr><td>

教学目标

（1）熟悉磨削加工的基本概念；

（2）了解磨削的磨床结构；

（3）掌握磨削零件安装；

（4）掌握磨削加工工艺方法。

</td><td>

本章重点

磨削零件安装、磨削加工工艺。

本章难点

磨削加工工艺。

</td></tr>
<tr><td colspan="2">

思政目标

通过对磨削加工知识的学习，培养学生具有坚持不懈的精神，使学生懂得获得一个合格加工产品需要投入全身心的努力，还要具有国际视野，以此培养学生赶超世界先进水平的信心和能力。

</td></tr>
</table>

12.1　磨削加工概述

用磨具以较高线速度从工件表面切去切屑的加工方法称为磨削加工，它是对机械零件进行精密加工的主要方法之一。磨削用的砂轮是由许多细小而又极硬的磨粒用黏合剂黏结而成的。

12.1.1　磨削运动与磨削用量

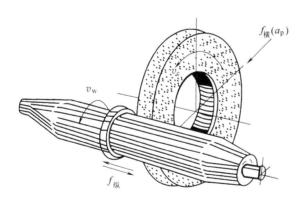

图 12-1　磨削外圆时的运动及磨削用量

磨削外圆时的运动和磨削用量如图 12-1 所示。

（1）主运动及磨削速度（v_c）砂轮的旋转运动是主运动，砂轮外圆相对于工件的瞬时速度称为磨削速度。

（2）圆周进给运动及进给速度（v_w）工件的旋转运动是圆周进给运动，工件外圆处相对于砂轮的瞬时速度称为圆周进给速度。

（3）纵向进给运动及纵向进给量（$f_{纵}$）工作台带动工件所作的直线往复运动是纵向进给运动，工件每转一周时，砂轮在纵向进给运动方向上相对于工件的位移称为纵向进给量，用 $f_{纵}$ 表示，单位为 mm/r。

（4）横向进给运动及横向进给量（$f_{横}$）砂轮沿工件径向方向上的移动是横向进给运

动，工作台每往复行程（或单行程）一次砂轮相对工件径向上的移动距离称为横向进给量，用 $f_横$ 表示，其单位是 mm/行程。横向进给量实际上是砂轮每次切入工件的深度，即背吃刀量，也可用表示 a_P，单位为 mm（即每次磨削切入工件以毫米记的深度）。

12.1.2 磨削特点及加工范围

（1）磨削的特点　磨削与其他切削加工（车削，铣削、刨削）相比较，具有如下特点。

1）加工精度高、表面粗糙度值小。磨削时，砂轮表面上有极多的磨粒进行切削，每个磨粒相当于一把刃口半径很小且很锋利的切削刃，切除金属的量很小，仅几微米甚至更小，所以磨削加工后工件的尺寸精度很高，表面粗糙度值很小。磨削加工的工件一般尺寸公差等级可达 IT6~IT5 级，表面粗糙度值 Ra 为 0.2~0.8μm。低粗糙度的镜面磨削 Ra 值可小到 0.01μm，这是磨削加工的一个显著特点。

2）可加工硬度值高的工件。磨削的磨具是用很硬的磨料做的，硬度仅次于金刚石，不但可以加工钢和铸铁等常用金属材料，还可以加工硬度更高的工件，特别是经过热处理后的淬火钢工件，采用磨削加工将毫无困难。磨削不利于加工硬度低且塑性很好的有色金属材料，因为磨削这些材料时，砂轮容易被堵塞，使砂轮失去切削的能力。

3）磨削温度高。磨削速度是一般切削加工速度的 10~20 倍，加工中会产生大量的切削热，在砂轮与工件的接触处，瞬时温度可高达 1000℃，剧烈的切削热量会使磨屑在空气中发生氧化作用，产生火花。过高的磨削温度还会烧伤工件的加工表面，使工件表面硬度下降，严重时还会产生微裂纹，使工件的表面质量降低，缩短使用寿命。为了减少摩擦和改善散热条件，降低切削温度，保证工件表面质量，在磨削时一般要使用大量的切削液。加工钢件时，使用苏打水或乳化液作为切削液；加工铸铁等脆性材料时，为防止产生裂纹一般不加切削液，而采用吸尘器除尘，还可起到一定的散热作用。

（2）磨削加工的应用范围　磨削主要用于零件的内外圆柱面、内外圆锥面、平面及成形面（如花键、螺纹、齿轮等）的精加工，还可以刃磨刀具，应用范围非常广泛。常见的加工类型如图 12-2 所示。磨削除了用作精加工外，也可用来进行高效的粗加工或一次完成粗、精加工。

12.2　磨床

用磨料、磨具（砂轮、砂带、油石、研磨料等）为工具对工件进行磨削加工的机床，统称为磨床。磨床的种类有外圆磨床、内圆磨床、平面磨床、齿轮磨床、螺纹磨床、导轨磨床、无心磨床、工具磨床等，常用的是外圆磨床与平面磨床。磨床上的主运动要求高而稳定的转速，多采用带传动或内联式电动机等原动机直接驱动主轴；砂轮主轴轴承广泛采用各种精度高、吸振性好的动压或静压滑动轴承；直线进给运动多为液压传动，对旋转件的静、动平衡，冷却液的洁净度，进给机构的灵敏度和准确度等都有较高的要求。

12.2.1 外圆磨床

外圆磨床有普通外圆磨床、万能外圆磨床、无心外圆磨床、宽砂轮外圆磨床和端面外圆磨床等主要类型，其主参数是最大磨削直径。普通外圆磨床可以磨削外圆柱面、端面及外圆锥面，也能磨削阶梯轴的轴肩和端面，万能外圆磨床还可以磨削内圆柱面、内圆锥面。

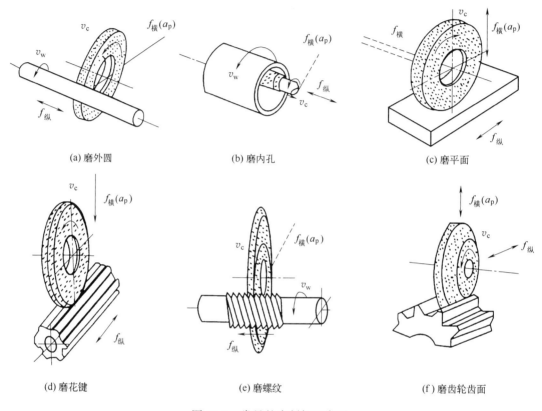

|(a) 磨外圆 | (b) 磨内孔 | (c) 磨平面|

|(d) 磨花键 | (e) 磨螺纹 | (f) 磨齿轮齿面|

图 12-2　常见的磨削加工类型

万能外圆磨床主要由床身 1、工作台 2、头架 3、砂轮 4、内圆磨头 5、砂轮架 6、尾座 7等部分组成，如图 12-3 所示。

万能外圆磨床的头架内装有主轴，可用顶尖或卡盘夹持工件并带动其旋转。头架正面装有电动机，动力经头架左侧带传动使主轴转动，若改变 V 带的连接位置，可使主轴获得不同的转速。

砂轮装在砂轮架的主轴上，由单独的电动机经 V 带直接带动旋转。砂轮架可沿床身后部的横向导轨前后移动，其移动的方法有自动周期进给、快速引进或退出、手动三种，其中前两种是靠液压传动实现的。

工作台有上下两层，下工作台可在床身导轨上作纵向往复运动，上工作台相对下工作台在水平面内能偏转一定的角度以便磨削圆锥面，另外，工作台上还装有头架和尾座。

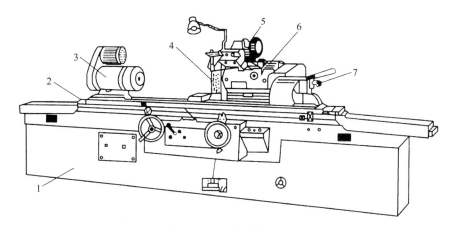

图 12-3　万能外圆磨床

1—床身；2—工作台；3—头架；4—砂轮；5—内圆磨头；6—砂轮架；7—尾座

　　万能外圆磨床与普通外圆磨床的主要区别是：万能外圆磨床的头架和砂轮架下面都装有转盘，该转盘能绕垂直轴线偏转较大的角度，另外还增加了内圆磨头等附件，因此万能外圆磨床可以磨削内圆柱面和锥度较大的内外圆锥面。图 12-4 为万能外圆磨床的几种典型加工方式。

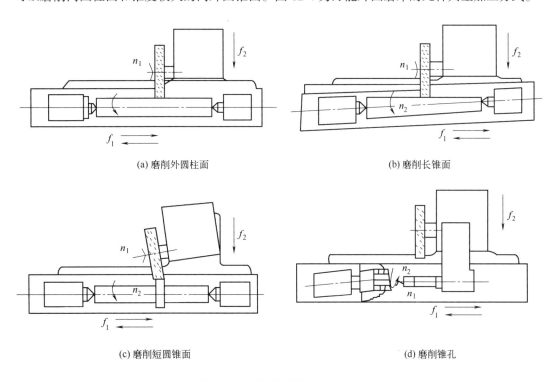

(a) 磨削外圆柱面　　　　　　　　　　　　(b) 磨削长锥面

(c) 磨削短圆锥面　　　　　　　　　　　　(d) 磨削锥孔

图 12-4　万能外圆磨床加工方式

　　图 12-4（a）、（b）所示为纵向磨削法。图 12-4（a）为以顶尖支承工件，磨削外圆柱面。图 12-4（b）为工作台调整一个角度磨削长锥面，成形方法为相切-轨迹法。图 12-4（c）为砂

197

轮架偏转，以切入法磨削短圆锥面。图12-4（d）为头架偏转磨削锥孔，成形方法为成形-相切法。

12.2.2　内圆磨床

内圆磨床的主要类型有普通内圆磨床、无心内圆磨床和行星运动内圆磨床。普通内圆磨床是生产中应用最为广泛的一种。内圆磨床用于磨削内圆柱面、内圆锥面及孔内端面等，如图12-5所示，主要由床身、工作台、头架、砂轮架、滑鞍等部件组成。其头架固定在工作台上，主轴带动工件旋转作圆周进给运动；工作台带动头架沿床身的导轨作直线往复运动，实现纵向进给运动，头架可绕垂直轴转动一定角度以磨削锥孔；砂轮架上的内磨头由电动机带动旋转做主运动；工作台每往复运动一次，砂轮架沿滑鞍可横向进给一次（液压或手动）。

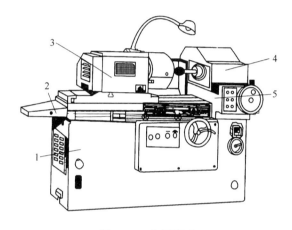

图 12-5　内圆磨床

1—床身；2—工作台；3—头架；4—砂轮架；5—滑鞍

12.2.3　平面磨床

平面磨床用于磨削工件上的各种平面。磨削时，砂轮的工作表面可以是圆周表面，也可以是端面。根据砂轮主轴的布置和工作台的形状不同。平面磨床主要有以下四种类型：卧轴矩台式平面磨床、立轴矩台式平面磨床、立轴圆台式平面磨床和卧轴圆台式平面磨床。最常用的为卧轴矩台式和立轴圆台式两种。

图12-6是卧轴矩台式平面磨床。它的砂轮主轴是内联式异步电动机的轴，电动机的定子就装在砂轮架的壳体内，砂轮架可沿滑座的燕尾导轨作横向间歇进给运动（可手动或液动）。滑座与砂轮架一起可沿立柱5的导轨作间歇的垂直切入运动。工作台沿床身的导轨作纵向往复运动。

立轴圆台式平面磨床如图12-7所示。磨床工作台为圆形，主轴垂直于工作台竖立在工作台的上方。砂轮架可沿着立柱的导轨作间歇的垂直切入运动，圆工作台的旋转为圆周进给运动。为了便于装卸工件，圆工作台还能沿床身导轨纵向移动。

　　用砂轮端面磨削的平面磨床与用周边磨削的平面磨床相比，各有优劣。由于端面磨削的砂轮直径一般比较大，能一次磨出工件的全宽，磨削面积较大，所以生产率较高，但端面磨削时，砂轮和工件表面是成弧形线或面接触，接触面积大，冷却困难，且磨屑不易排除，所以加工精度较低，表面粗糙度值较大。而用砂轮周边磨削时，由于砂轮和工件接触面较小，发热量少，冷却和排屑条件较好，可获得较高的加工精度和较小的表面粗糙度值。

　　圆台平面磨床与矩台平面磨床相比，圆台式的生产率稍高些，这是由于圆台式是连续进给，而矩台式有换向时间损失。但是圆台式只适于磨削小零件和大直径的环形零件端面，不能磨削窄长零件，而矩台式可方便地磨削各种零件，包括直径小于矩台宽度的环形零件。

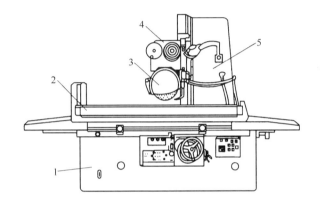

图 12-6　卧轴矩台式平面磨床

1—床身；2—工作台；3—砂轮架；4—滑座；5—立柱

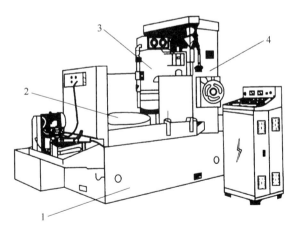

图 12-7　立轴圆台式平面磨床

1—床身；2—工作台；3—砂轮架；4—立柱

12.2.4　无心磨床

图 12-8 为无心磨削的加工原理。由于工件不是用顶尖或卡盘定心，而是由工件的被磨削

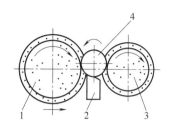

图 12-8　无心外圆磨床工作原理

1—砂轮；2—托板；3—导轮；4—工件

外圆面定位。工件放在砂轮和导轮之间，由托板、导轮支承进行磨削，所以这种磨床称为无心外圆磨床，简称无心磨床。图 12-8 中的磨削砂轮以高速旋转作切削主运动，导轮是用树脂或橡胶为结合剂的砂轮，它与工件之间的摩擦系数较大，当导轮以较低的速度带动工件旋转时，工件的线速度与导轮表面线速度相近。工件由托板与导轮共同支承，工件的中心一般应高于砂轮与导轮的连心线，以免工件加工后出现棱圆形。这样就使工件

和导轮及砂轮的接触，相当于工件在假想的 V 形槽中转动，工件的凸起部分和 V 形槽的两侧面不可能对称地接触，因此，就可使工件在多次转动中，逐步磨圆。工件中心高出的距离为工件直径的 15%~25%。高出的距离太大，导轮对工件的向上方向的垂直分力也随之增大，在磨削过程中，易引起工件跳动，影响工件的表面粗糙度。

12.3　砂轮

用于磨削加工的磨具有砂轮、砂带、油石等，其中砂轮用得最多。

12.3.1　砂轮的组成和特性

砂轮是由许多极硬的磨粒材料经过结合剂黏结而成的多孔体，砂轮的性质则取决于磨料、结合剂、磨料的粒度，以及砂轮的硬度和组织结构。因为磨料、结合剂以及制造工艺的不同，砂轮的特性可能相差很大，对磨削加工的精度和生产率影响很大。

砂轮特性包括磨料、粒度、结合剂、硬度、组织、形状和尺寸等。

（1）磨料　磨料是砂轮的主要成分，直接担负切削工作。磨料在磨削过程中承受着强烈的挤压力及高温的作用，所以必须具有很高的硬度、强度、耐热性和相当的韧度。用于制造砂轮的磨料通常有刚玉类、碳化物类和氮化物类。磨料分为天然和人造磨料两大类，目前主要使用的是人造磨料。其组成要素、代号、性能和适用范围如表 12-1 所示。

表 12-1　砂轮的组成要素、代号、性能和适用范围

系别	名称	代号	性能	适用磨削范围
刚玉	棕刚玉	A	棕褐色，硬度较低，韧度较好	碳钢、合金钢、铸铁
	白刚玉	WA	白色、硬度较棕刚玉高，磨粒锋利，韧度低	淬火钢、合金钢、高速钢

系别	名称	代号	性能	适用磨削范围
刚玉	铬刚玉	PA	玫瑰红色，韧度较白刚玉好	高速钢、不锈钢、刀具刃磨
碳化物	黑碳化物	C	黑色光泽，比刚玉类硬度高、导热性好、韧度低	铸铁、黄铜、非金属材料
	绿碳化物	GC	绿色带光泽，比黑碳化物硬度高、耐热性差	硬质合金、宝石、光学玻璃
超硬磨料	人造金刚石	MBD、RVD	白色、黑色、淡绿色，硬度最高，耐热性差	硬质合金、宝石、陶瓷
	立方氮化硼	CBN	棕黑色，硬度仅次于人造金刚石，韧度较人造金刚石好	高速钢、不锈钢、耐热钢

（2）粒度　粒度是指磨料颗粒的大小，分为磨粒与微粉两组。粒度号是指每英寸筛网长度上筛孔的数目，粒度号越大，磨粒越细。当磨料的颗粒小于 40μm 时称为微粉（W），微粉颗粒尺寸用 μm 表示。粒度的选择主要与加工表面粗糙度和生产率有关。粗磨时磨削余量大、表面质量要求不高，应选用粒度较粗的磨料；精磨时磨削余量小、表面质量要求高，可用粒度较细的磨粒。常用砂轮粒度号及其使用范围如表 12-2 所示。

表 12-2　常用砂轮粒度号及其使用范围

类别		粒度号	适用范围
磨粒	粗粒	8#、10#、12#、14#、16#、20#、22#、24#	粗磨、磨钢锭、切断钢坯、打磨铸件毛刺等
	中粒	30#、36#、40#、46#	一般磨削，加工表面粗糙度 Ra 值可达 0.8μm
	细粒	54#、60#、70#、80#、90#、100#	半精磨、精磨和成形磨削，加工表面粗糙度 Ra 值可达 0.8~0.1μm
	微粒	120#、150#、180#、200#、220#、240#	半精磨、精磨、超精磨和成形磨削、刀具刃磨、珩磨
微粉		W60、W50、W40、W28、W20、W14、W10、W7、W5、W3.5、W2.5、W1.5、W1.0、W0.5	精磨、精密磨、超精磨、珩磨、螺纹磨、超精密磨、镜面磨、精研，加工表面粗糙度 Ra 值可达 0.05~0.1μm

（3）结合剂　砂轮中用以黏结磨料的物质称结合剂。砂轮的强度、抗冲击性、耐热性及抗腐蚀能力主要决定于结合剂的性能。此外，它对磨削温度、磨削表面质量也有一定的影响。结合剂的种类、代号、性能及使用范围如表 12-3 所示。陶瓷结合剂由于耐热、耐水、耐油、耐酸碱腐蚀，且强度大，应用范围最广。

表 12-3　常用结合剂的种类、代号、性能及使用范围

结合剂	代号	性能	适用范围
陶瓷	V	耐热，耐腐蚀，气孔率大，易保持廓形，弹性差	最常用，适用于各类磨削加工

结合剂	代号	性能	适用范围
树脂	B	强度较陶瓷高，弹性好，耐热性差	适用于高速磨削、切断、开槽等
橡胶	R	强度较树脂高，更富弹性，气孔率小，耐热性差	适用于切断、开槽及作无心磨的导轮
青铜	Q	强度最高，导电性好，磨耗少，自锐性差	适用于金刚石砂轮

（4）硬度 砂轮硬度不是指磨料的硬度，而是指结合剂对磨粒黏结的牢固程度，是指砂轮表面上的磨粒在外力作用下脱落的难易程度，易脱落的称软砂轮，反之称硬砂轮。同一种磨料可做成不同硬度的砂轮，砂轮的软硬程度取决于结合剂的性能、数量及砂轮的制造工艺。

砂轮的硬度对磨削生产率、磨削表面质量都有很大的影响。如果砂轮太硬，磨粒磨钝后仍不能脱落，磨削效率降低，工作表面很粗糙并可能烧伤。如果砂轮太软，磨粒还未磨钝就从砂轮上脱落，砂轮损耗大，不易保持形状，也影响工件表面质量。砂轮的硬度合适，磨粒磨钝后因磨削力增大自行脱落，使新的锋利的磨粒露出，砂轮具有自锐性，则磨削效率高。砂轮硬度代号以英文字母表示，字母顺序越大，砂轮硬度越高。砂轮的硬度分级如表12-4所示。

表 12-4　砂轮的硬度分级

等级	超软			软			中软		中		中硬			硬		超硬
代号	D	E	F	G	H	J	K	L	M	N	P	Q	R	S	T	Y
选择	磨未淬硬钢选用 L~N，磨淬火合金钢选用 H~K，磨削高质量表面选用 K~L，硬质合金刀具选用 H~L															

砂轮硬度的选用原则如下：

1）工件材料越硬，应选用越软的砂轮。这是因为硬材料易使磨粒磨损。需用较软的砂轮以使磨钝的磨粒及时脱落，但是磨削有色金属（铝、黄铜、青铜等）、橡胶、树脂等软材料，也要用较软的砂轮，因为这些材料易使砂轮堵塞，选用软的砂轮可使堵塞处较易脱落，露出尖锐的新磨粒。

2）砂轮与工件磨削接触面积大时，磨粒参加切削的时间较长，较易磨损，应选用较软的砂轮。

3）半精磨与粗磨相比，要用较软的砂轮，以免工件发热烧伤。但精磨和成形磨时，为了使砂轮廓形保持较长时间，则需用较硬一些的砂轮。

4）砂轮气孔率较低时、为防止砂轮堵塞，应选用较软的砂轮。

（5）组织 砂轮的组织表示磨粒、结合剂和气孔三者在砂轮内分布的紧密或疏松的程度。砂轮的组织号以磨粒所占砂轮体积的百分比来确定。组织号分15级，以阿拉伯数字0~14表示，组织号越大，磨粒所占砂轮体积的百分比越小，砂轮组织越松。如表12-5所示。

表 12-5 砂轮的组织号

组织号	0	1	2	3	4	5	6	7	8	9	10	11	12	13	14
磨料百分比/%	62	60	58	56	54	52	50	48	46	44	42	40	38	36	24
疏密度	紧密				中等				疏松					大气孔	
使用范围	重负荷、成形、精密磨削，间断以及自由磨削，加工硬脆材料				外圆、内圆、无心磨，工具磨，淬火钢工件及刀具刃磨等				粗磨及韧度大、硬度低的工件磨削。适合磨削薄壁、细长工件，或砂轮与工件接触面大以及平面磨削等					有色金属、塑料等非金属，以及热敏感性大的合金	

砂轮组织号大，则组织松，砂轮不易被磨屑堵塞，切削液和空气能带入磨削区域，可降低磨削区域的温度，减少工件因发热引起的变形和烧伤，故适用于粗磨、平面磨、内圆磨等磨削接触面积较大的工序，以及磨削热敏感性较强的材料、软金属或薄壁工件。

砂轮组织号小，则组织紧密，气孔占比小，砂轮硬，容易被磨屑堵塞，磨削效率低，但可承受较大的磨削压力，砂轮廓形可保持长久，故适合在重压力下磨削，如手工磨削以及精磨、成形磨削。

12.3.2 砂轮的检查、装夹、平衡和修整

在磨床上安装砂轮时，要特别注意，因为砂轮的转速很高，如安装不当，就会因为砂轮破裂而造成事故。安装砂轮前须经过外观检查，并经过静平衡试验。

先检查所选的砂轮有无裂纹。可观察外形，用木棒轻敲，发出清脆声音者为好，发出嘶哑声音者有裂纹，有裂纹的砂轮绝对禁止使用。

砂轮的重心与其旋转中心不重合，会造成砂轮在高速旋转时产生振动，轻则影响加工质量，严重时会导致砂轮破裂和机床损坏。为使砂轮平稳地工作，一般直径大于125mm的砂轮都要进行平衡，使砂轮的重心与其旋转轴线重合。平衡时将砂轮装在心轴上，再放在平衡架导轨上。如果不平衡，较重的部分总是转在下面，这时可移动法兰盘端面环形槽内的平衡块进行平衡，直到砂轮可以在导轨上的任意位置都能静止为止，此时砂轮的各部分重量均匀，平衡良好。这种方法叫静平衡。

安装砂轮时，砂轮内孔与砂轮轴或法兰盘外圆之间不要过紧，否则磨削时受热膨胀，易使砂轮胀裂；也不能过松，否则容易发生偏心，失去平衡，引起振动。

砂轮工作一定时间后，磨粒逐渐变钝，砂轮工作表面空隙被磨屑堵塞，砂轮几何形状也会发生改变，造成磨削质量和生产率都下降，最后砂轮丧失切削能力，这时需要对砂轮进行修整，以便磨钝的磨粒脱落，恢复砂轮的切削能力和外形精度。修整砂轮通常用金刚石笔进行，利用高硬度的金刚石将砂轮表层的磨料及磨屑清除掉，修出新的磨粒刃口，恢复砂轮的切削能力，并校正砂轮的外形。

第四篇　现代制造技术

第 13 章　数控加工基础知识

教学目标	本章重点
（1）熟悉数控加工的基本概念； （2）了解数控加工的工作原理和组成； （3）掌握数控加工编程基础； （4）掌握数控加工工艺设计。	数控加工编程基础、数控加工工艺设计。
	本章难点
	数控加工工艺设计。

思政目标

　　通过对数控加工基础知识的学习，培养学生掌握先进制造技术的决心，使学生知道获得数控加工产品所必备的理论基础，培养学生扎实的基础知识和强大的学习动力，教育学生为国家发展而学习。

　　随着科学技术的快速发展，航空航天业、飞机制造业、船舶业等现代化产业也迅猛发展起来，产品品种不断增多，产品结构越来越复杂，复杂形状的零件越来越多，对产品零件质量、加工精度的要求也越来越高。同时，激烈的市场竞争使得产品研制周期越来越短，多品种、中小批量生产所占的比例显著增加，传统的加工设备和制造方法已很难适应多样化、柔性化、复杂形状零件的高质量、高精度、高效率加工要求。能有效解决复杂、精密、中小批量多品种零件加工问题的数控加工技术得到了迅速发展和广泛应用。柔性制造系统的兴起，使得现代化数控加工技术向柔性化、高精度化、高可靠性、高一体化、网络化和智能化制造方向发展。

　　常见的数控加工方法有数控车、数控铣、数控磨、数控线切割、加工中心、数控钻、数控冲压等，已广泛应用于机械、电子、国防、航天等各行各业，成为现代加工不可缺少的加工方法。

13.1　数控加工概述

13.1.1　数控技术及数控机床

　　数控技术集成了计算机、自动控制、电动机、电气传动、测量、监控、机械制造等多学科领域科学技术，是现代机械制造领域核心技术之一，是实现柔性制造（flexible manufacturing，FM）、计算机集成制造（computer integrated manufacturing，CIM）、工厂自动化（factory automation，FA）的重要基础技术之一。

国家标准GB/T 8129把机床数控技术定义为用数字化信息对机床运动及其加工过程进行控制的一种方法，简称数控（numerical control，NC）。数控机床是利用数字信息进行控制的高效、能自动化加工的机床，它能够按照机床规定的数字化代码，把各种机械位移量、工艺参数、辅助功能（如刀具交换、冷却液开与关等）表示出来，经过数控系统的逻辑处理与运算，发出各种控制指令，实现要求的机械动作，自动完成零件加工任务。在被加工零件或加工工序变换时，它只需改变控制的指令程序就可以实现新的加工。所以，数控机床是一种灵活性很强、技术密集度及自动化程度很高的机电一体化加工设备。

随着自动控制理论、电子技术、计算机技术、精密测量技术和机械制造技术的进一步发展，数控技术正向高速度、高精度、智能化、开放型以及高可靠性等方向迅速发展。

13.1.2 数控机床加工的特点

数控加工是采用数字化信息对零件加工过程进行定义，并控制机床进行自动运行的一种自动化加工方法，它具有以下几个方面的特点：

1）具有对复杂形状零件的加工能力。复杂形状零件制造在飞机、汽车、造船、模具、动力设备和国防工业等制造部门具有重要地位，其加工质量直接影响整机产品的性能。数控加工运动的任意可控性使其能完成普通加工方法难以完成或者无法进行的复杂型面加工。

2）自动化程度高，劳动强度低。数控加工过程是按输入程序自动完成的，一般情况下，操作者主要是进行程序的输入和编辑、工件的装卸、刀具的准备、加工状态的监测等工作，不需要进行繁重的重复性的手工操作，体力劳动强度和紧张程度可大为减轻，劳动条件大大改善。

3）高精度。数控加工是用数字程序控制实现自动加工，排除了人为误差因素，且加工误差还可以由数控系统通过软件技术进行补偿校正。因此，采用数控加工可以提高零件加工精度和产品质量。

4）高效率。与采用普通机床加工相比，采用数控加工一般可提高生产率2~3倍，在加工复杂零件时生产率可提高十几倍甚至几十倍。特别是五面体加工中心和柔性单元等设备，零件一次装夹后能完成几乎所有部位的加工，不仅可消除多次装夹引起的定位误差，还可大大减少加工辅助操作，使加工效率进一步提高。

5）高柔性。只需要改变零件程序即可适应不同品种的零件加工，且几乎不需要制造专用工装夹具，因此加工柔性好，有利于缩短产品的研制与生产周期，适应多品种、中小批量的现代生产需要。

6）良好的经济效益。改变数控机床加工对象时，只需重新编写加工程序，不需要制造、更换许多工具、夹具和模具，更不需要更新机床。节省了大量工艺装备费用，又因加工精度高，质量稳定，减少了废品率，使生产成本降低，生产率进一步提高，故能够获得良好的经济效益。

7）有利于生产管理的现代化。利用数控机床加工，可预先计算加工工时，所使用的工具、夹具、刀具可进行规范化、现代化管理。数控机床将数字信号和标准代码作为控制信息，易于实现加工信息的标准化管理。数控机床易于构成柔性制造系统，目前已与计算机辅助设计与制造（CAD/CAM）有机结合。数控机床及其加工技术是现代集成制造技术的基础。

然而数控机床初期投资大，维修费用高，数控机床及数控加工技术对操作人员和管理人员素质的要求也高。因此，应该合理地选择和使用数控机床，提高企业的经济效益和竞争力。

13.1.3 数控加工的适用范围

数控加工是一种可编程的柔性加工方法，但由于其设备费用相对较高，故目前数控加工多应用于加工零件形状比较复杂、精度要求较高，以及产品更换频繁、生产周期短的场合。具体地说，以下类型的零件最适宜于数控加工：

1）形状复杂、加工精度要求高或用数学方法定义的复杂曲线、曲面轮廓。

2）用通用机床加工时，要求设计制造复杂专用工装夹具或需很长调整时间的零件。

3）价值高的零件。

4）多品种、小批量生产的零件。

5）钻、镗、铰、攻螺纹及铣削加工联合进行的零件。

由于现代工业生产的需要，目前应用数控设备进行加工的部分行业及典型复杂零件如下：

1）电器、塑料制造业和汽车制造业等——模具型面。

2）航空航天工业——高压泵体、导弹舱、喷气式发动机叶片、框架、机翼、大梁等。

3）造船业——螺旋桨。

4）动力工业——叶片、叶轮、机座、壳体等。

5）机床工具业——箱体、盘套类及轴类零件、凸轮、非圆齿轮、复杂形状刀具与工具。

6）兵器工业——炮架件体、瞄准陀螺仪壳体、恒速器壳体。

目前的数控加工主要应用于以下两个方面：

1）常规零件加工，如二维车削、箱体类镗铣等，其目的在于提高加工效率，避免人为误差，保证产品质量；以柔性加工方式取代高成本的工装设备，缩短产品制造周期，适应市场需求。这类零件一般形状较简单，实现上述目的的关键一方面在于提高机床的柔性自动化程度、高速高精加工能力、加工过程的可靠性与设备的操作性能；另一方面在于合理的生产组织、计划调度和工艺过程安排。

2）复杂零件加工，如模具型腔、涡轮叶片等零件，其加工质量直接影响甚至决定着整机产品的质量。这类零件型面复杂，常规加工方法难以实现，它不仅促使了数控加工技术的产生，而且也一直是数控加工技术的主要研究及应用对象。由于零件型面复杂，在加工技术方面，除要求数控机床具有较强的运动控制能力（如多轴驱动）外，更重要的是如何有效地获得高效优质的数控加工程序，并从加工过程整体上提高生产效率。

13.1.4　数控加工的重要性和发展趋势

数控加工是机械加工现代化的重要基础与关键技术，应用数控加工可大大提高生产率、稳定加工质量、缩短加工周期、增加生产柔性、实现对各种复杂精密零件的自动化加工，易于在工厂或车间实行网络化管理，还可减少车间设备总数、节省人力、改善劳动条件，有利于加快产品的开发和更新换代，提高企业对市场的适应能力并提高企业综合经济效益。数控加工技术的应用，使零件的计算机辅助设计与制造、计算机辅助工艺规划的一体化成为现实，使机械加工的柔性化自动化水平不断提高。

数控加工技术也是发展军事工业的重要战略技术。美国与西方各国在高档数控机床与加工技术方面，一直对我国进行封锁限制。许多先进武器装备，如飞机、导弹、坦克等关键零件的制造，都离不开高性能数控机床的加工。历史上的"东芝事件"，就是苏联利用从日本获得的大型五坐标数控铣床制造出低噪声潜艇螺旋桨，使得西方的反潜设施失效。中国的航空、能源、交通等行业从西方引进了一些五坐标机床等高档数控设备，但其使用受到国外的监控和限制，不能用于军事用途的零件加工。1999年美国的考克斯报告，其中一项主要内容就是指责中国将购买的二手数控机床用于军事工业。这一切均说明数控加工技术在国防现代化方面所起的重要作用。

数控加工技术是20世纪40年代后期为加工复杂外形零件而发展起来的一种自动化加工技术，其研究起源于飞机制造业。1947年，美国帕森斯（Parsons）公司为了精确地制作直升机机翼、桨叶和飞机框架，提出了用数字信息来控制机床自动加工复杂零件的设想。他们利用电子计算机对机翼加工路径进行数据处理，使得加工精度大大提高。1949年美国空军为了能在短时间内制造出经常变更设计的火箭零件，与帕森斯公司和麻省理工学院（MIT）伺服机构研究所合作，于1952年研制成功世界上第一台数控机床——三坐标立式铣床，1955年该机床进入实用阶段。该机床可控制铣刀进行连续空间曲面的加工，揭开了数控加工技术的序幕。中国从1958年开始数控机床的研制，现有多家机床厂家能生产各类数控机床。数控机床在制造业应用越来越广泛。现代数控加工正在向高速化、高精度化、高柔性化、高度光机电商业一体化、网络化和智能化等方向发展。

1）切削速度高速化　受高生产率需求的驱使，高速化已是现代机床技术发展的重要方向之一。高速切削可通过高速运算、快速插补运算、超高速通信和高速主轴等技术来实现。

2）高精度控制　提高机床的加工精度，一般是通过减少数控系统误差，提高数控机床基础大件结构特性和热稳定性，采用补偿技术和辅助措施来达到的。目前精整加工精度已提高到0.1μm，并进入了亚微米级，不久超精度加工将进入纳米时代。

3）高柔性化　柔性是指机床适应加工对象变化的能力。目前，在进一步提高单机柔性自动化加工的同时，单元柔性化和系统柔性化是发展趋势。

4）高度的光机电算液声能等一体化　数控系统与加工过程作为一个整体，实现机电光声综合控制，测量、造型、加工一体化，加工、实时检测与修正一体化，机床主机设计与数控系统设计一体化。

5）网络化　实现多种通信协议，既满足单机需要，又能满足 FMS（柔性制造系统）、CIMS（计算机集成制造系统）对基层设备的要求。配置网络接口，通过 Internet 可实现远程监视和控制加工，进行远程检测和诊断，使维修变得简单。

6）智能化　现代的 CNC 系统将是一个高度智能化的系统。具体是指系统应在局部或全部实现加工过程的自适应、自诊断和自调整；多媒体人机接口使用户操作简单，智能编程使编程更加直观，可使用自然语言编程；加工数据自生成及智能数据库；智能监控；采用专家系统以降低对操作者的要求等。

13.2　数控机床的基本概念

数控机床（numerical control machine tools）是一个装有数字控制系统的机床，数字控制系统能够处理加工程序，控制机床自动完成各种加工运动和辅助运动。

13.2.1　数控机床的组成

数控机床的种类很多，其基本组成部分有控制介质、数控系统、伺服系统、辅助控制装置、机床本体、辅助装置，如图 13-1 所示。

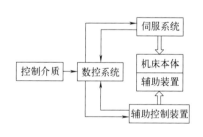

图 13-1　数控机床组成示意图

1）控制介质　控制介质是将零件加工信息传送到控制装置的载体。不同类型的控制装置有不同的控制介质。常用的控制介质有穿孔纸带、穿孔卡、磁带、磁盘等。功能较强的数控系统通常采用自动编程机或者计算机辅助设计及计算机辅助制造系统。

2）数控系统　数控系统是数控机床的核心，现代数控系统通常是一台带有专门系统软件的专用微型计算机，由输入装置、控制运算器和输出装置等构成。它接收控制介质上的数字化信息，经过控制软件或逻辑电路进行编译、运算和逻辑处理后，输出各种信号和指令控制机床的各个部分，进行规定、有序的动作。

3）伺服系统　伺服系统是数控机床的执行部分，由驱动和执行两部分组成。它接收数控装置的指令信息，并按指令信息的要求控制执行部件的进给速度、方向和位移。指令信息是以脉冲信号发出的，每一脉冲使机床移动部件产生的位移量叫作脉冲当量。目前数控机床的伺服系统中，常用的位移执行机构有功率步进电动机、直流伺服电动机和交流伺服电动机，后两者均带有光电编码器等位置测量元件。

4）辅助控制装置　辅助控制装置是介于数控装置和机床机械、液压部件之间的强电控制装置。它接收数控装置输出的主运动变速、刀具选择交换、辅助装置等指令信号，经编译、逻辑判断、功率放大后直接驱动相应的电气、液压、气动和机械部件，完成各种规定的动作。此外，有些开关信号经过它送入数控装置进行处理。

5）机床本体　机床本体是数控机床的主体，是用于完成各种切削加工的机械部分，包括主运动部件、进给运动执行部件（如工作台、滑板）及其传动部件和支承部件（如床身、立柱等）。

6）辅助装置　其作用是配合机床完成零件的辅助加工。它通常也是一个完整的机器或装置，如切削液或油液处理系统中的冷却过滤装置、油液分离装置、吸尘吸雾装置、润滑装置，及辅助主机实现传动和控制的气、液动装置等。虽然在某些自动化或非数控精密机床上也配备使用了这些装置，但是数控机床要求配备装置的质量、性能更为优越，如从油质、水质、配方及元器件的挑选开始，一直到过滤、降温、动作等各个环节均从严要求。

除上述通用辅助装置外，从目前数控机床技术现状看，还有以下经常配备的几类辅助装置：①对刀仪；②自动编程机；③自动排屑器；④物料储运及上、下料装置；⑤交流稳压电源（在电网电压波动很大的情况下这是必需的）。随着数控机床技术的不断发展，其辅助装置也会逐步变化扩展。

13.2.2　数控机床的基本结构特征

由上述数控机床的组成可知，其与普通机床的最主要的差别有两点：一是数控机床具有"指挥系统"——数控系统；二是数控机床具有执行运动的驱动系统——伺服系统。

就机床本体来讲，数控机床与普通机床大不相同，从外观上看，数控机床虽然也有普通机床都有的主轴、床身、立柱、工作台、刀架等机械部件，但在设计上已发生了巨大的变化，主要表现在：

1）机床刚性大大提高，抗振性能大为改善。如采用加宽机床导轨面、改变立柱和床身内部布局方式、动平衡等措施。

2）机床热变形降低。一些重要部件采用强制冷却措施，如有的机床采取了切削液通过主轴外套筒的办法保证主轴处于良好的散热状态。

3）机床传动结构简化，中间传动环节减少。如用一、二级齿轮传动或"无隙"齿轮传动代替多级齿轮传动，有些结构甚至取消了齿轮传动。

4）机床各运动副的摩擦系数较小。如用精密滚珠丝杠代替普通机床上常见的滑动丝杠，用塑料导轨或滚动导轨代替一般滑动导轨。

5）机床功能部件增多。如用多刀架、复合刀具或多刀位装置代替单刀架，增加了自动换刀（换砂轮、换电极、换动力头等）装置，实现自动换刀工作台、自动上下料、自动检测等。

13.2.3 数控机床的分类

数控机床的种类很多。一般可按如下几种方式分类。

（1）按工艺用途分 目前，数控机床的品种已达 500 多种，按其工艺用途可分为以下四大类。

1）金属切削类 指采用车、铣、镗、钻、铰、磨、刨等各种切削工艺的数控机床，它又可分为以下两类：

① 普通数控机床 一般指在加工工艺过程中的一个工序上实现数字控制的自动化机床，有数控车、铣、刨、镗及磨床等。刀具的更换与零件的装夹需人工完成。

② 数控加工中心 加工中心是带有刀库和自动换刀装置的数控机床。工件一次装夹后，可实现多道工序的几种连续加工。加工中心的类型很多，一般分为铣削加工中心、车削加工中心、钻削中心等。加工中心由于减少了多次安装造成的定位误差，提高了零件各加工面的位置精度。

2）金属成形类 指采用挤、压、冲、拉等成形工艺的数控机床，常用的有数控折弯机、数控弯管机、数控压力机、数控冲剪机等。

3）特种加工类 主要有数控电火花线切割机、数控电火花成形机、数控激光加工与数控火焰切割机等。

4）测量、绘图类 主要有数控绘图仪、数控坐标测量仪、数控对刀仪等。

（2）按控制运动的方式分

1）点位控制数控机床 这类机床只控制机床运动部件从一点移动到另一点的准确定位，在移动过程中不进行切削，对两点间的移动速度和运动轨迹没有严格控制。为了减少移动时间

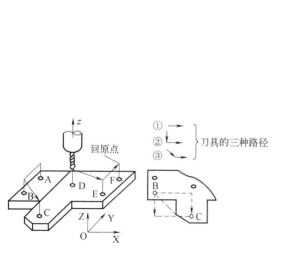

图 13-2 点位控制加工

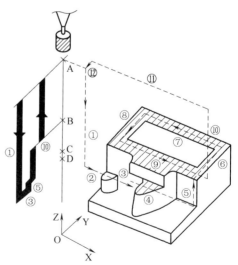

图 13-3 直线控制加工

①~⑫为加工路线

和提高终点位置的定位精度,一般先快速移动,当接近终点位置时,再以低速准确移动到终点,以保证定位精度。这类数控机床有数控钻床、数控镗床、数控冲床、数控点焊机和数控折弯机等。图 13-2 所示为点位控制加工。

2）直线控制数控机床　这类机床在工作时,不仅要控制起点和终点的准确位置,还要控制刀具以一定的进给速度沿与坐标轴平行的方向进行切削加工。这类数控机床有数控车床、数控铣床和数控磨床等。图 13-3 所示为直线控制加工。

3）轮廓控制数控机床　这类机床又称连续控制或多坐标联动数控机床,机床的控制装置能够同时对两个或两个以上的坐标轴进行连续控制。加工时不仅要控制起点和终点,还要控制整个加工过程中每点的速度和位置。这类数控机床有数控车床、数控铣床、数控线切割和加工中心等。图 13-4 所示为轮廓控制加工。

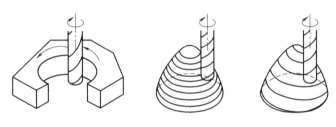

图 13-4　轮廓控制加工

（3）按伺服系统的控制方式分

1）开环控制数控机床　即不带反馈装置的控制系统,如图 13-5 所示。其伺服系统通常采用功率步进电动机,数控装置经过控制运算发出脉冲信号,每一脉冲信号使步进电动机转动一定的角度,再经过传动系统,带动工作台或刀架移动。开环控制伺服机构结构简单,控制方便,价格便宜,但精度较低。

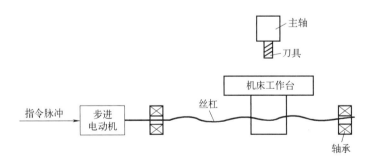

图 13-5　开环控制系统框图

2）半闭环控制数控机床　如图 13-6 所示,它是将位置检测装置安装于驱动电动机轴端或传动丝杠端部,间接地测量移动部件（工作台）的实际位置或位移,然后反馈到数控装置的比较器中,与输入原指令位移值进行比较,用比较后的差值进行控制。其精度高于开环系统,目前大部分机床采用半闭环控制方式。

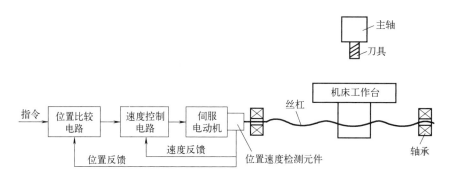

图 13-6　半闭环控制系统框图

3）闭环控制数控机床　它的进给伺服系统是按闭环反馈控制方式工作的，如图 13-7 所示。闭环控制系统是在机床工作台侧面位置直接装有直线位置检测装置，加工中将检测到的实际位移反馈到数控装置的比较器中，与输入的原指令位移值进行比较，根据其差值与指令进给速度的要求，按一定规律转换后，得到进给伺服系统的速度指令；通过与伺服电动机刚性连接的测速元件，随时实测驱动电动机的转速，得到速度反馈信号，将其与速度指令信号相比较，以其比较的差值对伺服电动机的转速随时进行校正，直至实现移动部件工作台的最终精确定位。利用上述位置控制与速度控制两个回路可实现精确的定位。

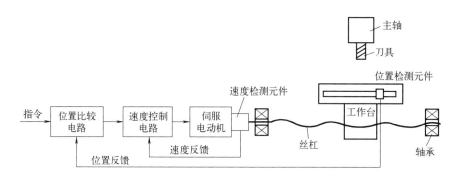

图 13-7　闭环控制系统框图

（4）按联动轴数分　数控系统控制几个坐标轴按需要的函数关系同时协调运动，称为坐标联动。按照联动轴数可以分为：

1）两轴联动　数控机床能同时控制两个坐标轴联动，适于数控车床加工旋转曲面或数控铣床铣削平面轮廓。

2）两轴半联动　在两轴的基础上增加了 Z 轴的移动，当机床坐标系的 X、Y 轴固定时，Z 轴可以作周期性进给。两轴半联动加工可以实现分层加工。

3）三轴联动　数控机床能同时控制三个坐标轴的联动，用于一般曲面的加工，一般的型腔模具均可以用三轴联动完成加工。

4）多坐标联动　数控机床能同时控制四个以上坐标轴的联动。多坐标数控机床的结构复杂，精度要求高，程序编制复杂，适用于加工形状复杂的零件，如叶轮、叶片类零件。

通常三轴机床可以实现两轴、两轴半、三轴加工；五轴机床也可以只用到三轴联动加工，而其他两轴不联动。

（5）按数控系统的功能水平分　按所用数控系统的功能水平通常把数控机床分为低、中、高档三类。数控机床（数控系统）档次的高低由主要技术参数、功能指标和关键部件的功能水平来确定。低、中、高档是相对而言的，不同时期，划分的标准会不同。就目前的发展水平来看，这三个档次的数控机床的基本功能及参数如下。

1）低档数控机床　这类数控机床以步进电动机驱动为特征，分辨率为 10μm，进给速度为 8~15m/min，主 CPU 采用 8 位或 16 位 CPU，脉冲当量 0.005~0.01mm，用数码管或简单 CRT 显示。它主要用于车床、线切割机床及旧机床改造等。

2）中档数控机床　这类数控机床的伺服进给采用半闭环及直、交流伺服控制，分辨率为 1μm，脉冲当量 0.001~0.005mm，进给速度为 15~20m/min，主 CPU 采用 16 位或 32 位 CPU，具备较齐全的 CRT 显示，可以显示字符和图形，进行人机对话、自诊断等，通常采用 RS-232 或 DNC 通信接口。

3）高档数控机床　这类数控机床的伺服进给采用闭环及直、交流伺服控制，分辨率为 0.1μm，脉冲当量 0.0001~0.001mm，进给速度为 20m/min，主 CPU 采用 32 位或以上 CPU，CRT 显示除具备中档的功能外，还具有三维图形显示等，通常采用制造自动化协议（manufacturing automation protocol，MAP）等高性能通信接口，具有联网功能。

13.3 数控机床的工作原理

在对零件进行数控加工之前，首先要根据被加工零件的图样和工艺方案，用规定的代码和程序格式编写加工程序，并用适当的方法将程序指令输入机床的数控装置中。数控系统对输入的加工程序进行译码、运算之后，向机床输出各种信息和指令，控制其各部分按规定有序地动作。伺服系统的作用就是将进给速度、位移量等信息转换成机床的进给运动，数控系统要求伺服系统能准确、快速地跟随控制信息，执行机械运动，同时，检测犯规系统将机械运动的实际位置、速度等信息反馈至数控系统中，并与指令数值进行比较后发出相应指令，修正所产生的偏差，提高数控机床的位置控制精度。数控机床的工作原理如图 13-8 所示。

总之，数控机床的运行在数控系统的严密监控下，处在不断地计算、输入、输出、反馈等控制过程中，从而保证数控机床能严格按照输入程序的要求来执行动作。从数控机床最终要完成的任务看，主要有以下三个方面的内容。

（1）主轴运动　和普通机床一样，主轴运动主要完成切削任务，其动力占数控机床动力的 70%~80%。基本控制功能是主轴的正、反转和停止，可自动换挡及无级调速；对加工中心和有些数控车床，还要求主轴进行高精确准停和分度。

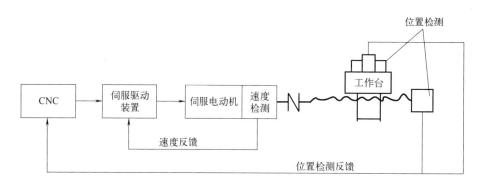

图 13-8　数控机床的工作原理

（2）进给运动　进给运动是数控机床区别于普通机床最主要的地方，即用电气驱动代替了机械驱动，数控机床的进给运动是由进给伺服系统完成的。进给伺服系统由进给伺服驱动装置、伺服电动机、进给传动链及位置检测反馈装置等组成。

一般说来，数控机床功能的强弱主要取决于计算机数控系统（CNC）装置，而数控机床性能的优势，如运动速度与精度等，主要取决于进给伺服驱动系统。为了保证进给运动的位置精度，人们采取了一些有效的措施。如对机械传动链进行预紧和反向间隙调整；采用高精度的位置检测装置；采用高性能的伺服驱动装置和伺服电动机，来提高数控系统的运算速度等。

（3）输入／输出（I/O）接口　数控系统对加工程序处理后输出的控制信号除了对进给运动轨迹进行精确的控制外，还需要对机床主轴启／停、换向、刀具更换、工件夹紧／松开以及液压、冷却、润滑、分度工作台转位等辅助运动进行控制。例如，通过对加工程序中的 M 代码指令、机床操作面板上的控制开关及分布在机床各部位的行程开关、接近开关、压力开关等输入元件的检测，由数控系统内的可编程控制器（PLC）进行逻辑运算，输出控制信号驱动中间继电器、接触器、电磁阀及电磁制动器等输出元件，对冷却泵、润滑泵、液压系统和气动系统进行控制。

第14章 数控车削加工

教学目标	本章重点
（1）熟悉数控车削加工的基本概念； （2）了解数控车床结构； （3）掌握数控车削编程； （4）掌握数控车床的基本操作。	数控车削编程和数控车床的基本操作。
	本章难点 数控车床的基本操作。

思政目标
通过对数控车削加工知识的学习，培养学生不断学习的精神，使学生理解获得一个优质加工产品每一步都需要踏实肯干，从基础做起，以此培养出国家急需的技术技能型人才。

14.1 概述

14.1.1 数控车削的主要加工对象

数控车削适合于车削具有以下要求和特点的回转体零件。

1）精度要求高的回转体零件。数控车床刚性好，制造和对刀精度高，能方便和精确地进行人工补偿和自动补偿，能加工尺寸精度要求较高的零件，在有些场合可以以车代磨。数控车削的刀具运动通过高精度插补运算和伺服驱动来实现，能加工对直线度、圆度、圆柱度等形状精度要求高的零件。工件一次装夹可完成多道工序的加工，提高了加工工件的位置精度。

2）表面粗糙度要求高的回转体零件。数控车床具有恒线速切削功能，能加工出表面粗糙度值较小的零件。在材质、精车余量和刀具已定的情况下，表面粗糙度取决于进给量和车削速度。使用数控车床的恒线速切削功能，就可选用最佳线速度来切削锥面、球面和端面等，使车削后的表面粗糙度值既小又一致。

3）表面形状复杂的回转体零件。由于数控车床具有直线和圆弧插补功能，可以车削出任意直线和曲线组成的形状复杂的回转体零件。

4）带特殊螺纹的回转体零件。数控车床具有加工各类螺纹的功能，包括等导程的直螺纹、锥螺纹和端面螺纹以及变导程的螺纹。

14.1.2 数控车削加工工件的装夹

14.1.2.1 工件定位要求

由于数控车削的特点，工件径向定位后要保证工件坐标系 Z 轴与机床主轴轴线同轴，同时要保证加工表面径向的工序基准（或设计基准）与机床主轴回转中心线的位置满足工序（或设计）要求。如工序要求加工表面轴线与工序基准表面轴线同轴，这时工件坐标系 Z 轴即为工序基准表面的轴线，可采用三爪自定心卡盘或采用两顶尖定位装夹。

定位基准（指精基准）选择的原则如下。

1）基准重合原则　为避免基准不重合误差，方便编程，应选用工序基准（设计基准）作为定位基准，并使工序基准、定位基准、工件原点三者统一，这是优先考虑的方案，否则，会产生基准不重合误差。

2）基准统一原则　在多工序或多次安装中，选用相同的定位基准，这对数控加工保证零件的位置精度非常重要。

3）便于装夹原则　所选择的定位基准应能保证定位准确、可靠，操作方便，能加工尽可能多的内容。

4）便于对刀原则　批量加工时，在工件坐标系已确定的情况下，采用不同的定位基准为对刀基准，建立工件坐标系，会使对刀方便。

14.1.2.2　常用装夹方式

1）在三爪自定心卡盘上装夹　三爪自定心卡盘的三个卡爪是同步运动的，能自动定心，一般不需找正。三爪自定心卡盘装夹工件方便、省时，自动定心好，但夹紧力较小，所以适用于装夹外形规则的中、小型工件。三爪自定心卡盘可装成正爪或反爪两种形式。

2）在两顶尖之间装夹　对于轴向尺寸较大或加工工序较多的轴类工件，为保证每次装夹时的装夹精度，可用两顶尖装夹。两顶尖装夹工件操作方便，不需找正，且装夹精度高。该装夹方式适用于多工序加工或精加工。

3）用卡盘和顶尖装夹　用两顶尖装夹工件时虽然精度高，但刚性较差。因此，对于质量较大的工件，则要一端用卡盘夹住，另一端用后顶尖支承。为了防止工件由于切削力的作用而产生轴向位移，必须在卡盘内装一限位支承，利用工件的台阶面限位。这种方法比较安全，且能承受较大的轴向切削力，安装刚性好，轴向定位准确，所以应用比较广泛。

14.1.3　选择并确定数控加工的内容

选择并确定数控加工的内容，一般可按下列顺序考虑。

1）普通机床无法加工的内容应作为首选内容。其中包括：①由轮廓曲线构成的回转表面；②有微小尺寸要求的结构表面；③同一表面采用多种设计要求的结构；④表面间有严格几何关系要求的表面。

2）普通机床难以加工、质量难以保证的内容应作为重点选择内容。其中包括：①表面间有严格位置精度要求但在普通机床上无法一次安装加工的表面；②表面粗糙度要求很高的锥面、曲面、端面等。

14.1.4　对零件图进行数控加工工艺分析

14.1.4.1　结构工艺性分析

在进行数控加工工艺性分析时，工艺人员应根据所掌握数控加工的基本特点及所用数控机床的功能和实际工作经验，力求把这一前期准备工作做得更仔细。

（1）零件结构工艺性　零件结构工艺性是指在满足使用要求的前提下零件加工的可行性和经济性，即所设计的零件结构应便于加工，并且成本低、效率高。对零件进行结构工艺性分析时，要充分反映数控加工的特色。

（2）零件结构工艺性分析的主要内容

1）审查与分析零件图纸中的尺寸标注方法是否适应数控加工的特点。

2）对数控加工来说，最倾向于以同一基准标注尺寸或者直接给出坐标尺寸，这就是坐标标注法。这种标注法，既便于编程，也便于尺寸之间的相互协调，为保证设计、定位、检测基准与编程原点设置的一致性带来很大方便。

3）审查与分析零件图纸中构成轮廓的几何元素的条件是否充分、正确。

由于设计人员在设计过程中往往存在难以完全避免的考虑不周，常常遇到构成零件轮廓几何元素的条件不充分或模糊不清甚至多余的情况。所以，在审查与分析图纸时，一定要仔细认真，发现问题后要及时找设计人员更改。

14.1.4.2　技术要求分析

对被加工零件的技术要求进行分析是零件工艺性分析的重要内容，只有在分析零件精度和表面粗糙度的基础上，才能对加工方法、装夹方式、进给路线、刀具及切削用量等进行正确而合理的选择。

精度及技术要求分析的主要内容如下。

1）分析精度及各项技术要求是否齐全、合理。对采用数控加工的表面，其精度的要求应尽量一致，以便最后能一刀连续加工。

2）分析本工序的数控车削加工精度能否达到图样要求，若达不到，需采取其他措施（如磨削）弥补。

3）找出图样上有较高位置精度要求的表面，这些表面应在一次安装下完成加工。

4）对表面粗糙度要求较高的表面，应采用恒线速切削。

14.1.5　数控车削加工工艺过程的拟定

14.1.5.1　零件表面数控车削加工方案的确定

一般应根据零件的加工精度、表面粗糙度、材料、结构形状、尺寸及生产类型确定零件表面的数控车削加工方法及加工方案。

数控车削内、外圆表面及端面的加工方案如下。

1）对于加工精度为 IT9~IT7 级、表面粗糙度 Ra 为 0.8~3.2μm 的除淬火钢以外的常用金属，可采用粗车、半精车、精车的方案加工。

2）对于加工精度为 IT7~IT5 级、表面粗糙度 Ra 为 0.63~0.8μm 的除淬火钢以外的常用金属，可采用粗车、半精车、精车、细车的方案加工。

3）对于加工精度高于 IT5 级、表面粗糙度 Ra 小于 $0.63\mu m$ 的除淬火钢以外的常用金属，可采用高档精密数控车床，按粗车、半精车、精车、精密车的方案加工。

14.1.5.2 数控车削加工工序的划分

数控车削加工工序的划分一般可按下列方法进行。

1）以一次安装所进行加工的内容作为一道工序。将位置精度要求较高的表面安排在一次安装下完成，以免多次安装所产生的安装误差影响位置精度。

2）以工件上用一把刀具加工的内容为一道工序。某些零件结构较复杂，既有回转表面、非回转表面，又有平面、内腔和曲面。对于加工内容较多的零件，按零件结构特点将加工内容组合分成若干部分，每一部分用一把刀具加工，作为一道工序。然后再将另外组合在一起的部分换另外一把刀具加工，作为另一道工序。这样可以减少换刀次数，减少空程时间。

3）以粗、精加工划分工序。对于容易发生加工变形的零件，通常粗加工后需要进行矫正，这时粗加工和精加工作为两道工序，可以采用不同的刀具或不同的数控车床加工。对毛坯余量较大和加工精度要求较高的零件，应将粗车和精车分开，划分成两道或更多的工序，将粗车安排在精度较低、功率较大的数控车床上加工，将精车安排在精度较高的数控车床上加工。

14.1.5.3 工序顺序的安排

制订零件数控车削加工工序顺序时一般遵循下列原则。

1）先加工定位面，即上道工序的加工能为下道工序提供精基准和合适的夹紧表面。

2）先加工平面后加工孔。

3）先粗加工后精加工。对精度要求高时，粗、精加工需分开进行。

4）以相同定位、夹紧方式装夹的工序，最好连续进行，以减少重复定位次数和夹紧次数。

14.1.5.4 进给路线的确定

进给路线是指数控机床加工过程中刀具相对零件的运动轨迹和方向，也称走刀路线。它泛指刀具从对刀点（或机床参考点）开始运动起，直至返回该点并结束加工程序所经过的路径，包括切削加工的路径及刀具切入、切出等非切削空行程。

14.2 数控车床

数控车床具有加工工艺性好、精度高、效率高和质量稳定等特点，是理想的回转体零件的加工机床。数控车床主要用于加工轴类、套类、盘类等回转体零件。通过数控加工程序的运行，可自动完成内外圆柱面、圆锥面、成形表面、螺纹面、端面等工序的切削加工，并能进行车槽、钻孔、扩孔、铰孔等加工。车削中心可在一次装夹中完成更多的加工内容，提高加工精度和生产效率，特别适合于复杂形状回转类零件的加工。数控车床是目前国内使用极为广泛的一种数控机床，约占数控机床总数的 25%。

14.2.1　数控车床的分类

随着数控车床制造技术的不断发展，形成了产品繁多、规格不一的局面，因而也出现了几种不同的分类方法。

（1）按数控系统的功能分类　经济型数控车床；全功能型数控车床，一般采用闭环或半闭环控制系统，具有刚度高、精度高和效率高等特点；车削中心。

（2）按加工零件的基本类型分类　卡盘式数控车床；顶尖式数控车床。

（3）按主轴的配置形式分类　卧式数控车床；立式数控车床；双轴数控车床，具有两根主轴。

（4）其他分类　按数控系统的不同控制方式等指标，数控车床可分为直线控制数控车床、轮廓控制数控车床等；按特殊或专门的工艺性能可分为螺纹数控车床、活塞数控车床、曲轴数控车床等；按刀架数量可分为单刀架数控车床和双刀架数控车床。

14.2.2　数控车床的结构

14.2.2.1　数控车床的结构特点

数控车床一般由机床本体、数控装置、伺服驱动系统和辅助装置等部分组成。

数控车床的进给传动系统与普通车床的进给传动系统在结构上存在着本质的区别。普通车床主轴的运动经过挂轮架、进给箱、溜板箱传到刀架实现纵向和横向进给运动。而数控车床是采用伺服电动机经滚珠丝杠副传到滑板和刀架，实现 Z 向（纵向）和 X 向（横向）进给运动，数控车床进给传动系统的结构较普通车床大为简化。

数控车床在加工螺纹时，一般是采取伺服电动机驱动主轴旋转，并且在主轴箱内安装有脉冲编码器，主轴的运动通过同步齿形带 1：1 地传到脉冲编码器。当主轴旋转时，脉冲编码器发出检测脉冲信号给数控系统，使主轴电动机的旋转与刀架的切削进给保持同步关系，即实现加工螺纹时主轴转一转，刀架移动一个导程的运动关系。

14.2.2.2　数控车床的布局

数控车床的布局形式与普通车床基本一致，但数控车床的刀架和导轨的布局形式有很大变化，直接影响着数控车床的使用性能及结构和外观。数控车床的布局形式如图 14-1 所示。

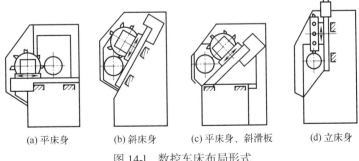

(a) 平床身　　(b) 斜床身　　(c) 平床身、斜滑板　　(d) 立床身

图 14-1　数控车床布局形式

1）床身和导轨的布局　图 14-1（a）所示为平床身的布局。它的工艺性好，便于导轨面的加工。水平床身配上水平的刀架，有利于提高刀架的运动精度。这种布局一般用于大型数控车床或小型精密数控车床。图 14-1（b）所示为斜床身的布局。这种布局的导轨的倾斜度主要有30°、45°、60°、75°等。一般中、小型数控车床，其床身的倾斜度以 75°为宜。图 14-1（c）所示为平床身、斜滑板的布局。这种布局形式一方面具有水平床身工艺性好的特点，另一方面排屑方便。图 14-1（d）所示为立床身的布局。

2）刀架的布局　刀架通常分为排式刀架和回转式刀架两大类。目前两坐标联动数控车床多采用回转式刀架，它在机床上的布局有两种形式：一种是刀架回转轴垂直于主轴；另一种是刀架回转轴平行于主轴。

图 14-2　CKY400S/CKY400D 生产型数控车床

14.2.3　数控车床的技术参数

以图 14-2 所示 CKY400S/CKY400D 生产型数控车床为例进行说明。

CKY400S/CKY400D 数控车床的数控系统采用德国 SINUMERIK802S/C 系统。下面介绍其主要技术参数、性能特点及功能。

（1）主要参数　见表 14-1。

表 14-1　CKY400S 和 CKY400D 的主要参数

型号	CKY400S	CKY400D
最大回转直径	400mm	400mm
最大工件长度	750/1000mm（选购）	750/1000mm（选购）
主轴通孔直径	52mm	52mm
转速范围	30~2000r/min（无级+高低速）	30~2000r/min（无级+高低速）
脉冲当量	X 轴：0.005mm；Z 轴：0.010mm	0.001mm
快进速度	X 轴：3000mm/min；Y 轴：6000mm/min	10000mm/min
刀架工位数	6	6
主电动机功率	5.5kW	5.5kW
加工圆度	0.007mm	0.007mm
加工表面粗糙度	$Ra1.6\mu m$	$Ra1.6\mu mm$
数控系统	西门子 802S 及其步进电动机	西门子 802C 及其交流伺服电动机

（2）主要性能及特点

1）主轴由高精度滚动轴承支承，转速高、精度高、寿命长。

2）主轴变频无级调速，高低速变挡，保证低速大扭矩。

3）整体底座结构，刚性好，床身导轨超音频淬火，硬度高、淬硬层厚。

4）纵横走刀采用高精度的滚珠丝杠传动。

5）六工位自动回转刀架，重复定位精度高。

6）全封闭移动式透明防护罩，能防止切屑溅出，有冷却装置、润滑系统。

7）机床的各项精度符合国家有关标准。

8）可供应配套完全兼容的编程仿真软件，其程序通过 RS232 接口直接传至机床加工。

（3）西门子 802S 和 802C 数控系统的主要功能

1）数控系统采用液晶中文显示，功能齐全，操作简单，使用方便。

2）有完善的补偿功能，如刀尖圆弧半径补偿、丝杠螺距误差补偿及反向间隙补偿。

3）恒线速度切削，公英制转换。

4）编程方便，具有轮廓编程、循环编程等功能。

5）DNC（直接数字控制）功能可支持 CAD/CAM，用于加工复杂模具。

6）编程符合 1SO 国际标准代码，与西门子其他系统兼容。

14.3 数控车床编程

14.3.1 数控车床编程特点

（1）尺寸选用灵活　在一个程序中，根据被加工零件的图样标注尺寸，从方便编程的角度出发，可采用绝对尺寸编程、增量尺寸编程，也可以采用绝对、增量尺寸混合编程。

（2）重复循环切削功能　由于车削加工常用圆棒料或锻料作毛坯，加工余量较大，要加工到图样标注尺寸，需要层层切削，如果每层加工都编写程序，编程工作量将大大增加。为简化编程，数控系统有不同形式的循环功能，可进行多次重复循环切削。

（3）直接按工件轮廓编程　对于刀具位置的变化、刀具几何形状的变化及刀尖圆弧半径的变化，都无须更改加工程序，编程人员可以按照工件的实际轮廓尺寸进行编程，数控系统具有的刀具补偿功能使编程人员只要将有关参数输入存储器中，数控系统就能自动进行刀具补偿。这样安装在刀架上不同位置的刀具，虽然在装夹时其刀尖到机床参考点的坐标各不相同，但都可以通过参数的设置，实现自动刀具补偿，编程人员只要使用实际轮廓尺寸进行编程并正确选择刀具即可。

（4）采用直径编程　由于加工零件的图样标准尺寸及测量都是直径值，所以通常采用直径尺寸编程。

14.3.2 数控车床编程规则

14.3.2.1 数控车床编程格式和基本规则

（1）编程格式　进行数控编程时，必须了解数控加工程序的结构、语法和编程规则等，才能正确地编写出数控加工程序。

一个完整的程序由程序名、程序内容和程序结束三部分组成。例如：

XY123.MPF   程序名

N10 G90 G94 G00 X150 Z200 LF   程序内容

N20 T01 LF

N30 M03 S600 LF

N50 G01 Z30 F100 LF

N60 G00 X150 Z200 LF

N70 M02 LF   程序结束

1）程序名 为了区别存储器中的程序，每个程序都有程序名。SINUMERIK 802S 系统的程序名可以被任意选取，但必须符合以下规定：①开始的两个符号必须是字母；②其他符号为字母、数字或下划线；③最多 8 个字符，不得使用分隔符。

2）程序内容 程序内容部分是整个程序的核心，它由许多程序段组成，每个程序段由一个或多个程序字构成，它表示数控机床要完成的全部动作。

3）程序结束 程序结束是以程序结束指令 M02、M17、M30、RET 作为整个程序结束的符号，来结束整个程序的运行。

（2）编程基本规则

1）绝对值编程和增量值编程 数控车床编程时，可以用绝对值编程、增量值编程或二者混合编程。

2）小数点编程 数控车床编程时，可以用小数点编程。

3）自保持功能（模态） 大多数 G 代码和 M 代码都具有自保持功能，除非它们被取代或取消，否则一直保持有效。

14.3.2.2 M、S、T、F 功能

（1）M 功能（辅助功能） 利用辅助功能 M 可以设定一些开关操作，如打开/关闭冷却液及主轴的正转、反转和停止等。除少数 M 功能被数控系统生产厂家固定地设定了某些功能之外，其余部分均可供机床生产厂家自由设定。

编程格式：M~

M03 主轴正转

M04 主轴反转

M05 主轴停止

注意：如果 M03、M04 指令和坐标轴运行指令位于同一程序段中，则只有这些辅助功能执行之后，坐标轴运行指令才会执行。

（2）主轴转速功能 S 数控机床的主轴转速可以编程在地址 S 下，用于指定主轴的转速。旋转方向和主轴运动的起点和终点通过 M 指令规定。主轴转速可以有恒转速和恒线速度两种

方式，并可限制主轴的最高转速，在数控车床上加工时，只有在主轴启动之后，刀具才能进行切削加工。

主轴转速极限及加工区域限制指令（G25/G26）说明如下。

1）主轴转速的下/上限　在程序中写入 G25 或 G26 指令和地址 S 下的转速，可以限制特定情况下主轴的极限转速范围。G25 或 G26 指令均要求占用一个独立的程序段，原先编写的转速 S 保持存储状态。

程序格式：

G25　S~　设定主轴转速上限

G26　S~　设定主轴转速上限

注释：在数控车床中，当使用 G96 功能（恒定切削速度）切削端面时，必须附加编写转速最高极限。

编程举例：

N10　G25　S120　LF　主轴转速下限　120r/min

N20　G26　S3000　LF　主轴转速上限　30r/min

2）可编程加工区域限制　刀具的移动基准点只能在限定的工作区内移动，一旦刀具的移动基准点离开限定区域或者在程序开始时位于此区域外，或者工作区域之外的位置被编程，则程序会自动停止，或者程序不启动，或者会报警。可编程加工区域限制用于编程或操作失误时为机床提供保护。

程序格式：

G25　X~　Z~　设定最小工作区域

G25　X~　Z~　设定最大工作区域

编程举例：

如图 14-3 所示，用 G25、G26 限制其加工区域的程序如下。

N10　G25　X—20　Z150　LF　最小工作区限制

N20　G26　X100　Z300　LF　最大工作区限制

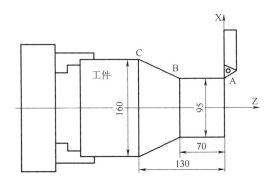

图 14-3　加工区域限制（单位：mm）

3）切削速度控制指令（G96/G97） 对数控车床受控主轴的切削速度的控制通常 G96 和 G97 指令来实现。

编程格式：

G97　S~

G96　S~

说明：G97 是主轴恒转速控制指令，S 的单位为 r/min，这是系统开机默认指令。G96 是主轴恒线速度控制指令，S 的单位为 m/min。G96、G97 均为模态指令。

G96 功能生效以后，主轴转速随当前加工工件直径的变化而变化，从而始终保证刀具切削点处编程的切削速度 S 为常数（主轴转速×直径=常数），如图 14-4 所示。

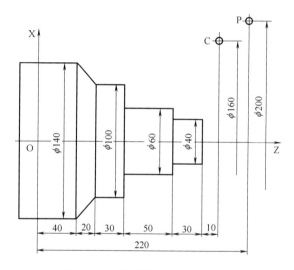

图 14-4　车台阶轴（单位：mm）

例如，G96S150 表示切削点处线速度控制在 150m/min。

对图中所示的零件，为保持台阶处的线速度在 150m/min。

此外，G96 指令还具有如下编程格式：G96　S~　LIMS=~

其中：S~为切削速度，单位为 m/min；LIMS=~为主轴转速上限，只在 G96 中生效。

注释：①在 G00 方式下，G96 无效。②编程极限值 LIMS=~后，设定数据中的数值被覆盖，但不允许超出 G26 编程或机床参数中设定的上限值。③用 G97 指令取消"恒线速度"功能。如果 G97 生效，则地址 S 下的数值又恢复为 150r/min。

编程举例：图 14-4 所示车台阶轴的加工程序如下。

LWQ35.MPF

N05　G90　G23　G95　G54　LF

N10　G00　X100　Z50　LF

N15　T01　D01　LF

224

N20　G96　S120　LIMS=2500　M3　LF

//恒定切削速度生效，120m/min，转速上限 2500r/min，主轴正转

N25　X50　Z3　LF

N30　X40　LF

N35　G1　Z—15　F0.2　LF　//进给速度为 0.2mm/r

N40　G01　X60　Z—33　LF

N45　G01　Z—53　LF

N50　G01　X75　LF

N55　G97　X100　Z50　LF　//取消恒线速度

N60　M02　LF　　　　　　　//程序结束

（3）刀具功能 T　编程刀具功能 T 指令可以选择切削时用的刀具号和偏置号。在加工一个零件时需要选择各种刀具，每一把刀具都指定了特定的刀具号和偏置号。若在程序中指定了刀具号和偏置号，便可以进行自动换刀并调用相应的刀具偏置值。

编程格式：T~ D~

刀具号取值范围为 1~32000，当偏置号 D 省略时，默认为 D01。

编程举例：

N10　T01　D01　LF　//刀具号为 01，刀具偏置号为 01

N70　T04　D02　LF　//刀具号为 04，刀具偏置号为 02

（4）进给速度功能 F　进给速度功能 F 指令在 G01、G02、G03、C05 插补方式中生效，并且一直有效，直到被一个新的地址 F 取代为止。进给速度功能 F 的单位由 G94 和 G95 指令确定。G94 采用直线进给速度单位 mm/min。G95 采用旋转进给速度单位 mm/r。

数控车床编程时通常习惯采用每转进给速度编程。而且 G94 和 G95 的作用会扩展到恒定切削速度 G96 和 G97 功能，它们还会对主轴转速 S 产生影响。

编程举例：

N10　G94　F120　LF　//直线进给速度为 120mm/mn

…

N140　S200　M3　LF　//主轴旋转

N120　G95　F0.5　LF　//进给量为 0.5mm/r

注释：G94 和 G95 更换时要求写入一个新地址 F。

14.3.3　数控车床基本编程指令

14.3.3.1　坐标系指令

（1）相对和绝对坐标编程指令（G90/G91）

1）绝对坐标编程指令 G90 在绝对位置数据输入中，尺寸取决于当前坐标系（工件坐标系或机床坐标系）的零点位置。

程序启动后 G90 适用于所有坐标轴，并且一直有效，直到在后面的程序段中由 G91（增量位置数据输入）替代为止（模态有效）。

2）相对坐标编程指令 G91 在相对坐标数据输入中，数值表示待运行的轴位移。移动的方向 G91 由符号决定。G91 适用于所有坐标轴，并且可以在后面的程序段中由 G90 对位置数据输入）替换。

在位置数据不同于 G90/G91 的设置时，可以在程序段中通过 AC/IC 以绝对尺寸/尺寸方式进行。这两个指令不决定到达终点位置的轨迹。用 AC=（…）赋值时必须要有一个等于符号。数值要写在圆括号内，定义圆心坐标也可以以绝对尺寸用 AC=（…）定义。

（2）G54~G57、G50、G53——可设定的零点偏置 利用可设定的零点偏置可以给出工件零点在机床坐标系中的位置（偏移量为工件零点以机床零点为基准的移动量）。

当工件装夹到机床上后求出偏移量，并通过操作面板将其输入规定的数据区。程序中可利用 G54~G57 指令来激活此偏移量。

说明：G54——第一可设定零点偏置；G55——第二可设定零点偏置；G56——第三可设定零点偏置；G57——第四可设定零点偏置；G50——取消可设定零点偏置；G53——按程序段方式取消可设定零点偏置。

编程举例：

LWQ1.MPF

N10 G90 G54 G95 G23 LF //调用第一可设定零点偏置值

N20 G01 X~ Z~ F~ LF   //加工工件

…

N90 G500 G0 X~ LF   //取消可设定零点偏置

（3）G158——可编程的零点偏置 如果工件上在不同的位置有重复出现的形状或结构，或者选用了一个新的参考点，在这种情况下就需要使用可编程零点偏置，由此产生一个当前工件坐标系，以后新输入的尺寸均是在该坐标系中的数据尺寸。G158 指令要求占用一个独立的程序段。

用 G158 指令可以对所有坐标轴进行可编程零点偏移，后面的 G158 指令取代先前的可编程零点偏移指令。取消可编程零点偏移的方法是在程序段中仅输入 G158 指令而后面不跟坐标轴名称，就表示取消当前的可编程零点偏移。

编程举例（见图 14-5）：

N05 G90 G54 G95 G23 LF

…

N20 G158 X0 Z—50 LF //可编程零点偏移，工件原点由 O′偏移到 O

N30　L10　LF　　　　　　　　　//子程序调用，其中包含待偏移的几何量

…

N70　G158　LF　　　　　　　　//取消零点偏移

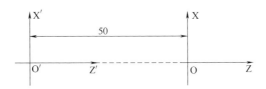

图 14-5　可编程的零点偏置

（4）半径直径数据尺寸指令（G22/G23）　在编制数控车床加工程序时，对于横向坐标轴（即 X 轴）的位置数据通常有两种处理方法，即直径编程方式和半径编程方式，这两种方式可以通过 G22/G23 指令进行转换。一般在默认状态下是直径编程方式，程序中在需要时也可以转换为半径编程方式。

编程格式：

G22　半径编程方式

G23　直径编程方式

用 G22 或 G23 指令把 X 轴方向的终点坐标作为半径数据尺寸或直径数据尺寸处理时，数控系统的 CRT 将显示工件坐标系中相应的半径值或直径值。

需要特别注意的是，可编程的零点偏移 G158X~始终作为半径数据尺寸处理。

编程举例：如图 14-6 所示零件，分别采用直径编程方式和半径编程方式编写精加工程序。

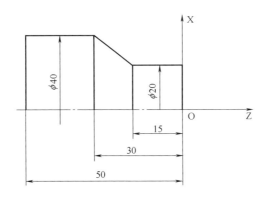

图 14-6　半径/直径数据尺寸

直径编程方式：

LQW14.MPF　　　　　　　　　　//程序名

N01　G90　G54　G95　G23　LF　　　　　//X 轴为直径数据方式

N05　G00　X60　250　LF

N01	T01	D01	LF		//刀具号为1，刀具补偿号为1
N15	S500	M03	LF		
N20	G00	X20	Z3	LF	
N25	G01	X20	Z-15	F0.2	LF
N30	X40	Z—30	LF		
N35	G00	X60	Z50	LF	
N40	M30	LF			

半径编程方式：

LQW12.MPF					//程序名
N100	G90	G54	G95	G22	LF	//X轴为半径数据方式
N140	T01	D01	LF		//刀具号为1，刀具补偿号为1
N145	S500	M03	LF		
N120	G00	X10	Z3	LF	
N125	G01	X10	Z—15	F0.2	LF
N130	X20	Z—30	LF		
N135	G00	X30	Z50	LF	
N140	M30	LF			

14.3.3.2 其他常用指令

（1）快速定位指令 G00 轴快速移动指令 G00 用于快速定位刀具，不能对工件进行加工，可以在几个轴上同时执行快速移动，由此产生一线性轨迹。机床数据中规定每个坐标轴快速移动速度的最大值，一个坐标轴运行时就以此速度快速移动。如果快速移动同时在两个轴上执行，则移动速度为两个轴可能的最大速度。

用 G00 快速移动时在地址 F 下设置的进给速度无效。

G00 一直有效，直到被 G 功能组中其他的指令（G01，G02，G03，…）取代为止。

（2）带进给速度的线性插补指令 G01 刀具以直线方式按地址 F 下编程的进给速度从起始点移动到目标位置。所有的坐标轴可以同时运行。G01 一直有效，直到被 G 功能组中其他的指令（G00，G02，G03，…）取代为止。

编程举例见图 14-6 半径/直径数据尺寸。

（3）圆弧插补指令 G02/G03 刀具以圆弧轨迹从起始点移动到终点，方向由 G 指令确定：

G02 顺时针方向

G03 逆时针方向

G02/G03 一直有效，直到被 G 功能组中的其他指令（G00，G01，…）取代为止。

编程方式：

G02/G03 X…Z…I…J… //终点和圆心

228

G02/G03 CR=…X…Z…   //半径和终点

G02/G03 AR=…I…J…   //张角和圆心

G02/G03 AR=…X…Z…   //张角和终点

G02/G03 AP=…RP…   //极坐标角度和极坐标半径

（4）通过中间点进行圆弧插补指令（G05） 在配置为 SINUMERIK 802S 系统的数控车床上进行圆弧插补时，已知圆弧轮廓上三个点的坐标，则可以使用 G05 功能通过起始点和终点之间的中间点位置确定圆弧的方向。G05 为模态指令，直到被 G 功能组中同组的其他 G 指令（如 G00，G01，G02 等）取代才失效。

注释：可设定的位置数据输入 G90 或 G91 指令对终点和中间点有效。

编程格式：

G05 Z~ X~ KZ=~ IX=~

其中：Z~，X~表示圆弧终点坐标；KZ=~，1X=~表示圆弧中间点坐标。

编程举例：采用 G05 编写图 14-7 所示圆弧的加工程序。

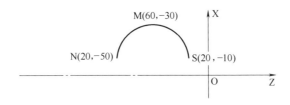

图 14-7 通过中间点进行圆弧插补

LQW13.MPF LF   //程序名

N1   G90 G54 G95 LF

N05 G00 X100 Z50 LF

N10 T01 D01 LF   //刀具号为 1，刀具补偿号为 1

N15 S500 M03 LF

N20 G00 X20 Z—10 LF

N25 G05 Z—50 X20 KZ=—30 IX=60 LF

…

M30 LF

（5）恒螺距螺纹切削指令（G33） SINUMERIK 802S 系统的 G33 功能在主轴上配有位移测量系统的前提下，可以加工下述各种类型的恒螺距螺纹：①圆柱螺纹；②端面螺纹；③圆锥螺纹；④单螺纹和多重螺纹；⑤多段连续螺纹

G33 被指定之后一直有效，直到被 G 功能组中的其他指令（如 G00，G01，G02，G03 等）取代才失效。

229

注意：右旋和左旋螺纹的加工由主轴旋转方向 M3 和 M4 确定（M3—右旋，M4—左旋）。

编程格式：

G33　Z~　I~　　　　//车削圆柱螺纹

G33　Z~　X~　I~　　　//车削圆锥螺纹，X 轴尺寸变化较大

G33　Z~　X~　I~　　　//车削圆锥螺纹，Z 轴尺寸变化较大

G33　X~　K~　　　　//车削端面螺纹

其中：X~，Z~表示螺纹终点的坐标；I~，K~表示螺距。

注释：

① 螺纹长度中要考虑足够的导入量和退出量。

② 在具有 2 个坐标轴尺寸的圆锥螺纹加工中，螺距地址 I 或 K 下必须设置为较大位方向（较大螺纹长度）的螺距尺寸，另一个较小的螺距尺寸不用给出。

③ 起始点偏移角度 SF=：在加工螺纹中切削位置偏移以后以及在加工多头螺纹时均要求起始点偏移一位置。G33 螺纹加工中，在起始点偏移角度 SF 下编程起始点偏移量（绝对位置）。如果没有编程起始点偏移量，则默认设定数据中的值。

④ 如果多个螺纹段连续编程，则起始点偏移只在第一个螺纹段中有效，也只有在这里才适用此参数。

⑤ 在 G33 螺纹切削中，进给速度由主轴转速和螺距的大小确定。

⑥ 在螺纹加工期间，主轴修调开关必须保持不变。

⑦ 在螺纹加工期间，进给修调开关无效。

编程举例：在配置为 SINUMERIK　802S 系统的数控车床上车削如图 14-8 所示的圆柱螺纹，螺纹长度（包括导入空刀量 7mm 和退出空刀量 3mm）为 60mm，螺距为 2mm。右旋螺纹，圆柱表面已经加工完成。

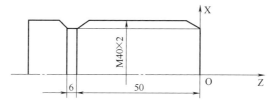

图 14-8　车削圆柱螺纹

程序如下：

LWQ123.MPF

N05　G54　G90　S500　M3　LF

N10　G0　X100　Z50　LF

N15　T01　D01　LF

N20　G0　X50　Z7　LF

230

N25　X39.1　LF

N30　G33　Z—53　K2　LF

N40　Z7　LF

N45　X38.5　LF

N50　G33　Z—53　K2　LF

N55　GO　X50　LF

N60　Z7　LF

N65　X37.9　LF

N70　G33　Z—53　K2　LF

N75　G0　X50　LF

N80　Z7　LF

N85　X37.5　LF

N90　G33　Z—53　K2　LF

N95　G0　X50　LF

N100　Z7　LF

N105　X37.4　LF

N140　G33　Z—53　K2　LF

N145　G0　X50　LF

N120　G0　X100　Z50　LE

N125　M30　LF

（6）刀尖圆弧半径补偿指令（G41/G42/G40）　在数控车削编程中，一个零件的加工常需要多种刀具，各种刀具在形状尺寸和使用上都存在较大的差异，在进行数控车削加工时必须对这些差异进行补偿，才能加工出正确的零件。在数控编程中将这种补偿称为刀具补偿。

刀具补偿可分为刀具几何尺寸补偿以及刀尖圆弧半径补偿。其中刀具几何尺寸补偿用于补偿刀具几何形状或刀具附件位置上的差异。

切削加工时，为了提高刀尖的强度，降低加工表面粗糙度，刀尖处通常将切削刃磨成圆弧过渡刃，而在数控操作对刀过程中通常以假想刀尖点作为对刀基准，实际切削段则是圆弧段。

在切削加工内孔、外圆和端面时，刀尖圆弧不影响工件的形状和尺寸，但在切削加工圆锥和圆弧面时就会出现少切或过切的情况，影响到工件的加工质量。为了使刀具的切削路径与工件轮廓吻合一致，车削出合格的尺寸和形状，应使用刀尖圆弧半径补偿指令。

编程格式：

G00/G01　G41/G42　X～　Z～　D～

…

G00/G01　G40

注释：

① G41、G42 必须且只能与 G00、G01 指令一起使用，指定两个坐标轴。如果只给出一个坐标轴的尺寸，则第二个坐标轴自动地以最后编程的尺寸赋值，当切削完成后用 G40 指令取消。

② G41、G42 的判别方法：沿着刀具切削路径往前看，刀具位于被加工轮廓的左边用 G41 补偿，刀具位于被加工轮廓的右边用 G42 补偿。

③ 工件有锥度和圆弧面圆弧时，最迟必须在精车锥度和圆弧面的前一个程序段建立刀尖半径补偿，一般在切入工件时的第一个程序段就启动刀尖圆弧半径补偿。

④ 必须在刀具补偿存储器号里输入相应的刀尖圆弧补偿值。

⑤ 必须在刀具补偿参数中对应的位置输入假想刀尖号码，以作为刀尖半径圆弧补偿的方向依据。

⑥ 刀尖圆弧半径补偿建立以后和撤销之前，刀具路径必须是单向递增或单向递减的。

⑦ 刀尖圆弧半径补偿建立过程中和建立以后，刀具在 Z 轴的移动量必须要大于刀尖圆弧半径补偿值，在 X 轴的移动量必须要大于 2 倍刀尖圆弧半径补偿值。

（7）倒角倒圆指令（CHF=/RND=） 在一个零件的加工过程中，经常会出现倒角或倒圆，此时利用 SINUMERIK 802S 的指令 CHF=…或者 RND=…与加工拐角的轴运动指令一起写入程序段中，可以很方便地实现倒角、倒圆加工（图 14-9）。

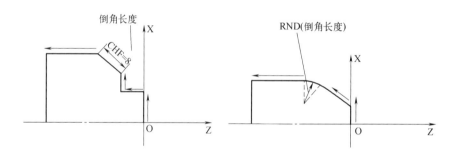

图 14-9 G01 倒角/倒圆

编程格式：

CHF=   //插入倒角，数值表示倒角长度

RND=   //插入倒圆，数值表示倒圆长度

注释：

① 倒角 CHF=：用于直线轮廓之间、圆弧轮廓之间以及直线轮廓和圆弧轮廓之间切入直线并倒去棱角。

② 倒圆 RND=：用于直线轮廓之间、圆弧轮廓之间以及直线轮廓和圆弧轮廓之间切一圆弧，圆弧与轮廓进行切线过渡。

如果其中一个程序段轮廓长度不够，则在倒圆或倒角时会自动削减编程值。如果几个连续编程的程序段中有不含坐标轴移动指令的程序段，则不可以进行倒角或倒圆。

第15章 数控铣削加工

教学目标	本章重点
（1）熟悉数控铣削加工的基本概念； （2）了解数控铣削的系统操作； （3）掌握数控铣削加工工艺； （4）掌握数控铣床基本操作和程序编程。	数控铣削工艺和铣床基本操作。
	本章难点 数控铣削铣床基本操作。

思政目标

通过对数控铣削加工知识的学习，培养学生刻苦钻研学习的精神，使学生理解获得一个优质加工产品每一步都需要扎实的基础知识，端正学习态度，以培养国家需要的高端人才。

15.1 概述

数控铣削加工不但能完成普通铣削加工的全部内容，对零件进行平面轮廓铣削、曲面轮廓铣削加工，钻、扩、铰、镗及螺纹加工等，还能完成普通铣削加工难以进行甚至无法进行的加工工序。数控铣削加工的主要设备有数控床和加工中心，下列加工内容常采用数控铣削加工。

1）平面类零件　加工面平行、垂直于水平面或与水平面成定角的零件称为平面类零件，这一类零件的特点是：加工单元面为平面或可展开成平面。其数控切削相对比较简单，一般用两坐标联动就可以加工出来。

2）曲面类零件　加工面为空间曲面的零件称为曲面类零件，其特点是加工面不能展开成平面，加工中铣刀与零件表面始终是点接触。

3）变斜角类零件　加工面与水平面的夹角呈连续变化的零件称为变斜角类零件，以飞机零部件常见。其特点是加工面不能展开成平面，加工中加工面与铣刀周围接触的瞬间为一条直线。

4）孔及螺纹　对某一零件采用数控铣削加工之前，最重要的并且首先应该做的是对该图纸进行分析，对零件的结构和加工工艺进行分析，制定最为经济的加工工艺路线。

由于加工程序是以准确的坐标点来编制的，因此，各图形几何要素间的相互关系（如相切、相交、垂直、平行和同心等）应明确，各种几何要素的条件要充分，应无引起矛盾的多余尺寸或影响工序安排的封闭尺寸等。例如，在实际工作中常常会遇到图纸中缺少尺寸，给出的几何元素的相互关系不够明确，使编程计算无法完成的情况，或者虽然给出了几何元素的相互关系，但同时又给出了引起矛盾的相关尺寸，同样给编程计算带来困难。

15.1.1 数控铣床的类型

数控铣床可进行钻孔、镗孔、攻螺纹、轮廓铣削、平面铣削、平面型腔铣削及空间三维复杂形面的铣削加工。加工中心、柔性加工单元是在数控铣床的基础上产生和发展起来的，其主要加工方式也是数控铣削加工。数控铣床的分类主要有下列两种方式。

15.1.1.1 按主轴与工作台的位置分类

按主轴与工作台的位置，数控铣床可分为：立式数控铣床、卧式数控铣床、立卧两用数控铣床三种。

（1）立式数控铣床　立式数控铣床是数控铣床中数量最多的一种。立式数控铣床的主轴与工作台垂直，它在数量上一直占据数控铣床的大多数，应用范围也最广。从机床数控系统控制的坐标数量来看，目前三坐标数控立式铣床仍占大多数；一般可进行三坐标联动加工，但也有部分机床只能进行三个坐标中的任意两个坐标联动加工（常称为 2.5 坐标加工）。此外，还有机床主轴可以绕 X、Y、Z 坐标轴中的其中一个或两个轴作数控摆角运动的四坐标和五坐标数控立铣加工。

立式数控铣床的主轴轴线垂直于水平面，小型数控铣床一般采用工作台升降方式；中型数控铣床一般采用主轴升降方式；龙门数控床采用龙门架移动方式，即主轴可在龙门架的横向与垂直导轨上移动。

（2）卧式数控铣床　卧式数控铣床的主轴与工作台平行，与通用卧式铣床相同，其主轴轴线平行于水平面。为了扩充加工范围和功能，卧式数控铣床通常采用增加数控转盘或万能数控转盘来实现四或五坐标加工。这样，不但工件侧面上的连续回转轮廓可以加工出来，而且可以实现在一次安装中，通过转盘改变工位，进行"四面加工"。

对箱体类零件或需要在一次安装中改变工位的工件来说，选择带数控回转工作台的卧式数控铣床进行加工是非常方便的。

（3）立卧两用数控铣床　立卧两用数控床可以靠手动和自动两种方式更换主轴方向。有些立卧两用数控床采用主轴方向可以任意转换的万能数控主轴头，使其可以加工出与水平面呈不同角度的工件表面。立卧两用数控铣床增加数控回转工作台以后，可以实现五面加工，即除工件与转盘贴合的定位面外，其他表面可以在一次安装中加工。这类铣床的主轴可以进行转换，可在同一台数控铣床上进行立式加工和卧式加工，同时具备立、卧式铣床的功能。立卧两用数控铣床的主轴轴线方向可以变换，使一台铣床具备立式数控铣床和卧式数控铣床的功能，其使用范围更加广泛，功能更加完善。这类数控铣床不多见。

15.1.1.2 按构造分类

数控铣床按构造可分为工作台升降式数控铣床、主轴头升降式数控铣床、龙门式数控铣床三类。

（1）工作台升降式数控铣床　这类数控铣床采用工作台前后左右移动或升降来完成切削运动，而主轴是固定的，不能移动。小型数控铣床一般采用此种方式。

（2）主轴头升降式数控铣床　这类数控铣床采用工作台纵向和横向移动，且主轴沿垂向溜板上下移动。主轴头升降式数控铣床在精度保持、承载重量、系统构成等方面具有很多优点，已成为数控铣床的主流。

（3）龙门式数控铣床　这类数控铣床主轴可以在龙门架的横向与垂向溜板上移动，而龙门架则沿床身作纵向移动。大型数控铣床，因要考虑到扩大行程、缩小占地面积及刚性等技术上的问题，往往采用龙门架移动式。

数控铣削加工具有加工适应性强、生产率高、加工精度高等特点，广泛应用于形状复杂、加工精度要求较高的零件的中、小批量生产。

15.1.1.3　按采用的数控系统功能分类

数控铣床按采用的数控系统功能可分为经济型数控铣床、全功能数控铣床和高速铣削数控机床。

（1）经济型数控铣床　采用经济型数控系统的铣床，一般可以实现三轴联动，该类数控铣床成本较低，功能单，精度不高，适合一般复杂零件的加工。

（2）全功能数控铣床　全功能数控铣床一般采用闭环或半闭环控制，可以实现三轴以上联动，如加工螺旋槽、叶片等空间零件，加工适应性强，精度较高，应用广泛。

（3）高速铣削数控机床　一般把主轴转速在 8000~40000r/min 的数控铣床称为高速铣削数控机床，其进给速度可达 10~30m/min，这种数控铣床采用全新的机床结构（主体结构及材料变化）、功能部件（电主轴、直线电动机驱动进给）和功能强大的数控系统，并配以加工性能优越的刀具系统，可对曲面进行高效率、高质量的加工。

15.1.2　数控铣床的结构组成

数控铣床的基本组成和结构如图 15-1 和图 15-2 所示，它由床身、立柱、主轴箱、工作台、滑鞍、滚珠丝杠、伺服电机、伺服装置、数控系统等组成。

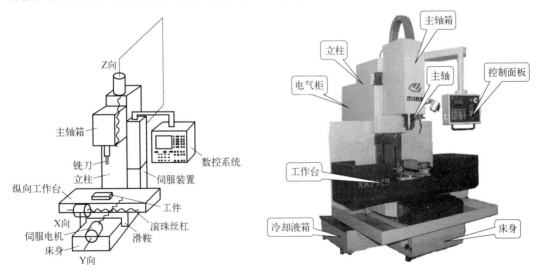

图 15-1　数控铣床的组成　　　　图 15-2　数控铣床结构

床身用于支撑和连接机床各部件。主轴箱用于安装主轴。主轴下端的锥孔用于安装铣刀。

当主轴箱内的主轴电机驱动主轴旋转时，铣刀能够切削工件。主轴箱还可沿立柱上的导轨在 Z 向移动，使刀具上升或下降。工作台用于安装工件或夹具。工作台可沿滑鞍上的导轨在 X 向移动，滑鞍可沿床身上的导轨在 Y 向移动，从而实现工件在 X 和 Y 向的移动。无论是 X、Y 向，还是 Z 向的移动都是靠伺服电机驱动滚珠丝杠来实现。伺服装置用于驱动伺服电机。控制器用于输入零件加工程序和控制机床工作状态。控制电源用于向伺服装置和控制器供电。

（1）主轴箱　主轴箱包括主轴箱体和主轴传动系统，用于装夹刀具并带动刀具旋转，主轴转速范围和输出扭矩对加工有直接的影响。

（2）进给伺服系统　进给伺服系统由进给电动机和进给执行机构组成，按照程序设定的进给速度实现刀具和工件之间的相对运动，包括直线进给运动和旋转运动。

（3）控制系统　控制系统是数控铣床运动控制的中心，执行数控加工程序控制机床进行加工。

（4）辅助装置　辅助装置如液压、气动，润滑，冷却系统和排屑、防护等装置。

（5）机床基础件　机床基础件通常是指底座、立柱、横梁等，它是整个机床的基础和框架。

15.1.3　钻铣用刀具

在数控铣床上所能用到的刀具按切削工艺可分为三种。

（1）钻削刀具　钻削刀具分小孔钻头，短孔钻头（深径比≤5），深孔钻头（深径比＞6，可高达 100 以上）和枪钻、丝锥、铰刀等。

（2）镗削刀具　镗削刀具按功能可分为粗镗刀、精镗刀；按切削刃数量可分为单刃镗刀、双刃镗刀和多刃镗刀；按工件加工表面特征可分为通孔镗刀、盲孔镗刀、阶梯孔镗刀和端面镗刀；按刀具结构可分为整体式镗刀、模块式镗刀等。

（3）铣削刀具　铣削刀具分面铣刀、立铣刀和三面刃铣刀等。

若按安装连接类型可分为套装式（带孔刀体需要通过芯轴来安装）、整体式（刀体和刀杆为一体）和机夹式可转位刀片（采用标准刀杆体）等。

除具有和主轴锥孔同样锥度刀杆的整体式刀具可与主轴直接安装外，大部分钻铣用刀具都需要通过标准刀柄夹持转接后与主轴锥孔连接，如图 15-3 所示，刀具系统通常由拉钉、刀柄和钻铣刀具等组成。

15.1.4　数控铣床的加工工艺范围

铣削加工是机械加工中最常用的加工方法之一，它主要包括平面铣削和轮廓铣削，也可以对零件进行钻、扩、铰、镗、锪加工及螺纹加工等。数控铣削主要适合于下列几类零件的加工。

（1）平面类零件　平面类零件是指加工面平行或垂直于水平面，以及加工面与水平面的夹角为一定值的零件。这类加工面可展开为平面，如水平面、垂直面、斜面、台阶等。

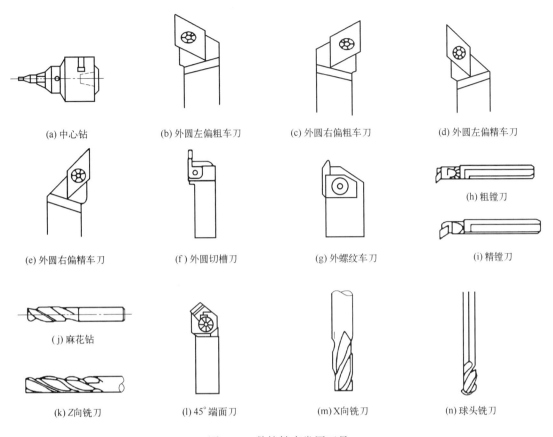

(a) 中心钻　　　　(b) 外圆左偏粗车刀　　　　(c) 外圆右偏粗车刀　　　　(d) 外圆左偏精车刀

(e) 外圆右偏精车刀　　　　(f) 外圆切槽刀　　　　(g) 外螺纹车刀　　　　(h) 粗镗刀

(i) 精镗刀

(j) 麻花钻

(k) Z向铣刀　　　　(l) 45°端面刀　　　　(m) X向铣刀　　　　(n) 球头铣刀

图 15-3　数控铣床常用刀具

图 15-4 所示的三个零件均为平面类零件。其中，曲线轮廓面 A 垂直于水平面，可采用圆柱立铣刀加工。凸台侧面 B 与水平面呈一定角度，这类加工面可以采用专用的角度成形铣刀来加工。对于斜面 C，当工件尺寸不大时，可用斜板垫平后加工；当工件尺寸很大，斜面坡度又较小时，也常用行切加工法加工，这时会在加工面上留下进刀时的刀锋残留痕迹，要用钳修方法加以清除。

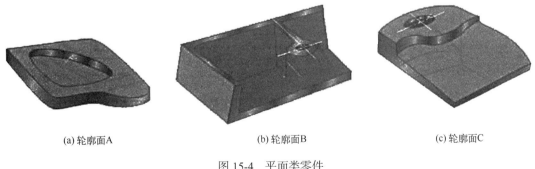

(a) 轮廓面A　　　　(b) 轮廓面B　　　　(c) 轮廓面C

图 15-4　平面类零件

（2）直纹曲面类零件　直纹曲面类零件是指由直线依某种规律移动所产生的曲面类零件。

237

图 15-5 所示零件的加工面就是一种直纹曲面，当直纹曲面从截面 A 至截面 B 变化时，其与水平面间的夹角从 3°10′均匀变化为 2°32′；从截面 B 到截面 C 时，又均匀变化为 1°20′；最后到截面 D，斜角均匀变化为 0°。直纹曲面类零件的加工面不能展开为平面。工件表面与铣刀是线接触。这类零件也可在三坐标数控铣床上采用行切加工法实现近似加工。

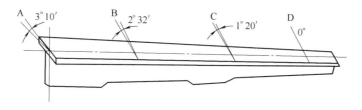

图 15-5　直纹曲面

（3）立体曲面类零件　加工面为空间曲面的零件称为立体曲面类零件。这类零件的加工面不能展成平面，一般使用球头铣刀切削，加工面与铣刀始终为点接触。若采用其他刀具加工，则易发生干涉而铣伤邻近表面。加工立体曲面类零件一般使用三坐标数控铣床，采用以下两种加工方法。

1）行切加工法　采用三坐标数控铣床进行 2.5 坐标控制加工，即行切加工法。如图 15-6 所示，球头铣刀沿 XY 平面的曲线进行直线插补加工，当一段曲线加工完后，沿 X 方向进给ΔX 再加工相邻的另一曲线，如此依次用平面曲线来逼近整个曲面。相邻两曲线间的距离ΔX 应根据表面粗糙度的要求及球头铣刀的半径选取。球头铣刀的球半径应尽可能选得大一些，以增加刀具刚度，提高散热性，降低表面粗糙度值。加工凹圆弧时的铣刀球头半径必须小于被加工曲面的最小曲率半径。

2）三坐标联动加工　采用三坐标数控铣床三轴联动加工，即进行空间直线插补。如半球形，可用行切加工法加工，也可用三坐标联动的方法加工。这时，数控铣床用 X、Y、Z 三坐标联动的空间直线插补，实现球面加工，如图 15-7 所示。

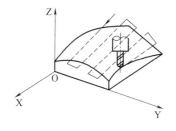

图 15-6　行切加工法

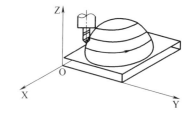

图 15-7　三坐标联动加工

15.1.5　数控铣床的工作原理及特点

应根据零件形状、尺寸、精度和表面粗糙度等技术要求制定加工工艺，选择加工参数。通过手工编程或利用 CAM 软件自动编程，将编好的加工程序输入控制器。控制器对加工程序处理后，向伺服装置传送指令，伺服装置向伺服电机发出控制信号。主轴电机使刀具旋转，X、Y 和 Z 向的伺服电机控制刀具和工件按一定的轨迹相对运动，从而实现工件的切削加工。

数控铣床的工作特点主要是：①能够降低工人的劳动强度。②用数控铣床加工零件，精度稳定，具有较好的互换性。③数控铣床尤其适合加工形状比较复杂的零件，如各种模具等。④数控铣床自动化程度很高，生产率高，适合加工中、小批量的零件。

15.2 FANUC 0i 数控系统操作说明

目前常见的数控系统有 FANUC、SIEMENS、FAGOR、华中数控系统、北京航天数控等，本节以 FANUC 0i 系统为例进行介绍说明。

系统操作键盘在视窗的右上角，其左侧为显示屏，右侧是编程面板，面板如图 15-8 所示。

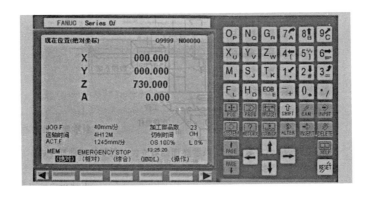

图 15-8 FANUC 0i 面板

（1）数字/字母键 数字/字母键用于输入数据到输入区域（见图 15-9），系统自动判别取字母还是取数字。字母和数字键通过 SHIFT 键切换输入，如：O/P，7/A。

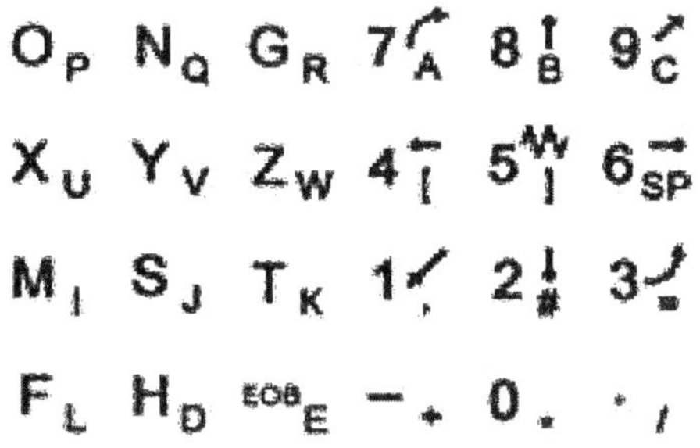

$$O_P \quad N_Q \quad G_R \quad 7_A \quad 8_B \quad 9_C$$

$$X_U \quad Y_V \quad Z_W \quad 4 \quad 5_W \quad 6_{SP}$$

$$M_I \quad S_J \quad T_K \quad 1 \quad 2_\# \quad 3$$

$$F_L \quad H_D \quad {}^{EOB}E \quad -_+ \quad 0. \quad .$$

图 15-9 数字/字母键

（2）编辑键 编辑键位于数字/字母键右下方。

1）ALTER 替换键，用输入的数据替换光标所在的数据。

2）DELET 删除键，删除光标所在的数据、指令，或者删除一个程序或者删除全部程序。

3）INSERT 插入键，把输入区中的数据插入当前光标之后的位置。

4）CAN 取消键，消除输入区内的数据。

5）EOBE 回车换行键，结束一行程序的输入并且换行。

6）SHIFT 上档键。

7）INPUT 输入键，把输入区内的数据输入参数页面。

（3）功能键　功能键位于数字/字母键左下方。

1）PROG 程序显示与编辑页面。

2）POS 位置显示页面，位置显示有三种方式，用 PAGE 按钮选择。

3）OFF/SET 参数输入页面，此页面可进行坐标系设置与刀具补偿参数设置。

4）SYSTEM 系统参数页面。

5）MESSAGE 信息页面，如"报警"。

6）CASMGR 图形参数设置页面。

7）HELP 系统帮助页面。

8）RESET 复位键。

（4）翻页按钮　PAGE↑向上翻页，PAGE↓向下翻页。

（5）光标移动　↑向上移动光标，↓向下移动光标；←向左移动光标，→向右移动光标。

15.3　数控铣削加工工艺

数控铣削加工工艺性分析是编程前的重要工艺准备工作之一。根据加工实践，数控铣削加工工艺分析所要解决的主要问题为选择并确定数控铣削加工的部位及工序内容。在选择数控铣削加工内容时，应充分发挥数控铣床的优势和关键作用。常见的数控铣削加工内容有：

1）工件上的曲线轮廓，特别是由数学表达式给出的非圆曲线与列表曲线等曲线轮廓，如图 15-10 所示的正弦曲线。

2）已给出数学模型的空间曲面，如图 15-11 所示的球面。

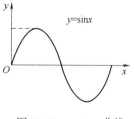

图 15-10　$y=\sin x$ 曲线

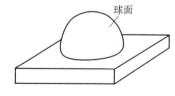

图 15-11　球面

3）形状复杂、尺寸繁多、划线与检测困难的部位。

4）用通用铣床加工时难以观察、测量和控制进给的内、外凹槽。

5）以尺寸协调的高精度孔和面。

6）能在一次安装中顺带铣出来的简单表面或形状。

7）用数控铣削方式加工后，能成倍提高生产率、大大减轻劳动强度的一般加工内容。

根据数控铣削加工的特点，对零件图样进行工艺性分析时，应主要分析与考虑以下一些问题。

15.3.1 零件图样尺寸的正确标注

由于加工程序是以准确的坐标点来编制的，因此，各图形几何元素间的相互关系（如相切、相交、垂直和平行等）应明确，各种几何元素的条件要充分，应无引起矛盾的多余尺寸或者影响工序安排的封闭尺寸等。例如，零件在用同一把铣刀、同一个刀具半径补偿值编程加工时，由于零件轮廓各处尺寸公差带不同，如在图 15-12 中，就很难同时保证各处尺寸在尺寸公差范围内。这时一般采取的方法是：兼顾各处尺寸公差，在编程计算时，改变轮廓尺寸并移动公差带，改为对称公差，采用同一把铣刀和同一个刀具半径补偿值加工。对图 15-12 中括号内的尺寸，其公差带均作了相应改变，计算与编程时应用括号内尺寸来进行。

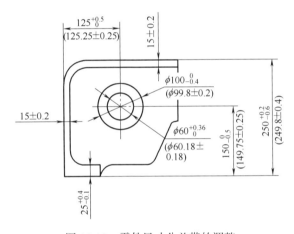

图 15-12 零件尺寸公差带的调整

15.3.2 统一内壁圆弧的尺寸

加工轮廓上内壁圆弧的尺寸往往限制刀具的尺寸。

（1）尽量统一零件轮廓内圆弧的有关尺寸 廓内圆弧半径 R 常常限制刀具的直径，若工件的被加工轮廓高度低、回转体圆弧半径大，可以采用较大直径的铣刀来加工，且加工其底板面时，进给次数也相应减少，表面加工质量就会好一些；反之，数控铣削工艺性较差。一般来说，当 $R<0.2H$（H 为被加工轮廓面的最大高度）时，可以判定零件上该部位的工艺性不好。

在一个零件上，轮廓内圆弧半径在数值上的一致性问题对数控铣削的工艺性相当重要。零件的外形、内腔最好采用统一的几何类型或尺寸，这样可以减少换刀次数。即使不能寻求完全统一，也要力求将数值相近的圆弧半径分组靠拢，达到局部统一，以尽量减少铣刀规格与换刀次数，并避免因频繁换刀而增加零件加工面上的接刀阶差，降低表面加工质量。

（2）内壁转接圆弧半径 R　如图 15-13 所示，当工件的被加工轮廓高度 H 较小，内壁转接圆弧半径 R 较大时，则可采用刀具切削刃长度 L 较小、直径 D 较大的铣刀加工。这样，底面 A 的走刀次数较少，表面质量较好，工艺性较好。反之，图 15-14 所示的铣削工艺性则较差。通常，当 $R<0.2H$ 时，则属工艺性较差。

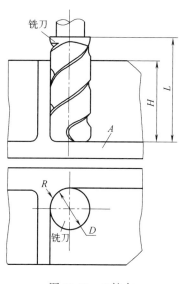

图 15-13　R 较大

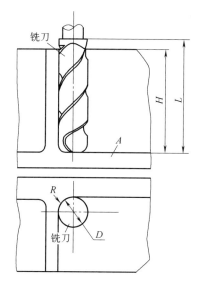

图 15-14　R 较小

（3）内壁与底面转接圆弧半径 r　图 15-15 中，铣刀直径 D 一定时，工件的内壁与底面转接圆弧半径 r 越小，铣刀与铣削平面接触的最大直径 $d=D-2r$ 也越大，铣刀端刃铣削平面的面积越大，则加工平面的能力越强，铣削工艺性越好。反之，工艺性越差，如图 15-16 所示。

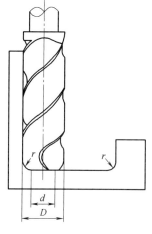

图 15-15　r 较小

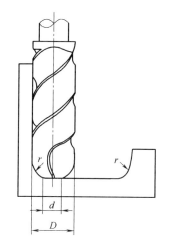

图 15-16　r 较大

当底面铣削面积大，转接圆弧半径 r 也较大时，只能先用一把 r 较小的铣刀加工，再用符合要求 r 的刀具加工，分两次完成切削。

15.3.3 切入点（进刀点）、切出点（退刀点）的确定

1）切入点选择的原则　在切曲面的过程中，切入点选择的原则是要使刀具不受损坏。一般来说，对粗加工而言，选择曲面内的最高角点作为曲面的切入点（初始切削点），因为该点的切削余量较小，进刀时不易损坏刀具；对精加工而言，选择曲面内某个曲率比较平缓的角点作为曲面的切入点，因为在该点处刀具所受的弯矩较小，不易折断刀具。

2）切出点选择的原则　切出点选择主要考虑曲面能连续完整地加工，曲面与曲面加工间的非切削加工尽可能短，换刀方便，被加工曲面为开放型曲面的，曲面的两个角点可作为切出点；对被加工曲面为封闭型曲面的，则只有曲面的一个角点为切出点。

15.3.4 进刀、退刀方式的确定

进刀、退刀方式有如下几种。

1）沿坐标轴的 Z 轴方向直接进刀、退刀　该方式是数控加工中最常用的进、退刀方式，其优点是定义简单，缺点是在工件表面的进刀，退刀处会留下细微的驻刀痕迹，影响工件表面的加工精度，在铣削平面轮廓零件时应避免在零件垂直表面的方向进刀、退刀。

2）沿曲面的切矢方向以直线进刀或退刀　该方式是从被加工曲面的切矢方向切入或切出工件表面，其优点是在工件表面的进刀、退刀处不会留下驻刀痕迹，工件表面的加工精度高。如用立铣刀的端刃和侧刃铣平面轮廓零件时，为了避免在轮廓的切入点和切出点处留下刀痕，应沿轮外形的切线方向切入和切出，切入点和切出点一般选在零件轮廓两个几何元素的交点处，引入、引出线由相切的直线组成，这样可以保证加工出的零件轮廓形状平滑，如图 15-17 所示。

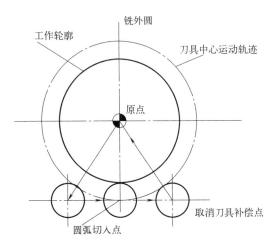

图 15-17　直线切入、切出

243

3）沿曲面的法矢方向进刀、退刀　该方式是以被加工曲面切入点或切出点的法矢量方向切入或切出工件表面。其特点与沿 Z 轴方向直接进刀、退刀相似。

4）沿圆弧段方向进刀、退刀　该方式是刀具以圆弧段的运动方式切入或切出工件表面，引入、引出线为圆弧，并且圆弧使刀具与曲面相切。该方式必须首先定义切入或切出圆弧段，此种方式适用于不能用直线直接引入引出的场合。

5）沿螺旋线或斜线进刀方式　该方式即在两个切削层之间，刀具从上一层的高度沿螺旋线或斜线以渐进的方式切入工件，直到下一层的高度，然后开始正式切削。

对于加工精度要求很高的型面加工来说，应选择沿曲面的切矢方向或沿圆弧方向进刀的方式，这样不会在工件的进刀或退刀处留下驻刀痕迹而影响工件的表面加工质量。

15.3.5　逆铣、顺铣的确定

铣刀的旋转方向和工件的进给方向相反的称为逆铣，相同时称为顺铣。

逆铣如图 10-19 所示，刀具从已加工表面切入，切削厚度从零逐渐增大:刀齿在加工表面上挤压，滑行，使表面产生严重的冷硬层，下一个刀齿切入时又在冷硬层表面挤压、滑行，刀齿容易磨损，同时使工件表面粗糙度增大，而且刀齿切离工件时垂直方向的分力使工件脱离工作台，需较大的夹紧力，但刀齿从已加工表面切入，不会造成直接从毛面切入面打刀的问题。

如图 10-20 所示，顺铣时，刀具从待加工表面切入，刀齿的切削厚度从最大开始，避免了挤压、滑行现象的产生，同时垂直方向的分力始终压向工作台，减小了工件上下的微动，因而能提高铣刀耐用度和表面加工质量。

铣床工作台的纵向进给运动一般是依靠工作台下面的丝杠和螺母来实现的，螺母固定不动，丝杠通过转动带动工作台移动，如果在丝杠与螺旋传动副中存在着的情况下采用顺铣，当纵向分力逐渐增大超过工作台摩擦力时，工作台带动丝杠向左窜动，丝杠与螺母传动则右侧面出现间源，严重时会崩刃。

此外，在进行顺铣时遇到加工表面有硬皮，也会加速刀齿磨损甚至打刀，而在逆铣时，纵向分力与纵向进给方向相反，丝杠与螺母间的传动面始终紧贴，故工作台不会发生窜动现象，铣削较平稳。

根据上面的分析，当工件表面有硬皮、机床的进给机构有间隙时，应选用逆铣，并按照逆铣方式安排进给路线，因为逆铣时刀具是从已加工表面切入，不会崩刃；此外，机床进给机构的间隙不会引起振动和爬行，这符合粗铣的要求，因此，粗铣时应尽量采用逆铣。当工件表面无硬皮、机床进给机构无间隙时，应选用顺铣，按照顺铣方式安排进给路线。因为采用顺铣加工后，零件已加工表面质量好，刀齿磨损小，这符合精铣的要求。因此精铣时，尤其零件材料为铝镁合金或耐热合金时，应尽量采用顺铣。

在主轴正向旋转，刀具为右旋铣刀时，顺铣正好符合左刀补（即 G41），逆铣正好符合右刀补（即 G42）。所以，一般情况下，精铣用 GA1 建立刀具半径补偿，粗铣用 G42 建立刀具半径补偿。

总之，一个零件上内壁转接圆弧半径尺寸的大小和一致性，影响着加工能力、加工质量和换刀次数等。因此，转接圆弧半径尺寸大小要力求合理，半径尺寸尽可能一致，至少要力求半径尺寸分组靠拢，以改善铣削工艺性。有些工件需要在铣削完一面后，再重新安装铣削另一面。由于数控铣削时，不能使用通用铣床加工时常用的试切法来接刀，因此，最好采用统一基准定位。

15.3.6 分析零件的变形情况

铣削工件在加工时的变形会影响加工质量。这时，可采用常规方法如粗、精加工分开及对称去余量法等，也可采用热处理的方法，如对钢件进行调质处理、对铸铝件进行退火处理等。加工薄板时，切削力及薄板的弹性退让极易产生切削面的振动，使薄板厚度尺寸公差和表面粗糙度难以保证，这时，应考虑合适的工件装夹方式。

总之，加工工艺取决于产品零件的结构形状、尺寸和技术要求等。表 15-1 给出了改进零件结构、提高工艺性的一些实例。

表 15-1　改进零件结构提高工艺性

提高工艺性方法	结构		结果
	改进前	改进后	
铣加工			
改进内壁形状			可采用较高刚性刀具
统一圆弧尺寸			减少刀具数和更换刀具次数，减少辅助时间
选择合适的圆弧半径 R			提高生产效率

提高工艺性方法	结构		结果
	改进前	改进后	
铣加工			
用两面对称结构			减少编程时间，简化编程
合理改进凸台分布			减少加工工作量
改进结构形状			减少加工工作量
			减少加工工作量
改进尺寸比例	$\dfrac{H}{b}>10$	$\dfrac{H}{b}\leqslant10$	可用较高刚度刀具加工，提高生产率

246

提高工艺性	结构		结果
方法	改进前	改进后	
铣加工			
在加工和不加工表面间加入过渡		0.5～1.5　　0.5～1.5	减少加工工作量
改进零件几何形状			斜面筋代替阶梯筋，节约材料

15.3.7　零件的加工路线

（1）铣削轮廓表面　在铣削轮廓表面时一般采用立铣刀侧面刃口进行切削。对于二维轮廓加工，通常采用的加工路线为：1）从起刀点下刀到下刀点；2）沿切向切入工件；3）轮廓切削；4）刀具向上抬刀，退离工件；5）返回起刀点。

（2）顺铣和逆铣对加工的影响　在铣削加工中，采用顺铣还是逆铣方式是影响加工表面粗糙度的重要因素之一。逆铣时切削力 F 的水平分力 F_x 的方向与进给运动 v_f 方向相反；顺铣时切削力 F 的水平分力 F_x 的方向与进给运动 v_f 的方向相同。铣削方式的选择应视零件图样的加工要求，工件材料的性质、特点以及机床、刀具等条件综合考虑。通常，由于数控机床传动

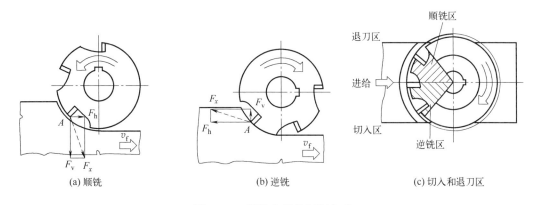

图 15-18　顺铣和逆铣切削方式

采用滚珠丝杠结构，其进给传动间隙很小，顺铣的工艺性优于逆铣。

图 15-18（a）所示为采用顺铣切削方式精铣外轮廓，图 15-18（b）所示为采用逆铣切削方式精铣型腔轮廓，图 15-18（c）所示为顺、逆铣时的切削区域。

同时，为了降低表面粗糙度值，提高刀具耐用度，对铝镁合金、钛合金和耐热合金等材料，应尽量采用顺铣加工。但如果零件毛坯为黑色金属锻件或铸件，表皮硬而且余量一般较大，这时采用逆铣较为合理。

15.4 数控铣床的基本操作

数控铣床的操作比数控车床系统的操作复杂，但也有相同之处，包括开机、关机、系统的启动、参数的设置、手动操作、数控程序的输入、从外界设备输入程序、程序的运行等内容。

15.4.1 基本结构与主要功能

在前面的内容中已讲明数控机床的结构和技术参数，这里重点介绍 SIEMENS 802S/C 控制面板和相关功能。

SIEMENS 802S/C 数控铣床系统的主界面与车床的主界面大致相同，只是方向轴多了+Y 和 –Y 两项，如图 15-19 所示，界面也是分为 5 个区域。

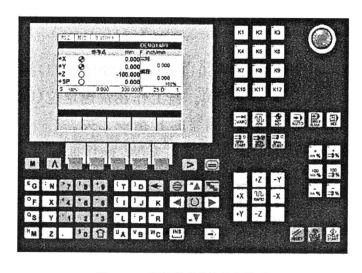

图 15-19　数控铣床系统的主界面

15.4.2 机床的启动和手动操作

机床的启动：第一步，打开供电总开关。第二步，打开床身后方的机床开关。第三步，打开系统面板旁（上）的系统开关（K1）。一般机床常用自定义功能键 K1 作为主轴驱动器的使能键。第四步，回参考点。

手动操作步骤如下。

1）系统启动后进入"加工"操作区"REF"模式，出现"回参考点窗口"。

2）按 REF 键，按顺序连续按 6 个方向键+X、+Z……，即可回参考点。

3）在屏幕显示区查看是否已经回参考点，如图 15-20 所示。

有时可以用程序指令将刀具移动到参考点。

例如执行程序：G74 X0 Y0 Z0（X、Y、Z 轴返回参考点）

当 X、Y、Z 三个坐标轴的参考点指示灯亮起时，说明三条轴分别回到了机床参考点。

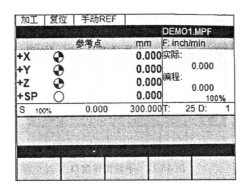

图 15-20　机床回参考点

手动操作模式有手动进给（JOG）方式、手轮模式操作、手动数据输入模式等操作。

（1）手动进给（JOG）　手动进给包括三种模式。

1）在手动连续（JOG）模式中，按住操作面板上的进给轴方向键（+X、+Y、+Z 或者–X、–Y、–Z），会使刀具沿着所选轴的所选方向连续移动。JOG 进给速度可以通过进给倍率按钮进行调整。

2）在快速移动（Rapid）模式中，当按下此键后，再按住操作面板上的进给轴方向键（+X、+Y、+Z 或者–X、–Y、–Z），会使刀具以快速移动的速度移动。再点击一次取消快速移动。

3）在手动增量（VAR）模式中，连续按 VAR 键，在显示屏幕的左上方依次显示增量的移动距离：1INC，10INC，100INC，1000INC（1INC=0.001mm）。当再按住操作面板上的进给轴方向键（+X、+Y、+Z 或者–X、–Y、–Z），会使刀具以增量的方式移动。

（2）手轮模式操作　在 SINUMERIK 802S/C 数控系统中，手轮是一个与数控系统以数据线相连的独立个体。在手轮进给方式中，刀具可以通过旋转机床操作面板上的手摇脉冲发生器微量移动。手轮旋转一个刻度时，刀具移动的距离根据手轮上的设置有不同的移动距离，分别为 0.001mm、0.01mm、0.1mm。

具体操作如下。

1）将机床的工作模式转换到 JOG 模式，按下"手轮"对应的菜单软键，即出现如图 15-21 所示手轮操作窗口。

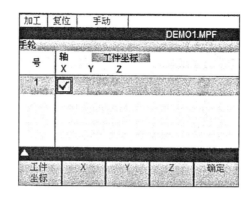

图 15-21　手轮操作窗口

使用▲、▼移动光标到所选的手轮（目前窗口中只有一个手轮），然后按住相应坐标轴的软键，在窗口中出现符号√。

2）按确定键确认所设定的状态并关闭该窗口。

注：手轮进给操作时，一次只能选择一个轴的移动，手轮转动一周时刀具的移动相当于100个刻度的对应值。手轮旋转操作时，需以5r/s以下的速度旋转手轮。如果手轮旋转的速度超过了5r/s，刀具有可能在手轮停止旋转后还不能停止下来或者刀具移动的距离与手轮旋转的刻度不相符。

（3）手动数据输入（MDA）模式　在MDA方式中，通过MDA面板可以编制并执行最多10行的程序，程序的格式和普通程序一样。MDA运行适用于简单的测试操作，比如：检验工件坐标位置、主轴旋转等一些简短的程序。MDA方式中编制的程序不能被保存，运行完MDA上的程序后，该程序会消失。

使用MDA键盘输入程序并执行的操作步骤如下。

1）将机床的工作方式设置为MDA方式，如图15-22所示。

加工	复位	MDA		ROV	
				DEMO1.MPF	
机床坐标	实际	再定位	F: inch/min		
+X	0.000	0.000	实际:		
+Y	0.000	0.000		0.000	
+Z	0.000	0.000	编程:		
+SP	0.000	0.000		0.000	
					100%
S 100%	0.000	300.000	T: 25 D: 1		

	语言区 放大		工件坐标	实际值 放大

图 15-22　MDA 操作窗口

2）利用屏幕字符键通过操作面板输入程序段。

250

3）按数控启动键 START，则机床执行之前输入好的程序。在程序执行时不可以再对程序段进行编辑。执行完毕后，仍保留输入区的内容，该程序段可以通过数控启动键再次重新运行，输入一个字符可以删掉程序段。

15.4.3　数据设置

成功地启动了机床后，在 CNC 加工之前要进行对刀和参数设置，即通过参数的输入和修改对机床和刀具进行调整。其中包括刀具号设定和其相应参数设置，以及工作坐标系相对机床坐标系的偏置量、机床运行以及 R 参数等数据的设置。

（1）刀具及参数的设定　每一把刀具都有一个确定的刀具号，并且每把刀具的参数包括刀具几何参数、磨损量参数，以及刀具号参数和刀具型号参数。

建立新刀具操作步骤如下。

1）按新建键，再按"参数"对应的菜单软键→刀具补偿→新刀具，出现如图 15-23 所示窗口。

2）利用屏幕字符键，输入刀具"T-号"（最大为 3 位数），并定义刀具类型。

3）按确定键对应的菜单软键，生成新的刀具，并显示补偿参数窗口如图 15-24 所示。

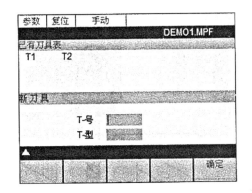

图 15-23　刀具号建立窗口

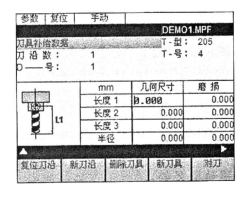

图 15-24　刀具补偿窗口

（2）对刀　数控铣床的对刀内容包括基准刀具的对刀和各个刀具相对偏差的测定两部分。对刀时，应先从某零件加工所用到的众多刀具中选取一把作为基准刀具进行对刀操作；再分别测出其他各个刀具与基准刀具刀位点的位置偏差值，如长度、直径等。这样就不必对每把刀具进行对刀操作。

对刀有试切法对刀、寻边器对刀、机内对刀仪对刀和自动对刀等多种对刀方法。铣床多用试切法对刀，加工中心常用寻边器和 Z 轴设定器对刀。对刀的目的就是确定工件坐标系与机床坐标系之间的空间位置关系，通过对刀求出工件原点在机床坐标系中的坐标，并将此数据输入到数控系统相应的存储器中，使程序调用时，所有的值都是针对设定的工件原点给出的。

这里介绍常用的试切法。

当工件和基准刀具（或对刀工具）都安装好后，可按下述步骤进行对刀操作。

1）机床回零，确定机床坐标系即将方式开关置于"回参考点"位置，分别按+X、+Y、+Z方向按键，令机床进行回参考点操作。

2）计算编程原点在机床坐标系中的坐标值（假设编程原点在方形工件的上右后角点处）。

① X、Y方向对刀　用刀具靠近毛坯的右端，移动 x 轴试切，如图 15-25 所示。数据记录后，抬起 Z 轴。得到工件中心的 X 坐标，记为 X。

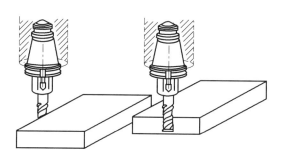

图 15-25　X、Y 基准边对刀示意图

用刀具靠近毛坯的后端，移动 Y 轴试切，数据记录后，抬起 Z 轴。得到工件中心的 Y 坐标，记为 Y。

② Z方向对刀　完成 X、Y 方向对刀后，移动 Z 轴，用刀具靠近毛坯的表面，当有较多切屑飞出，则刀具完全接触毛坯表面，这时记下显示屏上的 Z 值，通过对刀得到的坐标值（X，Y，Z）即为工件坐标系原点在机床坐标系中的坐标值。

（3）确定零点偏移

1）确定 Z 方向偏移量　在 JOG 模式下，使刀具沿 Z 方向与工件上表面接触，按参数→零点偏移，出现如图 15-26 所示窗口（利用光标键将光标移动至 Z 处）。

按测量键，出现如图 15-27 所示窗口。

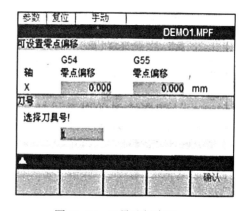

图 15-26　零点偏移窗口　　　　　图 15-27　刀号选择窗口

按确定键，出现如图 15-28 所示窗口。

按计算键，再按确定键，出现如图 15-29 所示窗口，工件 Z 零点偏置被存储。

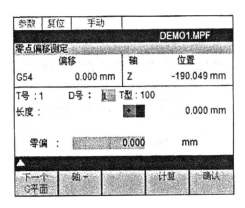

图 15-28　零点测量窗口

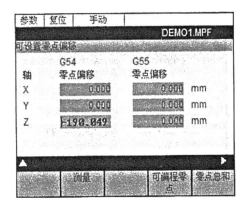

图 15-29　零点偏移窗口

2）确定 X 方向偏移量　在 JOG 模式下，使刀具沿 X 方向与工件上右表面接触，移动光标至 X 轴，如图 15-30 所示。按测量键，出现如图 15-31 所示窗口。

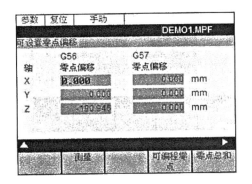

图 15-30　X 轴偏移量设置

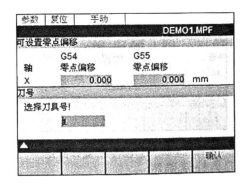

图 15-31　刀号选择窗口

按确定，出现如图 15-32 所示窗口。

按计算，再按确定，工件零点 X 方向偏置被存储，如图 15-33 所示。

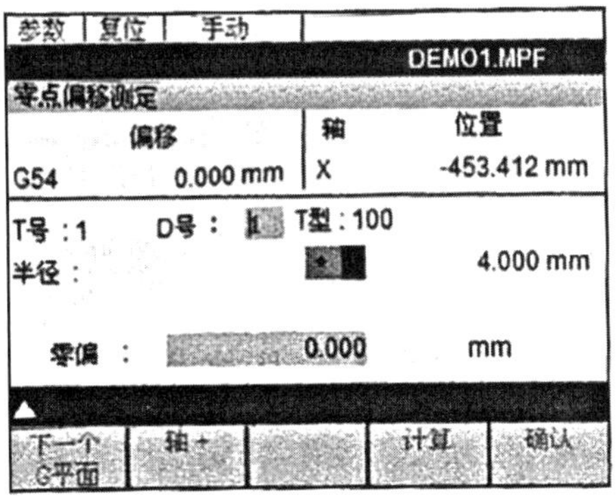

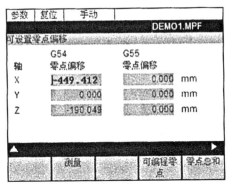

图 15-32　X 轴零点偏移测定

图 15-33　X 轴零点偏移完成

3）确定 Y 方向偏移量　在 JOG 模式下，使刀具沿 Y 方向与工件上后表面接触，在窗口中移动光标至 Y 轴，如图 15-34 所示。

按测量键，出现窗口如图 15-35 所示。

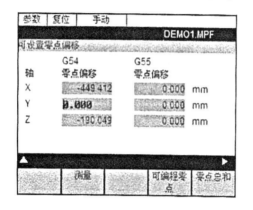

图 15-34　Y 轴偏移量设置

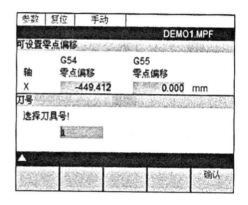

图 15-35　刀号选择窗口

按确定键，出现窗口如图 15-36 所示。

按计算键，再按确定键，工件零点 Y 方向偏置被存储，如图 15-37 所示。

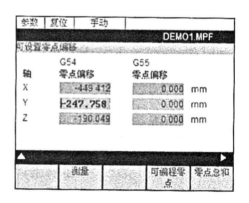

图 15-36　Y 轴零点偏移测定　　　　　图 15-37　Y 轴零点偏移完成

（4）刀具补偿确定　根据刀具的实际尺寸和位置，将刀具半径补偿值和刀具长度补偿值输入到程序对应的刀具补偿及参数表的相应存储位置里。

（5）编程设定数据　利用此功能，可以通过修改设定的数据来改变机床的运行状态。操作步骤如下。

先按新建，再按参数（对应的菜单软键），然后按设定数据，出现如图 15-38 所示窗口。

利用光标键或字符键输入相应的值，利用菜单软键可以设置四类参数。

Jog 数据：可以设置在 JOG 方式下的进给率。

主轴数据：可以设置主轴的转速，以及在恒定切削速度时可编程的最大速度。

空运行进给率：在自动方式中，若选择空运行进给功能，则程序不按编程的进给率执行，而是执行在此输入的进给率。

开始角：在加工螺纹时主轴有一起始位置作为开始角，当重复进行该加工过程时，就可以通过改变此开始角切削多头螺纹。

（6）R 参数修改　按新建，再按参数（对应的菜单软键），然后按 R 参数，出现窗口如图15-39 所示。窗口中列出系统中所有的 R 参数，用户可以修改。

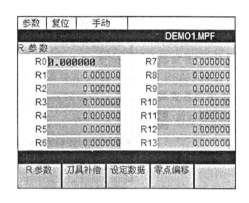

图 15-38　机床运行数据设定窗口　　　　　图 15-39　R 参数窗口

15.4.4　程序输入与文件管理

程序的输入和程序文件管理包括程序的新建、打开及编辑等功能。

（1）程序的新建

1）按新建，再按程序，出现图 15-40 所示窗口，显示 NC 系统中存在的程序目录。

2）按>键，在图 15-41 所示窗口中点击新程序。

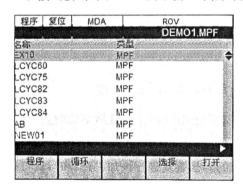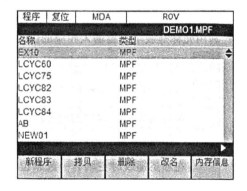

图 15-40　程序目录窗口　　　　　　图 15-41　建立新程序窗口

3）出现如图 15-42 所示窗口，输入新程序名称，在名称后输入扩展名（.mpf 或.spf），默认为.mpf 文件。注意：程序名称前两位必须为字母。

4）按确定，确认输入，利用字符键，可以手动输入生成新程序，并且可以对新程序进行编辑。

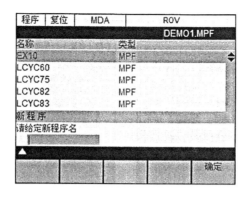

图 15-42 确定新程序名窗口

（2）程序的修改　按新建，再按程序键，用光标键▲、▼选中要改的程序，按保存屏幕上出现所修改的程序，现在可修改程序，改完后按保存即可。

（3）程序文件的管理

1）复制程序数据文件复制　按新建，再按程序键，用光标键▲、▼选中要拷贝的程序，按拷贝键，出现如图 15-43 窗口，此时输入目标程序的名字，后按确定，可把当前所选择的程序拷贝到目标程序中。

2）删除程序文件　按新建，再按程序键，用光标键▲、▼选中要删除的程序，按删除键，如图 15-44 所示，即可删除所选程序。

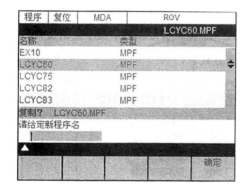

图 15-43　复制程序窗口

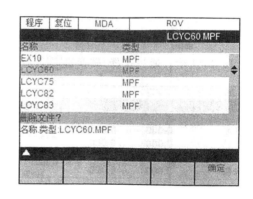

图 15-44　程序删除窗口

此外还可以对当前选择的程序文件进行修改名称等操作。

（4）从计算机输入一个程序　通过机床控制系统的 RS232 接口可以读出数据（零件程序）并保存到外部设备（计算机）中，同样也可以从计算机中把数据（零件程序）读入机床系统中。首先安装好 RS232 接口，并打开计算机中已提前安装好的自带软件，单击发送相应命令，选择发送数据文件（文件的开头有固定格式，可参阅相关参考书），此时在机床操作面板上按新建，再按通讯键，出现窗口如图 15-45 所示，按输入启动键后就可以进行数据的读入。

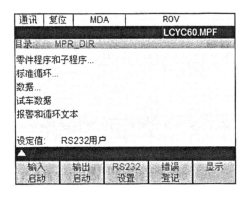

图 15-45　外部程序输入窗口

15.4.5　程序运行

进行程序运行零件加工之前，必须调整好机床和系统，保证各轴已经回到参考点，待加工零件的程序已经装入，工件坐标系和刀具补偿量已经输入机床系统中，并且必要的安全锁定装置已经开启。

15.5　数控铣削编程

数控铣削编程方法与数控车削编程方法有很大区别，尤其是固定循环。本节以立式数控铣床为基础，介绍数控铣床程序编制的基本方法。CY-KX850 立式数控铣床所配置的是 FANUC，0i-MD 数控系统。该系统的主要特点是：轴控制功能强，基本可控制轴数为 X、Y、Z 三轴，扩展后可联动控制轴数为四轴；编程代码通用性强，编程方便，可靠性高。

15.5.1　数控编程的概念及步骤

所谓数控编程是根据被加工零件的图纸和工艺要求，用所使用的数控系统的数控语言，来描述加工轨迹及其辅助动作的过程。

数控编程的一般内容和步骤如图 15-46 所示。

（1）分析零件图纸　分析零件的材料、形状、尺寸、精度及毛坯形状和热处理要求，确定零件是否适宜在数控机床上加工，适宜在哪台数控机床上加工，确定在某台数控机床上加工零件的那些工序或表面。

（2）工艺处理　工艺处理的主要任务为确定零件的

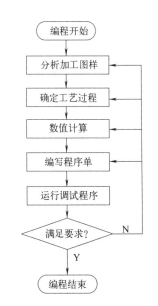

图 15-46　数控编程的内容和步骤

257

加工工艺过程，包括：加工方法（采用的工夹具、装夹定位方法）、加工路线（对刀点、走刀路线）、加工用量（主轴转速、进给速度、切削宽度和深度）。

（3）数学处理　根据零件图纸和确定的加工路线，计算出走刀轨迹和每个程序段所需数据（刀位数据），计算要满足精度要求。需确定的坐标点包括：

① 基点坐标：零件轮廓相邻几何元素的交点和切点的坐标。

② 节点坐标：对非圆曲线，需要用小直线段和圆弧段逼近，轮廓相邻逼近线段的交点和切点的坐标。

（4）编写程序单　根据计算出的走刀轨迹数据和确定的切削用量，结合数控系统的加工指令和程序段格式，逐段编写零件加工程序。

（5）程序校验和首件试加工　编写的程序由于种种原因，会有错误和不合理的地方，必须经校验和试加工合格，才能进入正式加工。录入程序后，应在数控机床的CRT上仿真显示走刀轨迹或模拟刀具和工件的切削过程；然后进行试切削；只有经过试切削，才知道加工精度是否满足要求。

15.5.2　数控铣程序的一般格式

每一个程序都是由程序号、程序内容和程序结束三部分组成。程序内容则由若干程序段组成，程序段由若干程序字组成，每个程序字又由地址符和带符号或不带符号的数值组成。程序字是程序指令中的最小有效单位。

（1）程序结构　一段完整的程序，其结构主要包括：①程序开始符、结束符；②程序名；③程序主体；④程序结束指令。具体举例如图15-47所示。

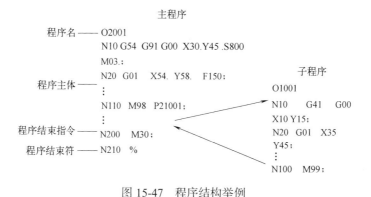

图15-47　程序结构举例

（2）程序段　零件加工程序由程序段组成，一个程序段表示一个完整的加工工步和动作，每个程序段又由若干个数据字组成。每个字是控制系统的具体指令，它由表示地址的英文字母、特殊文字和数字集合而成。

（3）常用地址符及其含义　见表15-2。

表 15-2 地址符的功能、含义及数据范围一览表

功能	地址	含义
程序号	O；ISO/：EIA	表示程序名代号（1~9999）
程序段号	N	表示程序段代号（1~9999）
准备功能	G	确定移动方式等准备功能
坐标字	X、Y、Z、A、C	坐标轴移动指令（±999.999mm）
	R	圆弧半径（±99999.999mm）
	I、J、K	圆弧圆心坐标（±99999.999mm）
进给功能	F	表示进给速度（1~1000mm/min）
主轴功能	S	表示主轴转速（0~9999r/min）
刀具功能	T	表示刀具号（0~99）
偏置号	D、H	表示补偿值地址（1~400）
辅助功能	M	冷却液开、关控制等辅助功能（0~99）
暂停	P、X	表示暂停时间（0~99999.999s）
子程序号及子程序调用次数	P、L	子程序的标定及子程序重复调用次数设定（1~9999）
宏程序变量	P、Q、R	变量代号

（4）常用 G、M 指令功能及含义 见表 15-3。

表 15-3 常用的 G、M 功能指令一览表

共段组	指令组	指令字	功能	模态	初态	破坏模态	备注
01	011	G92	设置绝对坐标系		√		
	012	G00	快速点定位	√	√		
		G01	直线插补	√			
		G02	顺圆插补	√			
		G03	逆圆插补	√			
		G60	Z、Y、X、A 返回上段起点			√	
		G26	X、Y、Z 回程序起点			√	
		G27	X 回程序起点			√	
		G28	Y 回程序起点			√	
		G29	Z 回程序起点			√	
		G30	A 回程序起点				
		G81	钻孔循环	√			
		G84	刚性攻螺纹循环	√			
	013	G11	镜像设置	√			
		G12	镜像取消	√	√		
	014	G61	回 G25 指令设定点				
		G25	设置 G61 的定点				

共段组	指令组	指令字	功能	模态	初态	破坏模态	备注
01	015	G38	径向伸长或缩短刀具半径				与 G00 或 G01 联用
02	02	G17	选 XY 平面	√	√		
		G18	选 ZX 平面	√			
		G19	选 YZ 平面	√			
03	03	G90	指定绝对坐标编程	√	√		
		G91	指定增量坐标编程	√			
04	04	G36	比例缩放	√			
		G37	比例缩放取消	√	√		
05	05	G40	取消刀具半径补偿	√	√		
		G41	刀具在工件左侧补偿	√			
		G42	刀具在工件右侧补偿	√			
06	06	G43	刀具长度加补偿长度	√			
		G44	刀具长度减补偿长度	√			
		G49	取消刀具长度补偿	√	√		
07	07	G45	加一个刀具半径进给				
		G46	减一个刀具半径进给				
		G47	加双倍刀具半径进给				
		G48	减双倍刀具半径进给				
08	08	M03	主轴顺转启动	√			
		M04	主轴逆转启动	√			
		M05	关主轴	√	√		
09	09	M08	开冷却液	√			
		M09	关冷落液	√	√		
10	100	M13	自定义输入检测+24V				伺服报警
		M14	自定义输入 0V				
11	110	M23	自定义开	√	√		
		M22	自定义关	√			
		M55	自定义开	√	√		
		M54	自定义关	√			
12	120	G22	程序循环开始				
		G80	程序循环结束				
		M02	程序运行结束			√	
		M20	回起点，重复运行			√	
		M30	程序结束			√	

共段组	指令组	指令字	功能	模态	初态	破坏模态	备注
12	121	M97	五条件程序转移				
		M98	无条件程序调用				
	122	M99	子程序结束返回（子程序用）				
13	13	M00	程序运行暂停				
14	14	G04	程序延时				
15	15	G66	铣端面线性宏定义				和 G01、G02、G03 联用
16	16	G67	铣端面循环步进宏定义				和 G01 联用

15.5.3 数控铣基本编程方法

15.5.3.1 设置加工坐标系指令 G92

指令格式：G92X__Y__Z__;

G92 指令是将加工原点设定在相对于刀具起始点的某一空间点上，若程序格式为

G92 X a Y b Z c;

则将加工原点设定到距刀具起始点距离为 X=-a，Y=-b，Z=-c 的位置上。

举例：G92 X20 Y10 Z10;

确立的加工原点在距离刀具起始点 X=-20，Y=-10，Z=-10 的位置上，如图 15-48 所示。

15.5.3.2 选择机床坐标系 G53

指令格式：G53 G90 XX__Y__Z__;

G53 指令使刀具快速定位到机床坐标系中的指定位置上，式中 X、Y、Z 后的值为机床坐标系中的坐标值，其尺寸均为负值。

举例：G53 G90 X-100 Y-100 Z-20;

执行后刀具在机床坐标系中的位置如图 15-49 所示。

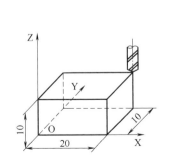

图 15-48 G92 设置加工坐标系

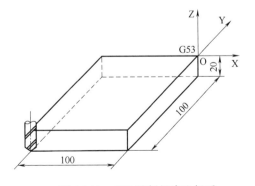

图 15-49 G53 选择机床坐标系

261

15.5.3.3 选择 1~6 号加工坐标系 G54~G59

指令格式：G54　G90　GOO（G01）X__Y__Z__（F__）；

G54~G59 指令可以分别用来选择相应的加工坐标系。该指令执行后，所有坐标值指定的坐标尺寸都是选定的工件加工坐标系中的位置。1~6 号工件加工坐标系是通过 CRT/MDI 方式设置的。

举例：在图 15-50 中，用 CRT / MDI 在参数设置方式下设置了两个加工坐标系。

G54：X-50　Y-50　Z-10

G55：X-100　Y-100　Z-20

这时，建立了原点在 O'的 G54 加工坐标系和原点在 O"的 G55 加工坐标系。若执行下述程序段：

N10　G53　G90　X0　Y0　Z0；

N20　G54　G90　G01　XS0　Y0　Z0　F100；

N30　G55　G90　G01　X100　Y0　Z0　F100；

则刀尖点的运动轨迹如图 15-50 中 OAB 所示。

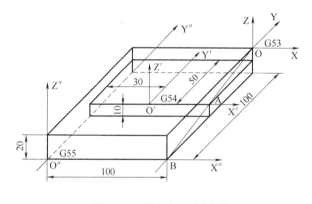

图 15-50　设置加工坐标系

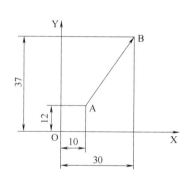

图 15-51　G90 轨迹图

15.5.3.4 编程方式指令 G90/G91

G90/G91 指令用来指明坐标字中用的是绝对编程或增量编程，其中：G90 为绝对坐标指令，表示程序段中的编程尺寸是按绝对坐标给定的；G91 为相对坐标指令，表示程序段中的编程尺寸是按相对坐标给定的。

举例：图 15-51 中，刀具由 A 到 B 分别用 G90/G91 指令编写为

G90　G01　X30　Y37；

G91　G01　X20　Y25；

15.5.3.5 坐标平面选择指令

坐标平面选择指令是用来选择圆弧插补的平面和刀具补偿平面的，其中：G17 表示选择 XY 平面；G18 表示选择 ZX 平面；G19 表示选择 YZ 平面。

15.5.3.6　快速点定位指令

指令格式：G00　X__Y__Z__；

其中：X、Y、Z—快速点定位的终点坐标值。

举例：图 15-52 中，从 A 点到 B 点快速移动的程序段为

G90　G00　X20　Y30；

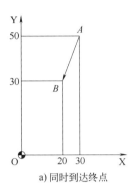
a) 同时到达终点

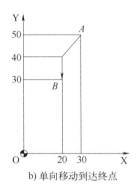
b) 单向移动到达终点

图 15-52　G00 轨迹图

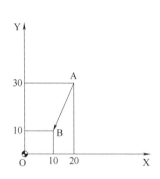

图 15-53　G01 轨迹图

15.5.3.7　直线插补指令

直线插补指令用来产生按指定进给速度 F 实现的空间直线运动。

指令格式：G01　X__Y__Z__F__；

其中：X、Y、Z—直线插补的终点坐标值。

举例：实现图 15-53 中从 A 点到 B 点的直线插补运动，其程序段为：

① 绝对方式编程 G90　G01　X10　Y10　F100；

② 增量方式编程 G91　G01　X-10　Y-20　F100；

15.5.3.8　圆弧插补指令

G02 指令为按指定进给速度的顺时针圆弧插补；G03 指令为按指定进给速度的逆时针圆弧插补。圆弧顺、逆方向的判别方法为：沿着不在圆弧平面内的坐标轴，由正方向向负方向看，顺时针方向为 G02，逆时针方向为 G03，如图 15-54（a）所示。

指令格式：G02/03　X__Y__（Z__）R__F__；或 G02/03　X__Y__（Z__）I__J__（K__）F__；

其中：X、Y、Z—圆弧插补的终点坐标值；R—指定圆弧半径，当圆弧的圆心角小于等于 180°时，R 值为正，当圆弧的圆心角大于 180°时，R 值为负；I、J、K—圆弧起点到圆心的增量坐标，如图 15-54（b）所示，与 G90/G91 无关，加工整圆必须用此方法编程。

举例：实现如图 15-55 中箭头所示的圆弧插补运动。

1）R 编程方式。

N10　G91　G02　X30.　Y0.　R15.　S100　F200　M03；

N20　G03　X20.　Y20.　R20.；

…

2）圆心增量编程方式。

N10　G91　G02　X30.　Y0.　I15.　J0　S100　F200　M03；

N20　G03　X20.　Y20.　I0.　J20.；

…

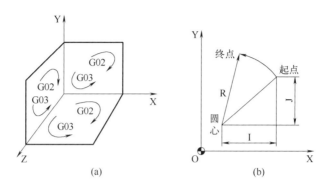

图 15-54　圆弧插补运动

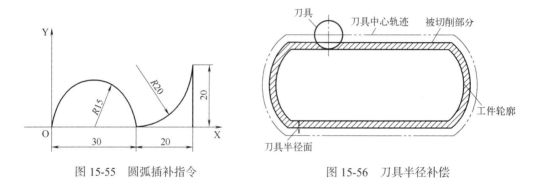

图 15-55　圆弧插补指令　　　　　图 15-56　刀具半径补偿

15.5.3.9　刀具半径补偿指令 G41/G42/G40

在零件轮廓铣削加工时，由于刀具半径尺寸影响，刀具的中心轨迹与零件轮廓往往不一致。为了避免计算刀具中心轨迹，直接按零件图样上的轮廓尺寸编程，数控系统提供了刀具半径补偿功能，如图 15-56 所示。其中：G41 为左偏刀具半径补偿，定义为假设工件不动，沿刀具运动方向向前看，刀具在零件左侧的刀具半径补偿。G42 为右偏刀具半径补偿，定义为假设工件不动，沿刀具运动方向向前看，刀具在零件右侧的刀具半径补偿。G40 为撤销补偿指令。

指令格式：G00/G01　G41/G42　X__Y__D__；//建立补偿程序段

　　　　　…　　　　　　　　　　　　//轮廓切削程序段

　　　　　G00/G01　G40　X__Y__；　　　//补偿撤销程序段

举例：加工如图 15-57 所示的零件，工件坐标系原点（X，Y）见图，Z 向刀初始距离工件上表面 5mm 处，工件切削深度为 4mm，采用 ϕ10mm 立铣刀，主轴转速 S=800r/min，进给速度 F=300mm/min。按要求完成该零件加工程序编制。

00001

N10　G54　G91　G00　G41　X20.0　Y10.0　D01　S800　M03；//建立刀补，刀补号为01

N20　G01　Z-9.　F200；

N30　Y40.0；

N40　X30.0；

NS0　Y-30.0；

N60　X-40.0；

N70　Z9.；

N80　G00　G40　X-10.0　Y-20.0；　　　　　　　　　　　　//解除刀补

N90　M30；　　　　　　　　　　　　　　　　　　　　　　//程序结束

N100 %

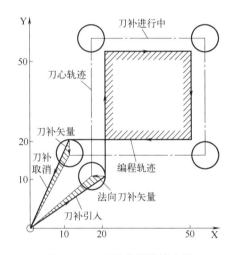

图 15-57　刀具半径补偿应用

15.5.3 10　刀具长度补偿指令 G43/644/G49

指令格式：G43H；//加一个刀具长度补偿参数值

　　　　　　G44H；//减一个刀具长度补偿参数值

　　　　　　G49；　//取消刀具长度补偿

其中：H—刀具偏置号

刀具长度补偿是在 Z 轴上加或减用 H 功能调用的刀具长度补偿参数值，调用号为 H01～H16。参数中的补偿数据以未进行补偿时的刀具位置作为起点。

15.5.3.11　坐标系旋转功能 G68/G69

该指令可使编程图形按照指定旋转中心及旋转方向旋转一定的角度。G68 指令用于开始坐标系旋转，G69 用于撤销旋转功能。

指令格式：G68　X__Y__R__；

......

G69；

其中：X、Y—旋转中心的坐标值（可以是 X、Y、Z 中的任意两个，它们由当前平面选择指令 G17、G18、G19 中的一个确定），当 X、Y 省略时，G68 指令认为当前的位置即为旋转中心；R—旋转角度，逆时针旋转定义为正方向，顺时针旋转定义为负方向。

15.5.3.12　比例及镜像功能

比例及镜像功能可使原编程尺寸按指定比例缩小或放大，也可让图形按指定规律产生镜像变换，其中：G51 为比例编程指令；G50 为撤销比例编程指令。

1）各轴按相同比例编程。

指令格式：G51　X__Y__Z__P__；

其中：X、Y、Z—比例中心坐标（绝对方式）；P—比例系数。

2）各轴以不同比例编程。

各个轴可以按不同比例来缩小或放大，当给定的比例系数为–1 时，可获得镜像加工功能。

指令格式：G51　X__Y__Z__I__J__K__；

其中：X、Y、Z—比例中心坐标；I、J、K—对应 X、Y、Z 轴的比例系数。

15.5.3.13　子程序调用指令 M98

编程时，为了简化程序的编制，当一个工件上有相同的加工内容时，常用调子程序的方法进行编程。调用子程序的程序叫作主程序。子程序的编号与一般程序基本相同，只是程序结束字为 M99，表示子程序结束，并返回到调用子程序的主程序中。

指令格式：M98　P__；

其中：P—表示子程序调用情况。P 后共有 8 位数字，前四位为调用次数，省略时为调用一次；后四位为所调用的子程序号。

15.5.3.14　延时指令 G04

该指令可使刀具作短暂的无进给光整加工，一般用于镗平面、钻孔等场合。

指令格式：G04　X__（P__）；

其中：X、P—暂停时间。

15.5.4　固定循环功能

数控铣床（加工中心）配备的固定循环功能主要用于孔加工，包括钻孔、镗孔、攻螺纹等。使用一个程序段就可以完成一个孔加工的全部动作。如果孔加工动作无需变更，则程序中所有的模态数据可以不写，从而大大简化编程。

15.5.4.1　固定循环的动作组成

（1）FANUC 0i-MD 固定循环功能　因数控系统的不同，固定循环的代码及其指令格式有很大区别，下面主要介绍 FANUC 0i-MD 数控系统的固定循环，常用的铣削固定循环功能见表 15-4。

表 15-4　固定循环功能

G 指令	加工动作（−Z 向）	在孔底部的动作	回退动作（−Z 向）	用途
G73	间歇进给		快速进给	高速钻深孔
G74	切削进给（主轴反转）	主轴正转	切削进给	反转攻螺纹
G76	切削进给	主轴定向停止	快速进给	精镗循环
G80				取消固定循环
G81	切削进给		快速进给	定点钻循环
G82	切削进给	暂停	快速进给	锪孔
G83	间歇进给		快速进给	钻深孔
G84	切削进给（主轴正转）	主轴反转	切削进给	攻螺纹
G85	切削进给		切削进给	镗循环
G86	切削进给	主轴停止	切削进给	镗循环
G87	切削进给	主轴停止	手动或快速	反镗循环
G88	切削进给	暂停、主轴停止	手动或快速	镗循环
G89	切削进给	暂停	切削进给	镗循环

（2）固定循环动作

以立式数控机床加工为例，固定循环通常可分解为 6 个动作，如图 15-58 所示：

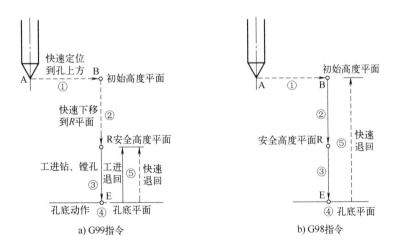

a) G99 指令　　　　b) G98 指令

图 15-58　固定循环动作分解

1）X 和 Y 轴快速定位到孔中心的位置上。

2）快速运行到靠近孔上方的安全高度平面（R 平面）。

3）钻、镗孔（工进）。

4）在孔底做需要的动作。

5）退回到安全平面高度（R 点）。

6）快速退回到初始点位置。

15.5.4.2　固定循环指令

指令格式：G90（G91）G99（G98）G73（~G89）X＿Y＿Z＿R＿Q＿P＿F＿K＿；

其中：G73~G89—孔加工方式指令，对应的固定循环功能见表 15-4；G98—返回初始平面；G99—返回 R 点平面；

X、Y—加工起点到孔位的距离（G91）或孔位坐标（G90）；R—初始点到 R 点的距离（G91）或 R 点的坐标（G90）；Z—R 点到孔底的距离（G91）或孔底坐标（G90）；Q—每次进给深度（G73/G83）；P—刀具在孔底的暂停时间；F—切削进给速度；K—固定循环的次数。

15.5.4.3　G73~G89 指令的循环方式说明

G73 指令用于高速深孔钻削。如图 15-59（a）所示，每次背吃刀量为 q（用增量表示，在指令中给定），退刀量为 d，由 NC 系统内部通过参数设定。G73 指令在钻孔时为间歇进给，有利于断屑、排屑，适用于深孔加工。

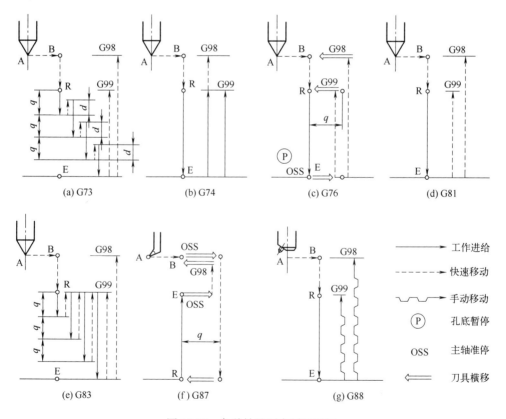

图 15-59　各种钻镗固定循环图解

G74 指令用于左旋攻螺纹。如图 15-59（b）所示，执行过程中，主轴在只平面处开始反转直至孔底，到达后主轴自动转为正转，返回。

G76 指令用于精镗。如图 15-59（c）所示，加工到孔底时，主轴准停在定向位置上；然后，使刀头沿孔径向离开已加工内孔表面后抬刀退出，这样可以高精度、高效率地完成孔加工，退刀时不损伤已加工表面。刀具的横向偏移量由地址 Q 来给定，Q 总是正值，移动方向由系统参数设定。

G81 指令用于一般钻孔循环，用于定点钻，如图 15-55（d）所示。

G82 指令可用于钻孔、镗孔。动作过程和 G81 类似，但该指令将使刀具在孔底暂停，暂停时间由 P 指定。孔底暂停可确保孔底平整，常用于做锪孔、沉头台阶孔。

G83 指令用于深孔钻削。如图 15-59（e）所示，q、d 与 G73 相同，G83 和 G73 的区别是：G83 指令在每次进刀 q 深度后都返回安全平面 R 高度处，再下去作第二次进给，这样更有利于钻深孔时的排屑。

G84 指令用于右旋攻螺纹。G84 指令和 G74 指令中的主轴转向相反，其他和 G74 相同。

G85 指令用于镗孔。G85 指令的动作过程和 G81 类似，但 G85 进刀和退刀时都为工进速度，且回退时主轴照样旋转。

G86 指令用于镗孔。G86 指令的动作过程和 G81 类似，但 G86 进刀到孔底后将使主轴停转，然后快速退回安全平面 R 或初始平面。由于退刀前没有让刀动作，快速回退时可能划伤已加工表面，因此只用于粗镗。

G87 指令用于反向镗孔。如图 15-59（f）所示，执行时，X、Y 轴定位后，主轴准停，刀具以反刀尖的方向偏移，并快速下行到孔底（此即其主平面高度）。在孔底处，顺时针启动主轴，刀具按原偏移量摆回加工位置，在 Z 轴方向上一直向上加工到孔终点（此即其孔底平面高度）。在这个位置上，主轴再次准停后刀具又进行反刀尖偏移，然后向孔的上方移出，返回原点后刀具按原偏移量摆正，主轴正转，继续执行下一程序段。

G88 指令用于镗孔。如图 15-59（g）所示，加工到孔底后暂停，主轴停止转动，自动转换为手动状态，用手动将刀具从孔中退出到返回点平面后，主轴正转，再转入下一个程序段自动加工。

G89 指令用于镗孔。此指令与 G86 相同，但在孔底有暂停。

在使用固定循环指令前，必须使用 M03 或 M04 指令启动主轴。在程序格式段中，X、Y、Z 或 R 指令数据应至少有一个才能进行孔的加工。在使用带控制主轴回转的固定循环（如 G74、G84、G86 等）中，如果连续加工的孔间距较小，或初始平面到 R 平面的距离比较短时，会出现进入孔正式加工前，主轴转速还没有达到正常转速的情况，影响加工效果。因此，遇到这种情况，应在各孔加工动作间插入 G04 指令，以获得时间，让主轴能恢复到正常转速。

15.5.5 数控铣削加工综合举例

【例题 1】加工如图 15-60 所示的平面凸轮，对凸轮的数控铣削进行工艺分析及程序编制。

269

（1）工艺分析 从图 15-60 要求看出，凸轮曲线分别由几段圆弧组成，$\phi30$ 孔为设计基准，其余表面包括 $4\times\phi13\text{H7}$ 均已加工。故取 $\phi30$ 孔和一个端面作为主要定位面，在连接孔 $\phi13$ 的一个孔内增加削边销，在端面上用螺母垫圈压紧。因为孔是设计和定位的基准，所以对刀点选在孔中心线与端面的交点上，这样很容易确定刀具中心与零件的相对位置。

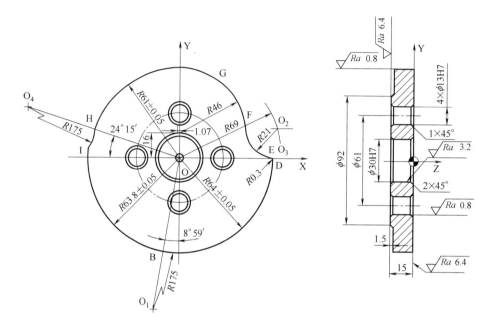

图 15-60 平面凸轮

（2）加工调整 加工坐标系在 X 和 Y 方向上的位置设在工作台中间，在 G53 坐标系中取 $X=-400$，$r=-100$。Z 坐标可以按刀具长度和夹具、零件高度决定，如选用 $\phi20$ 的立铣刀，零件上端面为 Z 向坐标零点，该点在 G53 坐标系中的位置为 $Z=-80$ 处，将上述三个数值设置到 G54 加工坐标系中。加工工序卡如表 15-5 所示。

（3）数学处理 该凸轮加工轮廓由数段圆弧组成，因而只要计算出基点坐标，就可编制程序。在加工坐标系中，各点的坐标计算如下。

1）BC 弧的中心 O_1 点

$X=-（175+63.8）\sin8°59'=-37.28$ $Y=-（175+63.8）\cos8°59'=-235.86$

2）EF 弧的中心 O_2 点

$$\begin{cases} X^2+Y^2=69^2 \\ (X-64)^2+Y^2=21^2 \end{cases}$$

解之得

$$X=65.75，Y=20.93$$

3）HI 弧的中心 O_4 点

$X=-（175+61）\cos24°15'=-215.18$ $Y=（175+61）\sin24°15'=96.93$

表 15-5 数控加工工序卡

数控加工工序卡	零件图号	零件名称	文件编号	第　页
	NC 01	凸轮		
	工序号	工序名称	材料	
	50	铣周边轮廓	45	
	加工车间	设备型号		
		CY-KX850		
	主程序名	子程序名	加工原点	
	00204		G54	
	刀具半径补偿	刀具长度补偿		
	D01=10	0		

工步号	工步内容	工装	
1	数控铣周边轮廓	夹具	刀具
		定心夹具	立铣刀 $\phi 20$
		更改标记	更改单号	更改者／日期
工艺员		校对	审定	批准

4）DE 弧的中心 O_5 点

$$\begin{cases} X^2 + Y^2 = 63.7^2 \\ (X-65.75)^2 + (Y-20.93)^2 = 21.30^2 \end{cases}$$

解之得

$$X=63.70, \quad Y=-0.27$$

5）B 点

$X=-63.8\sin 8°59'=-9.96 \qquad Y=-63.8\cos 8°59'=-63.02$

6）C 点

$$X^2 + Y^2 = 64^2$$

$$(X+37.28)^2 + (Y+235.86)^2 = 175^2$$

解之得

$$X=-5.57, \quad Y=-63.76$$

7）D 点

$$\begin{cases} (X-63.70)^2 + (Y+0.27)^2 = 0.3^2 \\ X^2 + Y^2 = 64^2 \end{cases}$$

解之得

$$X=63.99，Y=-0.28$$

8）E 点

$$\begin{cases} (X-63.7)^2 + (Y+0.27)^2 = 0.3^2 \\ (X-65.75)^2 + (Y-20.93)^2 = 21^2 \end{cases}$$

解之得

$$X=63.72，Y=0.03$$

9）F 点

$$\begin{cases} (X+1.07)^2 + (Y-16)^2 = 46^2 \\ (X-65.75)^2 + (Y-20.93)^2 = 21^2 \end{cases}$$

解之得

$$X=44.79，Y=19.60$$

10）G 点

$$\begin{cases} (X+1.07)^2 + (Y-16)^2 = 46^2 \\ X^2 + Y^2 = 61^2 \end{cases}$$

解之得

$$X=14.79，Y=59.18$$

11）H 点

$X=-61\cos24°15'=-55.62$ $Y=61\sin24°15'=25.05$

12）I 点

$$\begin{cases} X^2 + Y^2 = 63.80^2 \\ (X+215.18)^2 + (Y-96.93)^2 = 175^2 \end{cases}$$

解之得

$X=-63.02，Y=9.97$

根据上面的数值计算，可画出凸轮加工走刀路线图，见表 15-6。

表 15-6　数控加工走刀路线图

零件图号	NC01	工序号		工步号		程序号	O100
机床型号	XK5032	程序段号	N10~N170	加工内容	铣周边轮廓	共　页　第　页	

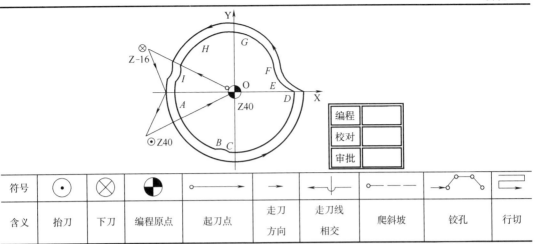

符号	⊙	⊗	◐	○—→	→	↓—	- - -	∧—∧	▭
含义	抬刀	下刀	编程原点	起刀点	走刀方向	走刀线相交	爬斜坡	铰孔	行切

（4）编写加工程序　参数设置：D01=10；设置加工坐标系原点 G54：X=-400，Y=-100，Z=-80。

凸轮加工的程序及程序说明如下：

N10 G54 X0 Y0 Z40.；	//进入加工坐标系
N20 G90 G00 G17 X-73.8.Y20.；	//由起刀点到加工开始点
N30 G00 20；	//下刀至零件上表面
N40 G01 Z-16. F200.；	//下刀至零件下表面以下 1mm
N50 G42 G01 X-63.8 Y10. F80. D01；	//开始刀具半径补偿
N60 G01 X-63.8 Y0；	//切入零件至 A 点
N70 G03 X-9.96 Y-63.02 R63.8；	//切削 AB
N80 G02 X-5.57 Y-63.76 R175；	//切削 BC
N90 G03 X63.99 Y-0.28 R64；	//切削 CD
N100 G03 X63.72 Y0.03 R0.3；	//切削 DE
N110 G02 X44.79 Y19.6 R21；	//切削 EF
N150 G03 X14.79 Y59.18 R46；	//切削 FG
N130 G03 X-55.26 Y25.05 R61；	//切削 GH
N140 G02 X-63.02 Y9.97 R175；	//切削 HI
N150 G03 X-63.80 Y0 R63.8；	//切削 IA
N160 G01 X-63.80 Y-10；	//切削零件
N170 G01 G40 X-73.80 Y-20；	//取消刀具补偿
N180 G00 Z40；	//Z 向抬刀
N190 G00 X0 Y0；	//返回加工坐标系原点
N200 M30；	//结束
%	

第16章　加工中心加工

教学目标	本章重点
（1）熟悉加工中心的基本概念； （2）了解加工中心的系统编程基础； （3）掌握加工中心的操作；	加工中心的系统编程和基本操作。
	本章难点
	加工中心的基本操作。

思政目标
通过对加工中心基础知识的学习，培养学生具有国家视野和竞争精神，使学生理解获得一个优质加工产品需要掌握前沿技术知识并具有敢闯敢干的决心，以此培养自己的核心竞争力。

16.1　加工中心介绍

16.1.1　概述

数控加工中心把铣削、镗削、钻削、攻螺纹和切削螺纹等功能集中在一台设备上，具有多种工艺手段。加工中心设置有刀库，刀库中存放着不同数量的各种刀具或检具，在加工过程中由程序自动选用和更换，这是它与数控铣床、数控镗床的主要区别。加工中心综合加工能力较强，工件一次装夹后能完成较多的加工内容，加工精度较高，对中等加工难度的批量工件其效率是普通设备的 5~10 倍。它能完成许多普通设备不能完成的加工，对形状较复杂、精度要求高的单件加工或中小批量多品种生产尤为适用。对于必须采用工装和专机设备来保证产品质量和效率的工件，采用加工中心加工，可以省去工装和专机设备，为新产品研制和产品改型换代节省大量的时间和费用，从而使企业具有较强的竞争能力。

16.1.2　加工中心的组成

加工中心问世已有 30 多年，虽然外形结构各异，但从总体来看主要由以下几大部分组成。

（1）基础部件　它是加工中心的基础结构，由床身、立柱和工作台三部分组成，它们主要承受加工中心的静载荷以及在加工时产生的切削负载，因此必须要有足够的刚度。这些大件可以是铸铁件也可以是焊接而成的钢结构件，它们是加工中心中体积和质量最大的部件。

（2）主轴部件　由主轴箱、主轴电动机、主轴和主轴轴承等零件组成。主轴是加工中心切削加工的功率输出部件，它的启、停和变速等动作均由数控系统控制，并且通过装在主轴上的刀具参与切削运动，是切削加工的功率输出部件。主轴的旋转精度和定位准确性是影响加工中心加工精度的重要因素。

（3）数控系统　加工中心的数控部分是由 CNC 装置、可编程控制器、伺服驱动装置以及操作面板等组成的。它是执行顺序控制动作和完成加工过程的控制中心。CNC 装置是一种位置控制系统，其控制过程是根据输入的信息进行数据处理、插补运算，获得理想的运动轨迹信息，然后输出到执行部件，加工出所需要的工件。

（4）自动换刀系统　由刀库、机械手等部件组成。当需要换刀时，数控系统发出指令，由机械手（或通过其他方式）将刀具从刀库内取出装入主轴孔中。然后再把主轴上的刀具送回刀库完成整个换刀动作。

（5）辅助装置　包括润滑、冷却、排屑、防护、液压、气动和检测系统等部分。这些装置虽然不直接参与切削运动，但对加工中心的加工效率、加工精度和可靠性起着保障作用，因此也是加工中心中不可缺少的部分。

16.1.3　加工中心的特点

加工中心具有加工精度高、表面质量好、生产率高、工艺适应性强、劳动强度低、劳动条件好、经济效益良好、有利于现代化生产管理等特点。

利用加工中心进行生产，能准确地计算出零件的加工工时，并能有效地简化检验、工夹具和半成品的管理工作。当前较为流行的 FMS、CIMS、MRPⅡ、ERP 等，都离不开加工中心的应用。

16.1.4　加工中心加工的主要对象

加工中心适用于加工形状复杂、工序多、精度要求高的工件，主要加工对象有以下几类。

（1）箱体类工件　这类工件一般都要求进行多工位孔系及平面的加工，定位精度要求高。在加工中心上加工时，一次装夹可完成普通机床 60%~95% 的工序内容。

（2）复杂曲面类工件　复杂曲面一般可以用球头铣刀进行三坐标联动加工，加工精度较高，但效率低。如果工件存在加工干涉区或加工盲区，就必须考虑采用四坐标或五坐标联动的机床。复杂曲面类工件有飞机、汽车外壳，叶轮，螺旋桨，各种成形模具等。

（3）异形件　异形件是外形不规则的零件，大多需要点、线、面多工位混合加工。加工异形件时，形状越复杂，精度要求越高，使用加工中心越能显示其优越性，如手机外壳等。

（4）盘、套、板类工件　这类工件包括带有键槽和径向孔，端面分布有孔系、曲面的盘套或轴类工件，如带法兰的轴套、带有键槽或方头的轴类零件等；具有较多孔加工的板类零件，如各种电动机盖等。

（5）特殊加工　在加工中心上还可以进行特殊加工，如在主轴上安装调频电火花电源，可对金属表面进行表面淬火。

16.1.5　加工中心分类

加工中心的种类很多，一般按照机床形态及主轴布局形式分类，或按照加工中心的换刀形式进行分类。

16.1.5.1　按照机床形态及主轴布局形式分类

（1）立式加工中心　主轴轴线呈铅垂状态布置的加工中心，不设分度回转功能，适合于盘类零件的加工，如图 16-1 所示。立式加工中心的刀库有不同的形式，如图 16-2 所示。其中：图（a）～（f）为盘式刀库；图（g）～（j）为链式刀库；图（k）为格子式刀库。每种形式的刀库可以容纳的刀具数量差距较大，并在一定程度上决定了加工中心加工能力的大小。

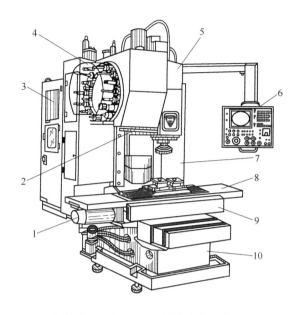

图 16-1　JCS—018A 型立式加工中心

1—X 轴的直流伺服电动机；2—换刀机械手；3—数控柜；4—盘式刀库；5—主轴箱；6—操作面板；

7—驱动电源柜；8—工作台；9—滑座门；10—床身

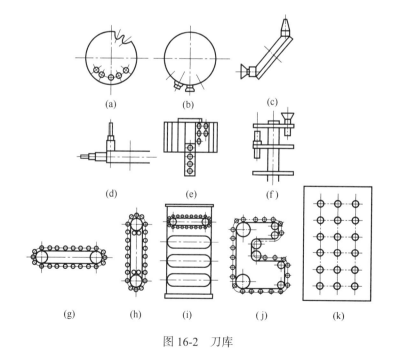

图 16-2　刀库

276

（2）卧式加工中心 主轴轴线呈水平状态布置的加工中心，如图16-3所示。卧式加工中心的刀库一般为链式结构，刀库容量较大。卧式加工中心通常都带有可进行分度的正方形分度工作台，可加工扭曲面，适合于箱体类零件的加工。

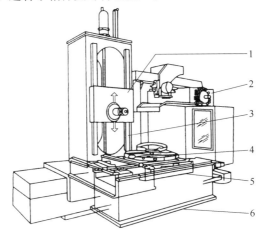

图 16-3　卧式加工中心

1—主轴头；2—刀库；3—立柱；4—立柱底座；5—工作台；6—床身

（3）龙门式加工中心 形状与龙门铣床类似，主轴多为铅垂布置，带有自动换刀装置，并有可更换的主轴头附件。数控装置的软件功能也较齐全，能够一机多用，尤其适用于大型或形状复杂的工件，如航天装备、大型水轮机、大型建工机械上的某些零件的加工。

（4）复合加工中心 又称万能加工中心，是指兼有立式和卧式加工中心功能的一种加工中心。工件安装后能完成除安装面外的所有侧面及顶面等五个表面的加工，因此也称为五面加工中心。常见复合加工中心有两种形式，一种是主轴可以旋转 90°，既可以像立式加工中心一样工作，也可以像卧式加工中心一样工作；另一种是主轴不改变方向，而工作台可以带着工件旋转 90°完成对工件五个表面的加工。

16.1.5.2　按加工中心的换刀形式分类

（1）带刀库、机械手的加工中心 加工中心的自动换刀装置（automatic tool changer，ATC）由刀库和机械手组成，机械手可完成换刀工作。这是加工中心采用最普遍的形式。

（2）无机械手的加工中心 这种加工中心的换刀是通过刀库和主轴箱的配合动作来完成的。一般是把刀库放在主轴箱可以运动到的位置，整个刀库或某一刀位能移动到主轴箱可以达到的位置。刀库中刀具的存放位置与主轴装刀方向一致。换刀时，主轴运动到刀位上的换刀位置，由主轴直接取走或放回刀库。

（3）转塔刀库式加工中心 一般应用于小型加工中心，主要以加工孔为主。

16.1.6　加工中心的换刀过程

自动换刀装置的换刀过程由选刀和换刀两部分组成。当执行到 T×× 指令即选刀指令后，刀库自动将要用的刀具移动到换刀位置，完成选刀过程，为下面换刀做好准备；当执行到 M06 指令时即开始自动换刀，把主轴上用过的刀具取下，将选好的刀具安装在主轴上。数控加工中心的选刀方式主要有顺序选刀方式、任选方式（多用）。数控加工中心的换刀方式主要有机械手换刀、刀库移动-主轴升降式换刀。

（1）机械手换刀动作过程（见图 16-4）

1）主轴箱回参考点，主轴准停。

2）机械手在主轴上和刀库抓刀（见图 16-4a）。

3）取刀，活塞杆推动机械手下行（见图 16-4b）。

4）交换刀具位置，机械手回转 180°（见图 16-4c）。

5）装刀，活塞杆上行，将更换后的刀具装入主轴和刀库（见图 16-4d）。

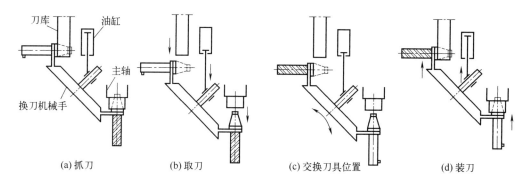

图 16-4　机械手换刀动作过程

（2）刀库移动-主轴运动升降式换刀过程（见图 16-5）

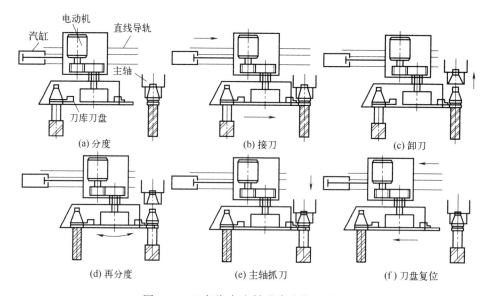

图 16-5　刀库移动-主轴升降式换刀过程

1）分度　将刀盘上接收刀具的空刀座转到换刀所需的预定位置（见图 16-5a）。

2）接刀　活塞杆推出，将空刀座送至主轴下方，并卡住刀柄定位槽（见图 16-5b）。

3）卸刀　主轴松刀，铣头上移至参考点（见图 16-5c）。

4）再分度　再次分度回转，将预选刀具转到主轴正下方（见图 16-5d）。

5）装刀　铣头下移，主轴抓刀，活塞杆缩回，刀盘复位（见图 16-5e、图 16-5f）。

16.2　加工中心编程基础

16.2.1　加工中心编程要点

由于加工中心机床具有一次装夹后自动完成多面多工序的加工功能，故在数控加工程序编制中，从加工工序的确定、刀具的选择、加工路线的安排，到数控加工程序的编制，都比其他数控机床要复杂一些。在编程时要考虑下述问题。

1）首先应根据图纸进行合理的工艺分析。由于零件加工工序多，使用的刀具种类多，有时甚至在一次装夹下要完成粗加工、半精加工与精加工，周密合理地安排各工序加工的顺序，有利于提高加工精度和提高生产效率。

2）根据加工批量等情况，决定采用自动换刀还是手动换刀。一般对于加工批量在 10 件以上，而刀具更换又比较频繁的情况，以采用自动换刀为宜。但当加工批量很小而使用的刀具种类又不多时，把自动换刀安排到程序中反而会增加机床调整时间。

3）自动换刀要留出足够的换刀空间。有些刀具直径较大或尺寸较长，自动换刀时要注意避免发生撞刀事故。

4）为提高机床利用率，应尽量采用刀具机外预调，并将测量尺寸填写到刀具卡片中，以便于操作者在运行程序前及时修改刀具补偿参数。

5）对于编好的程序必须进行认真检查，并于加工前安排好试运行。从编程的出错率来看，采用手工编程比自动编程出错率要高，特别是在生产现场，为临时加工而编程，出错率更高，故认真检查程序并安排好试运行就更为必要。在检查 M、S、T 功能时，可以在 Z 轴锁定状态下进行。

6）尽量把不同工序内容的程序分别安排到不同的子程序中。当零件加工工序较多时，为了便于程序的调试，一般将各工序内容分别安排到不同的子程序中，主程序主要完成换刀及子程序的调用。这种安排便于按每一工序独立地调试程序，也便于加工顺序不合理时做出重新调整。

7）尽可能地利用机床数控系统本身所提供的镜像、旋转、固定循环和宏指令编程处理的功能，以简化程序量。

8）合理地编写换刀程序。注意第 1 把刀的编程处理。第 1 把刀直接装在主轴上（刀号要设置），程序开始可以不换刀，在程序结束时要有换刀程序段，要把第 1 把刀换到主轴上。若主轴上先不装刀，在程序的开头就需要换刀程序段，使主轴上装刀，后面程序同前。

16.2.2 加工中心基本编程方法

（1）加工中心自动换刀的功能指令　加工中心的编程除了增加了自动换刀的功能指令外，其他和数控铣床编程基本相同。

M06——自动换刀指令。本指令将驱动机械手进行换刀动作，但并不包括刀库转动的选刀动作。

M19——主轴准停。本指令将使主轴定向停止，确保主轴停止的方位和装刀标记方位一致。

T××——选刀指令。用以驱动刀库电动机带动刀库转动而实施选刀动作。T 指令后跟的两位数字，是将要更换的刀具地址号。

（2）自动换刀程序的编写　在对加工中心进行换刀动作的编程安排时，应考虑以下问题。

1）换刀动作前必须使主轴准停（使用 M19 指令）。

2）换刀点的位置应根据所用机床的要求安排，有的机床要求必须将换刀位置安排在参考点处或至少应让 Z 轴方向返回参考点（使用 G28 指令）。

3）换刀完毕后，返回到下一道工序的加工起始位置（使用 G29 指令）。

4）换刀完毕后，安排重新启动主轴的指令。

5）为了节省自动换刀时间，可考虑将选刀动作与机床加工动作在时间上重合起来。

（3）加工中心定位基准的选择　同普通机床一样，在加工中心上加工时，零件的装夹仍遵守六点定位原则。在选择定位基准时，要全面考虑各个工位的加工情况，达到三个目的。

1）所选基准应能保证工件的定位准确，装卸工件方便，能迅速完成工件的定位和夹紧，夹紧可靠，且夹具结构简单。

2）所选定的基准与各加工部位的各个尺寸运算简单，应尽量减少尺寸链计算，避免或减少计算环节和计算误差。

3）保证各项加工精度。

在具体确定零件的定位基准时，要遵循下列原则。

1）尽量选择零件上的设计基准作为定位基准。在制订零件的加工方案时，首先要选择最佳的精基准来进行加工。这就要求在粗加工时考虑以怎样的粗基准把精基准的各面加工出来，即加工中心上使用的各个定位基准应在前面普通机床或加工中心工序中加工完成，这样容易保证各个工位加工表面相互之间的精度关系，而且当某些表面还要靠多次装夹或用其他机床完成时，选择与设计基准相同的基准定位，不仅可以避免因基准不重合而引起的定位误差，保证加工精度，还可简化程序编制。

2）当在加工中心上无法同时完成包括设计基准在内的工位加工时，应尽量使定位基准与设计基准重合。同时还要考虑用该基准定位后，一次装夹就能够完成全部关键精度部位的加工。为了避免精加工后的零件再经过多次非重要尺寸加工，多次周转，造成零件变形、磕碰划伤，在考虑一次性尽可能完成多的加工内容（如螺孔、自由孔、倒角、非重要表面、刀具检查等）的同时，一般将加工中心上完成的工序安排在最后。

3）当在加工中心上既加工基准又完成各工位的加工时，其定位基准的选择需考虑完成尽可能多的加工内容。为此，要考虑便于各个表面都被加工的定位方式，如对于箱体，最好采用一面两销的定位方式，以便使用刀具对其他表面进行加工。

4）当零件的定位基准与设计基准难以重合时，应认真分析装配图纸，确定该零件设计基准的设计功能，通过尺寸链的计算，严格规定定位基准与设计基准间的形位公差范围，确保加工精度。对于带有自动测量功能的加工中心，可在工艺中安排坐标系测量检查工步，即每个零件加工前由程序自动控制测头检测设计基准，CNC 系统自动计算并修正坐标系，从而确保各加工部位与设计基准间的几何关系。

5）工件坐标系原点即"编程零点"与零件定位基准不一定非要重合，但两者之间必须要有确定的几何关系。工件坐标系原点的选择主要应考虑便于编程和测量。对于各项尺寸精度要求较高的零件，确定定位基准时，应考虑坐标原点能否通过定位基准得到准确的测量，同时兼顾测量方法。

16.3 加工中心操作

16.3.1 加工中心操作方式

（1）机床自动加工 机床自动加工也称为存储器方式加工。它是利用加工中心内存储的加工程序，使机床对工件进行连续加工，是加工中心运用得最多的操作方式。加工中心在存储器方式下的运行时间越长，其机床利用率也就越高。

（2）手动程序输入（MDI） MDI 方式也称为键盘操作方式。它在修整工件个别遗留问题或单件加工时经常用到。MDI 方式加工的特点是输入灵活，随时输入指令随时执行，但运行效率较低，且执行完指令以后对指令没有记忆，再次执行时必须重新输入指令，该操作方式一般不用于批量工件的加工。

（3）手动（JOG） 手动工作方式主要用于工件及夹具相对于机床各坐标的找正、工件加工零点的粗测量以及开机时回参考点。

（4）手轮操作 手轮即是手摇脉冲发生器。手轮每摇一格发出一个脉冲指挥机床移动相应的坐标。

（5）ATC 和 APC 面板操作 加工中心的操作在很大程度上与数控铣床相似，只是在刀具交换和托板交换中与数控铣床不同。加工中心的换刀和交换托板的方法，一种是通过加工程序或用键盘方式输入指令实现的，这是通常使用的方法。另一种是依靠 ATC 面板和 APC 面板手动分步操作实现的。由于加工中心机械手的换刀动作和托板交换动作比较复杂，手动操作时前后顺序必须完全正确，并保证每一步动作到位，因此在手动操作交换托板和换刀时必须非常小心，避免出现事故。手动分步换刀和手动托板交换一般只在机床出现故障需要维修时才使用。

16.3.2 加工中心的操作步骤及内容

（1）开机及原点复位

1）开机

① 首先合上机床总电源开关。

② 开稳压器、气源等辅助设备电源开关。

③ 开加工中心控制柜总电源。

④ 将紧急停止按钮右旋弹出，打开操作面板电源，直到机床准备不足报警消失，则开机完成。

2）机床回原点　开机后首先应回机床原点，将模式选择开关选到回原点上，再选择快速移动倍率开关到合适倍率上，选择各轴依次回原点。

3）注意事项

① 在开机之前要先检查机床状况有无异常，润滑油是否足够等，如一切正常，方可开机。

② 回原点前要确保各轴在运动时不与工作台上的夹具或工件发生干涉。

③ 回原点时一定要注意各轴运动的先后顺序。

（2）工件安装　根据不同的工件要选用不同的夹具，选用夹具的原则是：①定位可靠。②夹紧力足够。

安装夹具前，一定要先将工作台和夹具清理干净。夹具装在工作台上，要先将夹具通过量表找正找平后，再用螺钉或压板将夹具压紧在工作台上。安装工件时，也要通过量表找正找平工件。

（3）刀具装入刀库

1）刀具选用：加工中心的刀具选用与数控铣床的基本类似，在此不再赘述。

2）刀具装入刀库的方法：①直接往刀库中手动装入刀具。②通过机械手或主轴装入刀具。

（4）对刀与刀具补偿

1）机内设置

① 将所有刀具放入刀库，利用 Z 向设定器确定每把刀具到工件坐标系 Z 向零点的距离，如图 16-6 所示的 A、B、C，并记录下来。

② 选择其中一把最长（或最短）即与工件距离最小（或最大）的刀具作为基准刀，如图 16-6 中的 T03（或 T01），将其对刀值 C（或 A）作为工件坐标系的 Z 值，此时 H03=0。

③ 确定其他刀具相对基准刀的长度补偿值，即 H01=±$|C-A|$，H02=±$|C-B|$，正负号由程序中的 G43 或 G44 来确定。

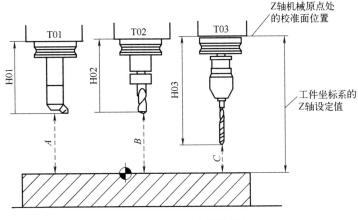

图 16-6 刀具长度补偿设置

④ 将获得的刀具长度补偿值对应的刀具和刀具号输入到机床中。

2）机外设置

① 利用刀具预调仪精确测量每把在刀柄上装夹好的刀具的轴向和径向尺寸。

② 在机床上用最长或最短的一把刀具进行 Z 向对刀，设定工件坐标系。

③ 确定每把刀具的长度补偿值，输入机床。

3）刀具半径补偿设置　进入刀具补偿值的设定页面，移动光标至输入值的位置，根据编程指定的刀具，键入刀具半径补偿值，按"INPUT"键完成刀具半径补偿值的设定。

（5）程序输入与调试　程序的调试可利用机床的程序预演功能或以抬刀运行程序方式进行，依次对每个子程序进行单独调试。

（6）程序运行　在程序正式运行之前，要先检查加工前的准备工作是否完全就绪。确认无误后，选择自动加工模式，按下数控启动键运行程序，对工件进行自动加工。

（7）零件检测　将加工好的零件从机床上卸下，根据零件不同的尺寸精度、粗糙度、位置度的要求选用不同的检测工具进行检测。

（8）关机　零件加工完成后，清理现场，再按与开机相反的顺序依次关闭电源。

16.4　数控加工中心编程实例

加工如图 16-7 所示的平面凸轮轮廓，毛坯材料为中碳钢，尺寸如图 16-8 所示。零件图中 23mm 深的半圆槽和外轮廓不加工，只讨论凸轮内滚子槽轮廓的加工程序。

（1）工艺分析

1）装夹　以 ϕ45mm 的孔和 K 面定位，专用夹具装夹。

2）刀具　用三把 ϕ25mm 的四刃硬质合金锥柄端铣刀，分别用于粗加工（T03）、半精加工（T04）和精加工（T05）。为保证顺利下刀到要求的槽深，要先用钻头钻出底孔，然后再用键槽铣刀将孔底铣平，因此还要一把 ϕ25mm 的麻花钻（T01）和一把 ϕ25mm 的键槽铣刀（T02）。

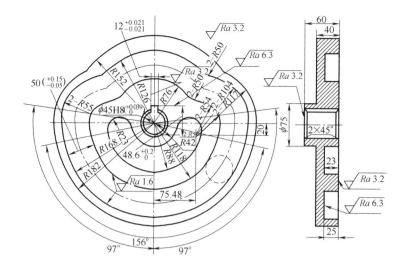

图 16-7 凸轮零件图

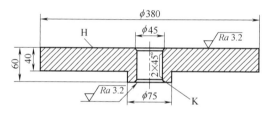

图 16-8 凸轮毛坯

3）工步 为达到图纸要求的表面粗糙度，分粗铣、半精铣、精铣三个工步完成加工。半精铣和精铣单边余量分别为 l~1.5mm 和 0.1~0.2mm。在安排上，根据毛坯材料和机床性能，粗加工分两层加工完成，以避免 Z 向吃刀过深。半精加工和精加工不分层，一刀完成。刀具加工路线选择顺铣，可避免在粗加工时发生扎刀划伤加工面，而且在精铣时还可以提高表面光洁程度。

4）切削参数 根据毛坯材料、刀具材料和机床特性，选择如表 16-1 所示的切削参数。

表 16-1 切削参数表

加工要求	主轴转速/（r/min）	进给速度/（m/min）
粗加工	400~450	20~30
半精加工	450~500	30~40
精加工	600	50

（2）数据计算 选择 ϕ45mm 孔的中心为编程原点，考虑到该零件关于 Y 对称，因此只计算+X 一侧的基点坐标即可。计算时使用计算机绘图软件求出，如图 16-9 所示。

程序如下。

O0070　//主程序

//钻底孔

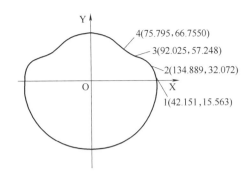

图 16-9 凸轮轮廓线基点计算

N10 G91 G28 Z0 T01 M06

N20 G90 GOO X134.889 Y32.072 S250

N30 G43 G00 Z100.0 H01 M03

N40 G01 Z2.0 F1000 M08

N50 G73 Z—25.0 R2.0 Q2.0 F25

N60 G80 G00 Z250.0 M09

//铣平下刀位

N70 G91 G28 Z0 T02 M06

N80 G90 G00 X134.889 Y32 072 S250

N90 G43 G00 Z100.0 H02 M03

N100 G01 Z2.0 F1000 M08

N110 Z—20.0 F100

N120 Z25.0 F20

N130 G91 G01 X5.0 F20

N140 G02 I—5.0   //铣整圆

N150 G01 X—5.0 F100

N160 G90 G00 Z250.0 M09

//粗铣第一层

N170 G91 G28 Z0 T03 M06

N180 G90 G00 X134.889 Y32.072 S400

N190 G43 Z100.0 H03 M03

N200 G01 Z5.0 F1000 M08

N210 Z-12.5 F100

N220 G42 D03 G01 X92.025 Y57.248 F30   //半径补偿 11.5mn

N230 M98 P0001

285

N240   G40   G01   X134.889   Y32.072   F100

N250   M01

N260   G42   D03   G01   X142.151   Y15.563   F30

N270   M98   P0002

N280   G40   G01   Z5.0   F1000

N290   M01

//粗铣第二层

N300   G01   X134.889   Y32.072

N310   Z-25.0   F50

N320   G42   D03   G01   X92.025   Y57.248   F30

N330   M98   P0001

N340   G40   G0l   X134.889   Y32.072   F100

N350   M01

N360   G42   D03   G01   X142.15l   Y15.563   F30

N370   M98   P0002

N380   G40   G01   Z5.0   F1000

N390   M01

//半精铣

N400   G91   G28   Z0   T04   M06

N410   G90   G00   X134.889   Y32.072   S400

N420   G43   G00   Z100.0   H04   M03

N430   G01   Z5.0   F1000   M08

N440   Z-25.0   F100

N450   G42   D04   G01   X92.025   Y57.248   F30   //半径补偿 12.35mm

N460   M98   P0001

N470   G40   G01   X134.889   Y32.072   F100

N480   M01

N490   G42   D04   G01   X142.151   Y15.563   F30

N500   M98   P0002

N510   G40   G01   Z5.0   F1000

N520   G00   Z200.0   M09

//精铣

N530   G91   G28   Z0   T05   M06

N540   G90   G00   X134.889   Y32.072   S400

N550　G43　G00　Z100.0　H05　M03

N560　G01　Z5.0　F1000　M08

N570　Z-25.0　F100

N580　G42　D05　G01　X92.025　Y57.248　F30　　//半径补偿12.35mm

N590　M98　P0001

N600　G40　G01　X134.889　Y32.072　F100

N610　M01

N620　G42　D05　G01　X142.151　Y15.563　F30

N630　M98　P0002

N640　G40　G01　Z5.0　F1000

N650　G00　Z200.0　M09

N660　M30

O0001　//外侧轮廓逆时针子程序

N10　G02　X75.795　Y66.755　R30

N20　G03　X—75.795　Y66.755　R101

N30　G02　X—92.025　Y57.248　R30

N40　G03　X—134.889　Y32.072　R79

N50　G03　X—142.151　Y15.563　R30

N60　G03　X142.15l　Y15.563　R—143

N70　G03　X134.889　Y32.072　R30

N80　G03　X92.025　Y57.248　R79

N90　M99

O0002　//内侧轮廓顺时针子程序

N10　G03　X—142.151　Y15.563　R—143

N20　G03　X—134.889　Y32.072　R30

N30　G02　X—92.025　Y57.248　R79

N40　G03　X—75.795　Y66.755　R30

N50　G02　X75.795　Y66.755　R101

N60　G03　X92.025　Y57.248　R30

N70　G03　X134.889　Y32.072　R79

N80　G03　X142.151　Y15.563　R30

N90　M99

第五篇 先进制造技术

第17章 特种加工

教学目标	本章重点
（1）熟悉特种加工技术的基本概念； （2）了解特种加工的方法； （3）掌握电火花加工工艺； （4）掌握线切割加工工艺。	电火花加工和线切割加工工艺。
	本章难点
	线切割工艺。

思政目标

通过对特种加工工艺知识的学习，培养学生吃苦耐劳的精神，使学生理解获得一个优质加工产品每一步都需要丰富的理论知识和强烈的求知欲，以此培养出具有大国工匠精神的高科技人才。

17.1 概述

随着科学技术、工业生产的发展及各种新兴产业的涌现，工业产品内涵和外延都在扩大；制造技术向着高精度、高速度、高温、高压、大功率、小型化、环保（绿色）化及人本化方向发展。传统机械制造技术和工艺方法面临着更多、更新、更难的问题，体现在以下几个方面。

1）新型材料及传统的难加工材料，如碳素纤维增强复合材料、工业陶瓷、硬质合金、钛合金、耐热钢、镍合金、钨钼合金、不锈钢、金刚石、宝石、石英，以及锗、硅等各种高硬度、高强度、高韧度、高脆性、耐高温的金属或非金属材料的加工。

2）各种特殊复杂表面，如喷气涡轮机叶片、整体涡轮、发动机机匣和锻压模的立体成形表面，各种冲模、冷拔模上特殊断面的异形孔，炮管内膛线，喷油嘴、棚网、喷丝头上的小孔、窄缝，特殊用途的弯孔等的加工。

3）各种超精、光整或具有特殊要求的零件，如对表面质量和精度要求很高的航天航空陀螺仪、伺服阀，以及细长轴、薄壁零件、弹性组件等低刚度零件的加工。

上述工艺问题依靠传统的切削加工方法很难甚至根本无法解决。特种加工就是在这种前提条件下产生和发展起来的。特种加工与传统切削加工的不同点如下。

1）主要依靠机械能以外的能量（如电能、化学能、光能、声能、热能等）去除材料；多数属于"熔溶加工"的范畴。

2）工具硬度可以低于被加工材料的硬度，即能做到"以柔克刚"。

3）加工过程中工具和工件之间不存在显著的机械切削力。

4）主运动的速度一般都较低，理论上某些方法可能成为"纳米加工"的重要手段。

5）加工后的表面边缘无毛刺残留，微观形貌"圆滑"。

特种加工又被称为非传统或非常规加工，英译为 non—traditional(conventional)machining，简写为 NTM 或 NCM。特种加工方法种类很多，而且还在继续研究和发展。目前在生产中应用的特种加工方法一般按能量来源、作用形式及加工原理可分为表 17-1 所示的各种加工方法。本章着重讲述其中应用较多的几种。

表 17-1 常用特种加工方法分类表

特种加工方法		能量来源及形式	作用原理	英文缩写
电火花加工	电火花成形加工	电能、热能	熔化、汽化	EDM
	电火花线切割加工	电能、热能	熔化、汽化	WEDM
电化学加工	电解加工	电化学能	金属离子阳极溶解	ECM
	电解磨削	电化学能、机械能	阳极溶解、磨削	EGM（ECG）
	电解研磨	电化学能、机械能	阳极溶解、研磨	ECH
	电铸	电化学能	金属离子阴极沉积	EFM
	涂镀	电化学能	金属离子阴极沉积	EPM
激光加工	激光切割、打孔	光能、热能	熔化、汽化	LBM
	激光打标记	光能、热能	熔化、汽化	LBM
	激光处理、表面改性	光能、热能	熔化、相变	LBT
超声加工	切割、打孔、雕刻	声能、机械能	磨料高频撞击	USM
电子束加工	切割、打孔、焊接	电能、热能	熔化、汽化	EBM
离子束加工	蚀刻、镀覆、注入	电能、热能	原子撞击	IBM
等离子弧加工	切割（喷镀）	电能、热能	熔化、汽化（涂镀）	PAM
化学加工	化学铣削	化学能	腐蚀	CHM
	化学抛光	化学能	腐蚀	CHP
	光刻	光能、化学能	光化学腐蚀	PCM
快速成形	液相固化法	光能、化学能	增材制造	SL
	粉末烧结法	光能、热能		SLS
	纸片叠层法	光能、机械能		LOM
	熔丝堆积法	电能、热能、机械能		FDM

表 17-2　几种常用特种加工方法的综合比较

特种加工方法	加工所用能量	可加工的材料	工具损耗率/% 最低/平均	金属去除率/（mm/min） 平均/最高	尺寸精度 平均/最高	表面粗糙度 Ra/μm 平均/最高	特殊要求	主要适用范围
电火花加工	电热能	任何导电的金属材料，如硬质合金、耐热钢、不锈钢、淬火钢等	1/50	30/3000	0.05/0.005	10/0.16		各种冲、压、锻模及三维成形曲面的加工
电火花线切割	电热能		极小（可补偿）	5/20	0.02/0.005	5/0.63		各种冲模及二维曲面的成形切割
电化学加工	电能、化学能		无	100/10000	0.1/0.03	2.5/0.16	机床、夹具、工件需采取防锈、防蚀措施	锻模及各种二维、三维成形表面加工
超声加工	机械能	任何脆硬的金属及非金属材料	0.1/10	1/50	0.03/0.005	0.63/0.16		石英、玻璃、锗、硅、硬质合金等脆硬材料的加工、研磨
激光加工	光能、热能	任何材料	不损耗	瞬时去除率很高，受功率限制，平均去除率不高	0.01/0.001	10/1.25	需在真空中加工	加工精密小孔、小缝及薄板材成形切割、刻蚀
电子束加工	电能、热能							
离子束加工	电能、热能			很低	/0.00001	0.01		表面超精、超微量加工、抛光、刻蚀、材料改性、镀覆
快速成形	光能、热能、化学	树脂、塑料、陶瓷、金属、纸张、ABS	无				增材制造	制造各种模型

特种加工工艺的应用逐渐广泛，引起了制造工艺技术领域的许多变革，主要表现在以下几个方面。

1）提高了材料的可加工性。工件材料的可加工性不再与其硬度、强度、韧度、脆性等有直接的关系。金刚石、硬质合金、淬火钢、石英、玻璃、陶瓷等是很难加工的，现在已经采用电火花、电解、激光等多种方法来加工制造刀具、工具、拉丝模等。用电火花、线切割加工淬火钢比未淬火钢更容易。

2）改变了零件的典型工艺路线。传统加工中，除磨削加工以外，其他的切削加工、成形加工等都必须安排在淬火热处理工序之前，这是不可违反的工艺准则。精密与特种加工技术出现后，为了避免加工后再淬火引起热处理变形，一般都是先淬火处理而后加工。如电火花线切割加工、电解加工等都必须先进行淬火处理后再加工。

精密与特种加工的出现还对以往工序的"分散"和"集中"产生了影响。由于精密与特种加工过程中没有显著的机械作用力，即使是较大的、复杂的加工表面，也能使用一个复杂工具、简单的运动轨迹，经过一次安装、一道工序加工出来，工序比较集中。

3）大大缩短新产品的试制周期。试制新产品时，采用精密与特种加工技术可以直接加工出各种特殊、复杂的二次曲面体零件，可以省去设计和制造相应的刀具、夹具、量具、模具和二次工具的工作，大大缩短新产品的试制周期。

4）对产品零件的结构设计产生很大的影响。例如山形硅钢片冲模，以往常采用镶拼式结构，现在采用电火花、线切割加工技术后，即使是硬质合金的模具或刀具，也可以制成整体式结构。

5）对传统的结构工艺性好与坏的衡量标准产生重要影响。以往普遍认为方孔、小孔、弯孔、窄缝等是工艺性差的典型，是设计人员和工艺人员非常忌讳的，有的甚至是机械结构的禁区。对于电火花穿孔加工、电火花线切割加工来说，加工方孔和加工圆孔的难易程度是一样的。有了电火花和线切割之后，现在为了避免淬火处理产生开裂、变形等缺陷，还特意把钻孔、开槽等安排在淬火处理之后。

17.2　电火花加工

电火花加工又称放电加工、电蚀加工（electro-discharge machining，EDM），是一种利用脉冲放电产生的热能进行加工的方法。其加工过程为：让工具和工件之间不断产生脉冲性的火花放电，靠放电时局部、瞬时产生的高温把金属熔解、汽化而蚀除材料。放电过程可见到火花，故称为电火花加工，日本、英国、美国将其称为放电加工，其发明国苏联将其称为电蚀加工。

17.2.1　电火花加工的原理和设备组成

电火花加工的原理是基于工具和工件（正、负电极）之间脉冲性火花放电时的电腐蚀现象来蚀除多余的金属，以达到对零件的尺寸、形状及表面质量的加工要求。电火花腐蚀的主要原因是：电火花放电时火花通道中瞬时产生大量的热，达到很高温度，足以使任何金属材料局部熔化、汽化而被腐蚀掉，形成放电凹坑。要达到这一目的，必须创造以下条件，解决下列问题。

1）必须使接在不同极性上的工具和工件之间保持一定的距离以形成放电间隙，通常约为几微米至几百微米。间隙过大，极间电压不能击穿极间介质，因而不会产生火花放电。间隙过小，会形成短路，不能产生火花放电，而且会烧伤电极。

2）火花放电必须是瞬时的脉冲性放电，放电延续一段时间后，需停歇一段时间，放电延续时间一般为 $10^{-7} \sim 10^{-3}$s。这样才能使放电所产生的热量来不及传导扩散到其余部分，把每一次的放电点分别局限在很小的范围内；否则，像持续电弧放电那样，使表面烧伤而无法用作尺寸加工。为此，电火花加工必须采用脉冲电源。图 17-1 所示为脉冲电源的电压波形，图中 t_i 为脉冲宽度，t_0 为脉冲间隔，t_p 为脉冲周期，u_i 为脉冲峰值电压或空载电压。

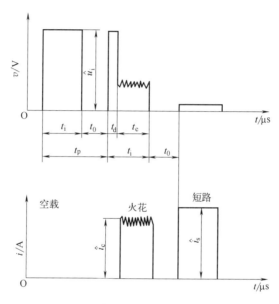

图 17-1　脉冲电源电压、电流波形

3）火花放电必须在有一定绝缘性能的液体介质中进行，例如煤油、皂化液或去离子水中。液体介质又称工作液，它们必须具有较高的绝缘强度（$10^3 \sim 10^7 \Omega \cdot cm$）以有利于产生脉冲性的火花放电，同时，液体介质还能把电火花加工过程中产生的金属小屑、碳黑等电蚀产物从放电间隙中排除出去，并且对电极和工件表面有较好的冷却作用。

图 17-2 所示是电火花加工系统。工件 1 与工具 4 分别与脉冲电源 2 的两输出端相连接。自动进给调节系统 3（此处为液压缸及活塞）使工具和工件间经常保持一很小的放电间隙。当脉冲电压加到两极之间，便在当时条件下某一间隙最小处或绝缘强度最低处击穿介质，产生火花放电，瞬时高温使工具和工件表面都蚀除掉一小部分金属，形成一个小凹坑，如图 17-3 所示。其中图（a）表示单个脉冲放电后的电蚀坑，图（b）表示多次脉冲放电后的电极表面。脉

冲放电结束后，经过一段间隔时间（即脉冲间隔 t_0），工作液恢复绝缘，第二个脉冲电压又加到两极上，又会在当时极间距离相对最近或绝缘强度最弱处放电，又电蚀出一个小凹坑。这样连续不断地重复放电，工具电极不断地向工件进给，就可将工具的形状复制在工件上，加工出所需要的零件。整个加工表面是由无数个小凹坑所组成。

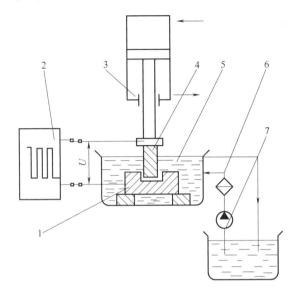

图 17-2　电火花加工原理

1—工件；2—脉冲电源；3—自动进给调节系统；4—工具；5—工作液；6—过滤器；7—工作液泵

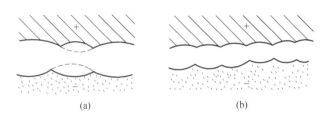

图 17-3　电火花表面局部放大图

17.2.2　电火花加工的特点

（1）电火花加工的优点

1）适合于难切削材料的加工　可以突破传统切削加工对刀具的限制，实现用软的工具加工硬韧的工件，甚至可以加工聚晶金刚石、立方氮化硼一类超硬材料。目前电极材料多采用紫铜或石墨，因此工具电极较容易加工。

2）可以加工特殊及复杂形状的零件　由于加工中工具电极和工件不直接接触，没有机械加工的切削力，因此适宜低刚度工件加工及微细加工。由于可以简单地将工具电极的形状复制到工件上，特别适用于复杂表面形状工件的加工，如复杂型腔模具加工等。数控电火花加工可以用简单形状的电极加工复杂形状的零件。

3）主要用于加工金属等导电材料，一定条件下也可以加工半导体和非导体材料。

4）加工表面微观形貌圆滑，工件的棱边、尖角处无毛刺、塌边。

5）工艺灵活性大，本身有"正极性加工"（工件接电源正极）和"负极性加工"（工件接电源负极）之分；还可与其他工艺结合形成复合加工，如与电解加工进行复合，易于实现自动化。

（2）电火花加工的局限性

1）一般加工速度较慢　安排工艺时可采用机械加工去除大部分余量，然后再进行电火花加工，以求提高生产率。有研究表明，采用特殊水基不燃性工作液进行电火花加工，其生产率甚至高于切削加工。

2）存在电极损耗和二次放电　电极损耗多集中在尖角或底面，最近的机床产品已能将电极相对损耗比降至 0.1%，甚至更小；电蚀产物在排除过程中与工具电极距离太小时会引起二次放电，形成加工斜度，影响成形精度。

3）最小角部半径有限制　一般电火花加工能得到的最小角部半径等于加工间隙（通常为0.02~0.3mm），若电极有损耗或采用平动、摇动加工则角部半径还要增大。

（3）电火花加工的范围　电火花成形加工属于非接触、无宏观作用力的加工方法，完全适合各种高熔点、高硬度、高强度、高脆性和高纯度材料的加工，其加工范围主要包括：

1）加工任何难加工的导电材料，可以实现软的工具加工硬脆材料，甚至一些超硬材料；

2）适用于复杂表面形状的加工，如复杂型腔模具的加工；

3）适合薄壁、低刚度、微细孔、异形孔和深小孔等有特殊要求零件的加工。

17.2.3　电火花加工工艺方法分类

按工具电极和工件相对运动的方式和用途的不同，电火花加工大致可分为电火花穿孔成形加工、电火花线切割加工、电火花内孔外圆和成形磨削、电火花同步共轭回转加工、电火花高速小孔加工、电火花表面强化与刻字六大类，它们的特点及用途如表 17-3 所示。

表 17-3　电火花加工工艺方法分类

类别	工艺	特点	用途	备注
I	电火花穿孔成形加工	1.工具和工件间主要只有一个相对的伺服进给运动 2.工具为成形电极，与被加工表面有相同的截面或形状	1.型腔加工：加工各类型腔模及各种复杂的型腔零件 2.穿孔加工：加工各种冲模、挤压模、粉末冶金模、各种异形孔及微孔等	约占电火花机床总数的30%，典型机床有D7125、D7140 等电火花穿孔成形机床
II	电火花线切割加工	1.工具电极为顺电极轴线移动着的线状电极 2.工具与工件在两个水平方向同时有相对伺服进给运动	1.切割各种冲模和具有直纹面的零件； 2.下料、截割和窄缝加工	约占电火花机床总数的60%，典型机床有DK7725，DK7732 数控电火花线切割机床

类别	工艺	特点	用途	备注
Ⅲ	电火花内孔外圆和成形磨削	1.工具与工件有相对的旋转运动 2.工具与工件间有径向和轴向的进给运动	1.加工高精度、良好表面粗糙度的小孔如拉丝模、挤压模、微型轴承内环、钻套等 2.加工外圆、小模数滚刀等	约占电火花机床总数的3%,典型机床有D6310电火花小孔内圆磨床等
Ⅳ	电火花同步共轭回转加工	1.成形工具与工件均作旋转运动,但二者角速度相等或成整倍数,相对应接近的放电点可有切向相对运动速度 2.工具相对工件可作纵、横进给运动	以同步回转、展成回转、倍角速度回转等不同方式,加工各种复杂型面的零件,如高精度异形齿轮,精密螺纹环规,高精度、高对称度、良好表面粗糙度的内、外回转体表面	约占电火花机床总数的1%,典型机床有JN—2,JN—8内外螺纹加上机床等
Ⅴ	电火花高速小孔加工	1.采用细管(>10.3mm)电极,管内冲入高压水基工作液 2.细管电极旋转 3.穿孔速度极高(60mm/min)	1.线切割预穿丝孔 2.深径比很大的小孔,如喷嘴等	约占电火花机床1%,典型机床有D7003A电火花高速小孔加工机床
Ⅵ	电火花表面强化与刻字	1.工具在工件表面上振动 2.工具相对工件移动	1.模具、刀量、量具刃口表面强化和镀覆 2.电火花刻字、打印标记	约占电火花机床总数的2%~3%,典型机床有D9105电火花强化机等

17.3 线切割加工

电火花线切割加工（wire-cut EDM，简称 WEDM）是在电火花加工的基础上，由苏联在 20 世纪 50 年代末发展起来的一种新的工艺形式，是用线状电极（钼丝或铜丝）靠火花放电对工件进行切割，故称为电火花线切割，有时简称线切割。它已获得广泛的应用，目前国内外线切割机床已占电加工机床的 60%以上。

17.3.1 线切割加工的原理

电火花线切割加工的原理是利用移动的细金属丝导线（铜丝或钼丝）作为电极，采用数控技术对工件进行脉冲火花放电，利用腐蚀作用对工件进行加工的一种方法。

根据电极丝的运行速度，电火花线切割机床通常分为两大类：一类是高速走丝电火花线切割机床（WEDM—HS），这类机床的电极丝作高速往复运动，一般走丝速度为 8~10m/s，这是我国生产和使用的主要机种，也是我国独有的电火花线切割加工模式；另一类是低速走丝电火花线切割机床（WEDM-LS），这类机床的电极丝作低速单向运动，走丝速度低于 0.2m/s，这是国外生产和使用的主要机种。此外，电火花线切割机床还可按控制方式分为：靠模仿形控制、光电跟踪控制、数字过程控制等。按加工尺寸范围分为大、中、小型以及普通型与专用型等。目前国内外 95% 以上的线切割机床都已采用不同水平的微机数控系统，从单片机、单板机到微型计算机系统，有的还具有自动编程功能。目前的线切割加工机多数都具有锥度切割、自动穿丝和找正功能。

图 17-4 为高速走丝电火花线切割工艺及装置。利用细钼丝 4 或铜丝作工具电极进行切割，贮丝筒 7 使钼丝作正反向交替移动，加工能源由脉冲电源 3 供给。在电极丝和工件之间浇注工作液介质，工作台在水平面两个坐标方向各自按预定的控制程序，根据火花间隙状态作伺服进给移动，从而合成各种曲线轨迹，把工件切割成形。

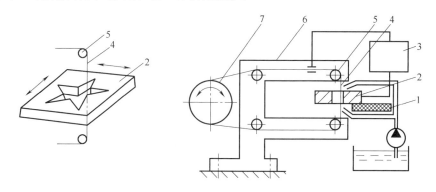

图 17-4　电火花线切割工艺及装置

1—绝缘底板；2—工件；3—脉冲电源；4—钼丝；5—导向轮；6—支架；7—贮丝筒

17.3.2　线切割加工的特点

电火花线切割加工过程的工艺和机理与电火花穿孔成形加工有很多共同的地方，又有它独特的地方，其特点表现在以下几个方面。

1）采用水或水基工作液不会引燃起火，容易实现安全无人运转，同时降低了加工成本。

2）电极丝与工件始终有相对运动，尤其是快速走丝电火花线切割加工，间隙状态可以认为是由正常火花放电、开路和短路这三种状态组成，不可能产生稳定的电弧放电。

3）电极与工件之间存在着疏松接触式轻压放电现象。在电极丝和工件之间存在着某种电化学产生的绝缘薄膜介质，当电极丝被顶弯所造成的压力和电极丝相对工件的移动摩擦使这种介质减薄到可被击穿的程度，才发生火花放电。因此电极短路已不成为大问题。

4）省掉了成形的工具电极，大大降低了成形工具电极的设计和制造费用，缩短了生产准备时间。这对新产品的试制是很有意义的。

5）由于电极丝比较细，可以加工微细异形孔、窄缝和复杂形状的工件。由于切缝很窄，且只对工件材料进行"套料"加工，实际金属去除量很少，材料的利用率和能量利用率都很高。这尤其对加工贵重金属有重要意义。

6）由于采用移动的长电极丝进行加工，单位长度电极丝的损耗少，对加工精度的影响小，特别是在低速走丝线切割加工时，电极丝的一次使用、电极损耗对加工精度的影响更小。

7）在实体部分开始切割时，需加工穿丝用的预孔。

正因为有许多突出的长处，电火花线切割加工在国内外发展很快，得到广泛的应用。

17.3.3　线切割加工的主要用途

线切割加工为新产品试制、精密零件加工及模具制造开辟了一条新的工艺途径，主要用途如下：

1）加工模具。电火花线切割加工适用于加工各种形状的冲模，调整不同的间隙补偿量，只需一次编程就可以切割凸模、凸模固定板、凹模及卸料板等。模具配合间隙、加工精度通常都达到要求。此外，还可加工挤压模、粉末冶金模等通常带锥度的模具。

2）加工电火花成形加工电极。一般穿孔加工用的电极、带锥度型腔加工用的电极，以及铜钨、银钨合金之类的电极材料，用线切割加工特别经济，同时也适用于加工微细复杂形状的电极。

3）加工高硬度材料。由于线切割主要是利用热能进行加工，在切割过程中工件与工具没有相互接触，没有相互作用力，所以可以加工一些高硬度材料。

4）加工贵重金属。线切割是通过线状电极的"切割"完成加工过程的，线状电极的直径很小（通常为 0.13~0.18mm），所以切割的缝隙也很小，这便于节约材料，可用来加工一些贵重金属材料。

5）加工试验品。在试制新产品时，用线切割在坯料上直接割出零件，如试制切割特殊微电机硅钢片定转子铁心，由于不需另行制造模具，可大大缩短制造周期，降低成本。

第18章 增材制造

教学目标	本章重点
（1）熟悉增材制造技术的基础知识； （2）了解增材制造技术的常见方法； （3）掌握选择性激光烧结技术； （4）掌握熔融沉积制造技术。	选择性激光烧结技术和熔融沉积制造技术。
	本章难点
	熔融沉积制造技术。
思政目标	
通过对增材制造技术知识的学习，培养学生掌握先进制造技术的决心和意识，引导学生努力探索国际领先的科学技术，培养学生善于发掘、勤于思考、勇于动手、敢于创新的精神。	

18.1 概述

增材制造技术也称快速成形技术，又称快速原型技术，起源可追溯到 20 世纪 80 年代，由美国 3D System 公司设计并生产出了第一台快速成形机。快速成形技术堪称制造领域人类思维的一次飞跃，实现了人们梦寐以求的集设计与制造于一体的目标。快速原型/零件制造（rapid prototyping/part manufacturing，RPM）技术是综合集成 CAD 技术、数控技术、材料科学、机械工程、电子技术及激光技术等，以实现从零件设计到三维实体原型制造一体化的系统技术。RPM 技术的材料成形过程和传统的成形过程不同，它是利用 CAD 模型的离散化处理和材料堆积原理而制造零件，通过对 CAD 模型的离散化处理，获得堆积的顺序和路径，并利用光、热、电等物理手段，实现材料的转移、堆积、叠加，形成三维实体。

快速成形的基本过程是：首先由 CAD 软件设计出所需零件的计算机三维曲面或实体模型，即数字模型或电子模型；然后根据工艺要求，按照一定的规则将该模型离散为一系列有序的单元，通常在 Z 向将其按一定厚度进行离散（习惯称为分层），把原来的三维电子模型变成一系列的二维层片；再根据每个层片的轮廓信息，进行工艺规划，选择合适的加工参数，自动生成数控代码；最后由成形机接收控制指令，制造一系列层片并自动将它们连接起来，得到一个三维物理实体。这样就将一个物理实体的复杂的三维加工离散成一系列层片的加工，大大降低了加工难度，并且成形过程的难度与待成形的物理实体形状和结构的复杂程度无关。

快速成形技术具有以下特点：

1）高度柔性 快速成形技术的最突出特点就是柔性好，它取消了专用工具，在计算机管理和控制下可以制造出任意复杂形状的零件，把可重编程、可重组、连续改变的生产装备用信息方式集成到一个制造系统中。

2）技术的高度集成　快速成形技术是计算机技术、数控技术、激光技术与材料技术的综合集成。它在成形概念上以离散/堆积为指导，在控制上以计算机和数控为基础，以最大的柔性为目标。因此只有在计算机技术、数控技术高度发展的今天，才有可能诞生快速成形技术。

3）设计制造一体化　快速成形技术的另一个显著特点就是 CAD/CAM 一体化。在传统的 CAD、CAM 技术中，由于成形思想的局限性，设计制造一体化很难实现。而对于快速成形技术来说，由于采用了离散堆积分层制造工艺，能够很好地将 CAD、CAM 结合起来。

4）快速性　快速成形技术的一个重要特点就是其快速性。由于激光快速成形是建立在高度技术集成的基础之上，从 CAD 设计到原型的加工完成只需几小时至几十小时，比传统的成形方法速度要快得多。这一特点尤其适合于新产品的开发与管理。

5）自由成形制造（free form fabrication，FFF）　快速成形技术的这一特点是基于自由成形制造的思想。自由的含义有两个方面；一是指根据零件的形状，不受任何专用工具（或模腔）的限制而自由成形；二是指不受零件任何复杂程度的限制。由于传统加工技术的复杂性和局限性，要达到零件的直接制造仍有很大距离。RPM 技术大大简化了工艺规程、工装准备、装配等过程，很容易实现由产品模型驱动直接制造（或称自由制造）。

6）材料的广泛性　各种 RPM 工艺的成形方式不同，因而材料的使用也各不相同，如金属、纸、塑料、光敏树脂、蜡、陶瓷，甚至纤维等材料在快速成形领域已有很好的应用。

快速成形技术经过三十多年的发展，成形工艺增加至数十种之多，其中典型的工艺有分层实体制造（laminated object manufacturing，LOM）、立体光刻技术（stereolithography apparatus，SLA）、选择性激光烧结（selective laser sintering，SLS）、熔融堆积成形（fused deposition modeling，FDM）和选择性激光熔化技术（selective laser melting，SLM）等。

18.2　分层实体制造技术（LOM）

分层实体制造技术（LOM）是被广泛应用的一种快速成形工艺，其成形系统主要由计算机、原材料送进机构、热压装置、激光切割系统、可升降工作台和数控系统等组成。其工作原理如下：

在 CAD 软件系统上建立产品的三维 CAD 模型，并传递到快速成形系统上的计算机，通过数据处理软件，将 CAD 模型沿成形方向切成一系列具有一定厚度的"薄片"。原材料送进机构将底面涂有热熔胶和添加剂的纸或塑料等薄层材料送至工作台的上方。计算机自动控制激光切割系统，按"薄片"的横截面轮廓线，在工作台上方的薄层材料上切割出该层横截面的轮廓形状，并将材料的无轮廓区切割成小碎片。可升降工作台支撑正在成形的零件，并在每层成形之后，降低一个分层厚度，然后新的一层材料叠加在上面。通过恒温控制的热压装置将其与下面的已切割层粘合在一起，激光束再次切割出物体的新一层截面轮廓，如此往复，层层堆积，直到所有的层都加工完后，便得到最终需要的三维产品。其工作原理如图 18-1 所示。

分层实体制造的一般工艺过程如下：

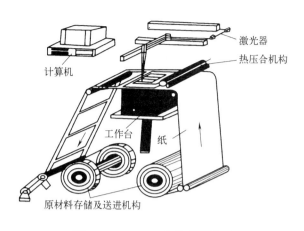

计算机
激光器
热压合机构
工作台
纸
原材料存储及送进机构

图 18-1 LOM 工艺的成形原理

1）料带移动，使新的料带移到工件上方。

2）工作台往上升，同时热压辊移到工件上方，工件顶起新的料带，工作台停止移动，热压辊来回碾压新的薄材材料，将最上面一层的新材料与下面已成形的工件部分粘结起来，添加一新层。

3）系统根据工作台停止的位置，测出工件的高度，并反馈回计算机，计算机根据当前零件的加工高度，计算出三维实体模型的交截面。

4）将截面的轮廓信息输入到控制系统中，控制 CO_2 激光器沿截面轮廓切割。激光的功率设置在只能切透一层材料的功率值上。轮廓内、外面无用的材料用激光切成方形的网格，以便工艺完成后分离。

5）工作台向下移动，使刚切下的新层与料带分离。

6）料带移动一段比切割下的工件截面稍长一点的距离，并绕在复卷辊上。

7）重复上述过程，直到最后一层。分离掉无用碎片，得到三维实体。

LOM 成形的工艺过程如图 18-2 所示。

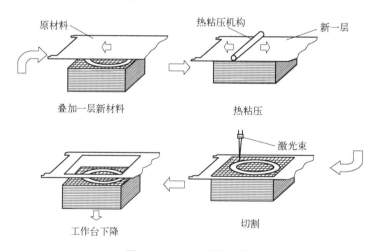

原材料
热粘压机构
新一层
激光束

叠加一层新材料   热粘压

工作台下降   切割

图 18-2 LOM 成形过程

LOM 技术的特点是制造的原型精度高，分层实体制造中激光束只需按照分层信息提供的截面轮廓切割，而不用扫描整个截面，且无需设计和制作支撑，所以制作效率高、速度快、成本低。结构制件能承受高达 200℃的温度，有较高的硬度和较好的机械性能，可进行各种切削加工。缺点是由于材料质地原因，加工的原型抗拉性能和弹性不高，易吸湿膨胀，需进行表面防潮处理。

18.3 立体光刻技术（SLA）

SLA 即立体光固化成形法，常被称为立体光刻成形。光固化快速成形工艺是最早发展起来的快速成形技术。它是机械工程、计算机辅助设计及制造技术（CAD/CAM）、计算机数字控制（CNC）、精密伺服驱动、检测技术、激光技术及新型材料科学技术的集成。它不同于传统的用材料去除方式制造零件的方法，而是用材料一层一层积累的方式构造零件模型。由于该项技术不像传统的零件制造方法需要制作木模、塑料模和陶瓷模等，可以把零件原型的制造时间减少为几天、几小时，大大缩短了产品开发周期，降低了开发成本。计算机技术的快速发展和三维CAD 软件应用的不断推广，使得光固化成形技术的广泛应用成为可能。光固化成形技术特别适合于新产品的开发、不规则或复杂形状零件制造（如具有复杂形面的飞行器模型和风洞模型）、大型零件的制造、模具设计与制造、产品设计的外观评估和装配检验、快速反求与复制，也适用于难加工材料的制造（如利用 SLA 技术制备碳化硅复合材料构件等）。这项技术不仅在制造业具有广泛的应用，而且在材料科学与工程、医学、文化艺术等领域也有广阔的应用前景。

（1）SLA 快速原型技术的基本原理　光固化成形工艺的成形过程如图 18-3 所示。液槽中盛满液态光敏树脂，氦-镉激光器或氩离子激光器发出的紫外激光束在控制系统的控制下按零件的各分层截面信息在光敏树脂表面进行逐点扫描，使被扫描区域的树脂薄层产生光聚合反应而固化，形成零件的一个薄层。一层固化完毕后，工作台下移一个层厚的距离，以使在原先固化好的树脂表面再敷上一层新的液态树脂，刮板将黏度较大的树脂液面刮平，然后进行下一层的扫描加工。新固化的一层牢固地黏结在前一层上，如此重复直至整个零件制造完毕，得到一个三维实体原型。当实体原型完成后，首先将实体取出，并将多余的树脂排净。之后去掉支撑，进行清洗，然后再将实体原型放在紫外激光下整体后固化。

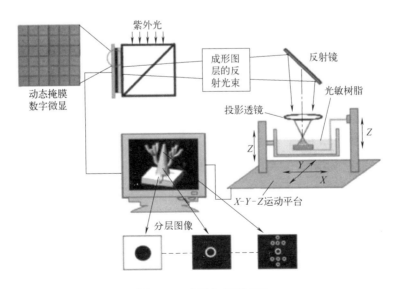

图 18-3　光固化成形过程

因为树脂材料的高黏性，在每层固化之后，液面很难在短时间内迅速流平，这将会影响实体的精度。采用刮板刮切后，所需数量的树脂便会被十分均匀地涂敷在上一叠层上，这样经过激光固化后可以得到较好的精度，使产品表面更加光滑和平整；并且可以解决残留体积的问题。

（2）SLA快速原型技术的特点

1）SLA的优点

① 光固化成形法是最早出现的快速原型制造工艺，成熟度高，已经过时间的检验。

② 由CAD数字模型直接制成原型，加工速度快，产品生产周期短，无需切削工具与模具。

③ 可以加工结构外形复杂或使用传统手段难以成形的原型和模具。

④ 使CAD数字模型直观化，降低错误修复的成本。

⑤ 为实验提供试样，可以对计算机仿真计算的结果进行验证与校核。

⑥ 可联机操作，可远程控制，利于生产的自动化。

2）SLA的缺点

① SLA系统造价高昂，使用和维护成本高。

② SLA系统是要对液体进行操作的精密设备，对工作环境要求苛刻。

③ 成形件多为树脂类，强度、刚度、耐热性有限，不利于长时间保存。

④ 预处理软件与驱动软件运算量大，与加工效果关联性太高。

⑤ 软件系统操作复杂，入门困难；使用的文件格式不为广大设计人员熟悉。

⑥ 立体光固化成形技术被单一公司所垄断。

（3）光固化成形技术的应用　在当前应用较多的几种快速成形工艺方法中，光固化成形由于具有成形过程自动化程度高、制作原型表面质量好、尺寸精度高以及能够实现比较精细的尺寸成形等特点，得到最为广泛的应用，用于概念设计的交流、单件小批量精密铸造、产品模型、快速工模具及直接面向产品的模具等诸多方面，广泛应用在航空、汽车、电器、消费品以及医疗等行业。

18.4　选择性激光烧结技术（SLS）

选择性激光烧结技术（SLS）作为快速原型技术的常用工艺，是利用粉末材料在激光照射下烧结的原理，如图18-4所示，在计算机控制下层层堆积成形。与其他快速成形工艺相比，其最大的独特性是能够直接制作金属制品，而且其工艺比较简单、精度高、无需支撑结构、材料利用率高。下面主要介绍选择型激光烧结成形技术的基本原理、工艺特点、材料设备选择以及应用等内容。

选择性激光烧结技术（SLS）工艺是一种基于离散-堆积思想的加工过程，其成形过程可分为在计算机上的离散过程和在成形机上的堆积过程，简单描述如下：

1）离散过程　首先用CAD软件根据产品的要求设计出零件的三维模型，然后对三维模型

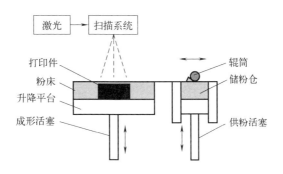

图 18-4 选择性激光烧结技术原理

进行表面网格处理，常用一系列相连三角形平面来逼近自由曲面，形成经过近似处理的三维 CAD 模型文件。然后根据工艺要求，按一定的规则和精度要求，将 CAD 模型离散为一系列的单元，通常是由 Z 向离散为一系列层面，称之为切片。然后将切片的轮廓线转化成激光的扫描轨迹。

2）堆积过程　首先，铺粉滚筒移至最左边，在加工区域内用滚筒均匀地铺上一层热塑性粉状材料，然后根据扫描轨迹，用激光在粉末材料表面绘出所加工的截面形状，热量使粉末材料熔化并在接合处与上一次层粘接。当一层扫描完成后，重新铺粉、烧结，这样逐层进行，直到模型形成。因而 SLS 工艺是一种基于离散堆积成形的数字化生产技术，通过离散把复杂的三维制造转化为一系列的二维制造的叠加，把零件的制造过程转化为有序的简单单元体的制造与结合过程，其意义是十分深远的。

（1）选择性激光烧结技术（SLS）的工艺特点

1）SLS 技术可以制成几何形状任意复杂的零件模具，而不受传统机械加工方法中刀具无法到达某些型面的限制。

2）制造过程中不需要设计模具，也不需要传统的刀具或工装等生产准备工作，加工过程只需在一台设备上完成，成形速度快。用于模具制造，可以大大地缩短产品开发周期，降低费用，一般只需传统加工方法 30%~50% 的工时和 20%~35% 的成本。

3）实现了设计制造一体化。CAD 数据的转化（分层和层面信息处理）可 100% 地自动完成，根据层面信息可自动生成数控代码，驱动成形机完成材料的逐层加工和堆积。

4）属非接触式加工，加工过程中没有振动、噪声和切削废料。

5）材料利用率高，并且未被烧结的粉末可以对下一层烧结起支撑作用，因此 SLS 工艺不需要设计和制作复杂的支撑系统。

6）成形材料多样性是选择性激光烧结最显著的特点，理论上凡经激光加热后能在粉末间形成原子连接的粉末材料都可作为 SLS 成形材料。目前已商业化的材料主要有塑料粉、蜡粉、覆膜金属粉、表面涂有黏结剂的陶瓷粉、覆膜沙等。

（2）选择性激光烧结技术（SLS）的应用

1）选择性激光烧结技术（SLS）在快速原型制造中的应用　可快速制造设计零件的原型，及时进行评价、修正以提高产品的设计质量；使客户获得直观的零件模型；制造教学、试验用复杂模型。SLS可单件或小批量生产，对于那些不能批量生产或形状很复杂的零件，利用SLS技术来制造，可降低成本和节约生产时间，这对航空航天及国防工业更具有重大意义。

2）选择性激光烧结技术（SLS）在模具制造中的应用

① 采用SLS技术直接制造模具。美国DTM公司于1994年推出Rapid Steel制造技术，在SLS—2000系统中烧结表面包覆树脂材料的铁粉，初次成形零件后，置入铜粉中再一起放入高温炉进行二次烧结，制造出的注塑模在性能上相当于7075铝合金，寿命可达5万件以上，选择性激光烧结设备如图18-5所示。

图18-5　选择性激光烧结设备

② 采用SLS技术快速制作高精度的复杂塑料模，代替木模进行砂型铸造。或者将铸造树脂砂作为烧结材料，直接生产出带有铸件型腔的树脂砂模型，进行一次性浇铸。在铸造行业中，传统制造木模的方法，不仅周期长、精度低，而且对于一些复杂的铸件，例如叶片，发动机缸体、缸盖等制造木模困难。采用SLS技术可以克服传统制模方法的上述问题，制模速度快，成本低，可完成复杂模具的整体制造。

③ 选择易熔消失模料作为烧结材料，采用SLS技术快速制作消失模，用于熔模铸造，得到金属精密制件或模具。运用SLS技术能制造出任意复杂形状的蜡型，实现快速、高精度、小批量生产。

④ 根据原型制造精度较高的EDM电极，然后由电火花加工模具型腔。一个中等大小，较为复杂的电极，通常只需要4~20小时即可完成，而且复形精度完全能满足图纸的要求。福特汽车公司曾采用此技术制造汽车模具取得了满意的效果。

⑤ 以SLS成形实体为母模，翻制硅橡胶模、石膏模、环氧树脂模，或者通过RP技术制作模具的基本原型，然后对其进行表面处理，通过金属冷喷涂或电铸等方法，在原型表面形成一定厚度且具有一定强度、硬度和表面质量的薄膜制作模具。

⑥ 将RP技术与精密铸造技术相结合，实现金属模具的快速制造。上海交通大学开发了具有我国自主知识产权的铸造模样计算机辅助快速制造系统，为汽车行业制造了多种模具，北京隆源自动成型系统有限公司也制造了多种精密铸模。

选择性激光烧结技术（SLS）是一种基于离散-堆积思想的加工过程，根据所选材料的差异有不同的工艺方法和加工方式。由于自身优势，SLS已经得到了飞速的发展和广泛的应用，但也存在一些缺陷和不足。只有在实际工作中不断积累经验，才能设计出既满足使用要求又满足烧结工艺要求的模型。随着SLS技术的发展，新工艺、新材料的不断出现，势必会对未来的实际零件制造产生重大影响，对制造业产生巨大的推动作用。

18.5 熔融沉积制造技术（FDM）

（1）熔融沉积制造技术的原理　熔融沉积制造技术（FDM）是将计算机上制作的零件三维模型分层处理，得到各层截面的二维轮廓信息，按照这些轮廓信息自动生成加工路径，由成形头在控制系统的控制下，先是分层固化，形成各个截面轮廓薄片，并逐步顺序叠加成三维坯件，其原理如图 18-6 所示。熔融沉积制造常用材料是具有热塑性的丝状材料，如 ABS、尼龙等，为成形方便，可将其分为主材料和支撑材料两种，主材料又称为成形材料。

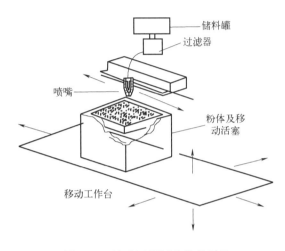

图 18-6　熔融沉积制造技术原理

（2）熔融沉积制造技术的特点

1）可以制造任意复杂的三维几何实体。由于采用分层堆积成形的原理，将复杂的三维模型简化为二维模型的叠加，从而实现对任意复杂形状零件的加工。

2）快速性。从 CAD 设计到原型零件制成一般只需几个小时至几十个小时，速度比传统的成形方法快得多。

3）高度柔性。仅需改变 CAD 模型，重新调整和设置参数，即可生产出不同形状的零件模型。

18.6 选择性激光熔融技术（SLM）

选择性激光熔融技术（SLM）是利用金属粉末在激光束的热作用下完全熔化，经冷却凝固而成形的一种技术。用它能直接成形出接近完全致密度的金属零件。

SLM 工作流程为：打印机控制激光在铺设好的粉末上方选择性地对粉末进行照射，金属粉末加热到完全熔化后成形，然后活塞使工作台降低一个单位的高度，新的一层粉末铺撒在已成形的当前层之上，设备调入新一层截面的数据进行激光熔化，与前一层截面粘结，此过程逐层循环直至整个物体成形。SLM的整个加工过程在惰性气体保护的加工室中进行,以避免金属在高温下氧化。SLM技术克服了SLS技术制造金属零件工艺过程复杂的困扰。SLS是激光烧结,所用的金属材料是经过处理的与低熔点金属或者高分子材料的混合粉末,在加工的过程中低熔点的材料熔化但高熔点的金属粉末是不熔化的。先是用灯管加热或者金属板热辐射的方式,将粉材加热到超过结晶温度(170℃左右)。利用被熔化的材料实现粘结成形,所以实体存在孔隙,力学性能差,部分零件还要经过高温重熔。

SLM是选择性激光熔化,顾名思义也就是在加工的过程中用激光使粉体完全熔化,不需要黏结剂,成形的精度和力学性能都比SLS要好。然而因为SLM没有热场,它需要将金属从20℃的常温加热到上千摄氏度的熔点,这个过程需要消耗巨大的能量。

SLM与SLS制件过程非常相似,这里不再赘述。但是,SLM工艺一般需要添加支撑结构,其主要作用体现在:1)承接下一层未成形粉末层,防止激光扫描到过厚的金属粉末层,发生塌陷;2)成形过程中粉末受热熔化冷却后内部存在收缩应力,导致零件发生翘曲等,支撑结构连接已成形部分与未成形部分,可有效抑制这种收缩,能使成形件保持应力平衡。

(1)SLM工艺的特点

1)SLM工艺加工标准金属的致密度超过99%。产品力学性能良好,与传统工艺相当;抗拉强度等指标优于铸件,甚至可达到锻件水平;显微维氏硬度可高于锻件。

2)可加工材料种类持续增加,所加工零件可后期焊接。打印过程中完全融化,因此尺寸精度较高,与传统减材制造相比可节约大量材料。

3)价格昂贵,熔化金属粉末需要比SLS更大功率的激光,能耗较高。

4)成形速度较低,为了提高加工精度,需要用更薄的加工层厚。加工小体积零件所用时间也较长,因此难以应用于大规模制造。

5)SLM技术工艺较复杂,需要加支撑结构,考虑的因素多。因此多用于工业级的增材制造。

6)SLM过程中,金属瞬间熔化与凝固(冷却速率约10000K/s),温度梯度很大,产生极大的残余应力,如果基板刚性不足则会导致基板变形。因此基板必须有足够的刚性抵抗残余应力的影响。去应力退火能消除大部分的残余应力。

7)精度和表面质量有限,可通过后期加工提高。

(2)SLM工艺的应用 尽管SLM具有潜力,但它仅在少数几个行业中得到应用。这主要是由于设备和零件的高成本以及后处理耗时费力。目前SLM技术主要应用在工业领域,在复杂模具、个性化医学零件、航空航天和汽车等领域具有突出的技术优势。最有用的行业包括以下几个方面:

1)材料方面的应用 可用于SLM技术的粉末材料主要分为三类,分别是混合粉末、预合金粉末、单质金属粉末。

① 混合粉末 混合粉末由一定比例的不同粉末混合而成。研究表明,利用SLM成形的构

件机械性能受致密度、成形均匀度的影响，而目前混合粉的致密度还有待提高。

② 预合金粉末　根据成分不同，可以将预合金粉末分为镍基、钴基、钛基、铁基、钨基、铜基等，研究表明，预合金粉末材料制造的构件致密度可以超过 95%。

③ 单质金属粉末　一般单质金属粉末主要为金属钛，其成形性较好，致密度可达到 98%。

2）航空航天的应用　美国航天公司 SpaceX 开发载人飞船 SuperDraco 的过程中，利用了 SLM 技术制造载人飞船的引擎，如图 18-7 所示。SuperDraco 引擎的冷却道、喷射头、节流阀等结构的复杂程度非常之高，3D 打印很好地解决了复杂结构的制造问题。SLM 制造出的零件的强度、韧性、断裂强度等性能完全可以满足各种严苛的要求，使得 SuperDraco 能够在高温高压环境下工作，如图 18-8 所示。

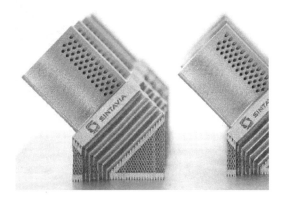

图 18-7　SpaceX 公司利用 SLM 技术制造的　　　　　图 18-8　利用 SLM 技术打印的钛合金叶片
　　　　　载人飞船引擎

3）汽车　在 3D 打印技术众多的应用领域中，汽车行业是 3D 打印技术最早的应用者之一。利用 SLM 技术制造的汽车金属零件，在降低成本、缩短周期、提高工作效率、生产复杂零件等方面具有优势，能够使车身结构、轻量化等性能更优异，如图 18-9 所示。

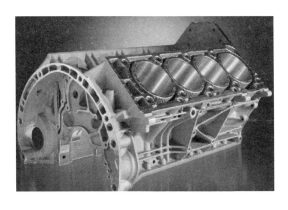

图 18-9　SLM 技术打印的 V20 引擎实体模型

4）生物医疗　SLM 技术在针对患者的特异性植入物和其他高价值医疗器械组件方面有非

常广泛的应用。例如可以应用于下颌骨制造、脊柱融合矫正、义齿定制等，如图 18-10 和图 18-11 所示。2011 年，荷兰医生给一名 83 岁的老人安装了一块 3D 打印的金属下颌骨，为全球首例，标志着 3D 打印移植物开始进入临床应用。

SLM 是一项令人兴奋的技术，具有很多潜在的应用。随着科技的发展和进步，技术趋于成熟，工艺和材料变得越来越便宜，应该可以看到它变得越来越普遍。

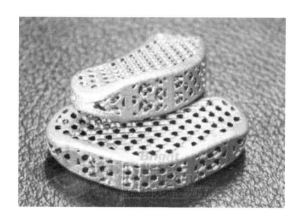

图 18-10　SLM 技术打印的脊柱融合矫正　　　　图 18-11　SLM 技术打印的定制化义齿

参考文献

［1］ 张远明. 金属工艺学实习教材［M］. 北京：高等教育出版社，2003.

［2］ 林江. 机械制造基础［M］. 北京：机械工业出版社，2007.

［3］ 朱江峰，肖元福. 金工实训教程［M］. 北京：清华大学出版社，2004.

［4］ 樊新民. 热处理工艺与实践［M］. 北京：机械工业出社，2010.

［5］ 朱世范. 机械工程训练［M］. 哈尔滨：哈尔滨工程大学出版社，2003.

［6］ 周伯伟. 金工实习［M］. 2版. 南京：南京大学出版社，2007.

［7］ 董丽华. 金工实习实训教程［M］. 北京：电子工业出版社，2006.

［8］ 郗安民. 金工实习［M］. 北京：清华大学出版社，2009.

［9］ 范培耕. 金属材料工程实习实训教程［M］. 北京：冶金工业出版社，2011.

［10］ 韩国明. 焊接工艺理论与技术［M］. 北京：机械工业出版社， 2007.

［11］ 程绪贤. 金属的焊接与切割［M］. 东营：石油大学出版社，1995.

［12］ 雷玉成，于治水. 焊接成形技术［M］. 北京：化学工业出版社，2004.

［13］ 北京机械工程学会铸造专业学会. 铸造技术数据手册［M］. 北京：机械工业出版社，1996.

［14］ 中国铸造协会，《铸造工程师手册》编写组. 铸造工程师手册［M］. 北京：机械工业出版社，2003.

［15］ 高忠民. 实用电焊技术［M］. 北京：金盾出版社，2013.

［16］ 杜则裕. 焊接科学基础［M］. 北京：机械工业出版社，2012.

［17］ 文九巴. 机械工程材料［M］. 北京.机械工业出版社，2002.

［18］ 邵红红，纪嘉明. 热处理工［M］. 北京：化学工业出版社，2004.

［19］ 齐民，于永泗. 机械工程材料［M］. 10版. 大连：大连理工大学出版社，2017.

［20］ 李占君，苏华礼. 机械工程材料［M］. 吉林：吉林大学出版社，2013.

［21］ 樊东黎，徐跃明. 佟晓辉. 热处理工程师手册［M］. 2版. 北京：机械工业出版社，2005.

［22］ 广州数控设备有限公司. GSK980TA 车床数控系统产品说明书第七版，2005.

［23］ FANUC Series 0i-MODEL D/FANUC Series 0i Mate-MODEL D 车床系统／加工中心系统通用用户手册.

［24］ 廖维奇，王杰，刘建伟. 金工实习［M］. 北京：国防工业出版社，2007.

［25］ 廖凯，韦绍杰. 机械工程实训［M］. 北京：科学出版社，2013.

［26］ 郭永环，姜银方. 金工实习［M］. 北京：北京大学出版社，2006.

［27］ 郑晓，陈仪先. 金属工艺学实习教材［M］. 北京：北京航空航天大学出版社，2005.

［28］ 严绍华，张学政. 金属工艺学实习［M］. 北京：清华大学出版社，2006.

［29］ 夏德荣，贺锡生. 金工实习［M］. 南京：东南大学出版社，1999.

［30］ 王瑞芳. 金工实习［M］. 北京：机械工业出版社，2001.

［31］ 邓文英. 金属工艺学［M］. 北京：高等教育出版社，2005.

［32］ 陈小折. 金工实习［M］. 武汉：武汉工业大学出版社，1996.

［33］ 周济，周艳红. 数控加工技术［M］. 北京：国防工业出版社，2002.

［34］ 张学政，李家枢. 金属工艺学实习教材［M］. 北京：高等教育出版社，2003.

［35］ 刘建伟，吕汝金，魏德强.特种加工训练［M］. 北京：清华大学出版社，2013.

［36］ 王俊勃. 金工实习教程［M］. 北京：科学出版社，2007.

［37］ 尚可超. 金工实习教程［M］. 西安：西北工业大学出版社，2007.

［38］ 李作全，魏德印. 金工实训［M］. 武汉：华中科技大学出版社，2008

［39］ 张克义，张兰. 金工实习［M］. 北京：北京理工大学出版社，2009.

［40］ 魏斯亮，李兵，艾勇. 金工实习［M］. 北京：北京理工大学出版社，2009.

［41］ 朱民. 金工实习［M］. 成都：西南交通大学出版社，2008.

［42］ 黄诚忠，周泽华. 金工实训操作指导［M］. 北京：北京航空航天大学出版社，2010.

［43］ 郭术义. 金工实习［M］. 北京：清华大学出版社，2011.

［44］ 宋瑞宏，施昱. 金工实习［M］. 北京：国防工业出版社，2010

［45］ 黄如林，汪群，刘新佳. 金工实习教程［M］. 北京：化学工业出版社，2009.

［46］ 陈季涛，苑喜军. 金工实习［M］. 北京：石油工业出版社，2008.

［47］ 侯伟，张益民，赵天鹏. 金工实习［M］. 武汉：华中科技大学出版社，2018.

［48］ 魏德强，吕汝金，刘建伟. 机械工程训练［M］. 北京：清华大学出版社，2016.

［49］ 钱继锋. 金工实习教程［M］. 北京：北京大学出版社，2006.

［50］ 刘传绍，郑建新. 机械制造技术基础［M］. 北京：中国电力出版社，2009.

［51］ 陈继兵. 机械工程训练［M］. 武汉：华中科技大学出版社，2019.

［52］ 陈继兵，吴艳. 工程材料［M］. 武汉：华中科技大学出版社，2021.

［53］ 陈继兵，吴艳. 机械制造基础［M］. 北京：北京航空航天大学出版社，2023.

金工实习报告

姓　　名＿＿＿＿＿＿＿＿＿＿＿＿

班　　级＿＿＿＿＿＿＿＿＿＿＿＿

学　　号＿＿＿＿＿＿＿＿＿＿＿＿

学　　院＿＿＿＿＿＿＿＿＿＿＿＿

专　　业＿＿＿＿＿＿＿＿＿＿＿＿

实习时间＿＿＿＿＿＿＿＿＿＿＿＿

指导教师＿＿＿＿＿＿＿＿＿＿＿＿

成　　绩＿＿＿＿＿＿＿＿＿＿＿＿

工程材料基础实习报告

一、填空题

1. 工程材料可分为_____、_____和_____三大类。

2. 金属材料可分为_____和_____。

3. 钢铁金属材料主要指各类_____和_____，包括含铁 90%以上的工业纯铁。

4. 非铁金属材料主要指_____、_____、_____等。非铁金属是指除_____、_____、_____以外的_____，通常分为_____、_____、_____、_____、_____和_____等。

5. 碳钢是碳的质量分数_____的铁碳合金。

6. 合金钢主要包含_____、_____、_____、_____、_____、特殊性能钢等。

*7. 强度是_____。

*8. 塑性是_____，由拉伸试验测定。常用的塑性判据是_____和_____。

*9. 硬度是_____。

*10. 根据机器零件的工作条件、摩擦表面运动速度、所加的压力及其产生的塑性变形、介质的性质和摩擦表面破坏的特征，磨损可分为五种类型：_____、_____、_____、_____和 _____。

二、简答题

1. 常用的硬度测试方法有哪几种?

2. 陶瓷材料的成形方法有哪几种？

3. 有机高分子材料可分为哪几类？

4. 陶瓷的制造工艺包括哪些？

*5. 粉末冶金的应用主要有哪些方面？

*6. 硬质合金有哪些性能特点？

*7. 复合材料的性能有哪些特点？

铸造实习报告

一、填空题

1. 将熔融的金属浇入与零件形状相适应的铸型型腔中，经_____、_____，从而获得一定_____和_____铸件的金属成形方法称为铸造。

2. 铸造的工艺方法有很多，按造型方法一般分为_____和_____两大类。

3. 砂型铸造按造型方法分为_____、_____、_____、_____铸造等。

4. 型芯的制造方法是根据型芯尺寸、形状、生产批量及具体生产条件进行选择的。在生产中，从总体上可分为_____和_____。

5. 特种铸造分为_____、_____、_____、_____、_____、_____等。

*6. 砂型设有浇注系统，金属液从_____浇入，经_____、_____及_____流入型腔。

*7. 型腔最高处开有_____，其作用是显示金属液_____、排除型腔中的_____等。

*8. 在型芯中开设通气孔，可提高_____排气能力。通气孔应贯穿_____，并从_____引出。

*9. 造芯方法一般分为两种：_____和_____。在单件小批量生产中，大多用_____；在成批大量生产中，广泛采用_____。

*10. 冒口有_____和_____两种。

二、简答题

1. 简述熔模铸造的主要特点及工艺流程。

2. 简述浇注系统的组成及作用。

*3. 为了保证铸件质量，在设计和制造模样和芯盒时，必须先设计出铸造工艺图，然后根据工艺图的形状和尺寸，制造模样和芯盒。在设计工艺图时，要考虑哪些问题？

*4. 铸造有哪些特点？

*5. 简述金属型铸造的特点及应用。

焊接实习报告

一、根据图示填写各部分的名称

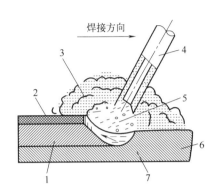

1—_____；2—_____；3—_____；

4—_____；5—_____；6—_____；

7—_____

二、填空题

1. 焊接是指通过局部_____或_____等手段，加填充金属或不加填充金属，使分离的金属材料形成_____连接的一种加工方法。

2. 焊接按其过程的特点分类可以分成_____、_____和_____三大类。

3. 焊接电弧由_____、_____和_____三部分组成。

4. 焊机包括_____、_____和_____三个部分。

*5. 焊条的选用原则有_____、_____、_____和_____等。

*6. 按焊缝空间位置的不同可分为_____、_____、_____和_____等四种位置。

*7. 电阻焊可分为_____、_____和_____三种。

三、简答题

1. 焊接与铸造、锻压等其他加工方法比起来，有哪些优点？

2. 电弧焊的原理是什么？焊接电弧是如何产生的？

3. 焊接工艺装备有哪些？需要哪些辅助器具？

4. 焊条是由哪几部分组成，各部分作用是什么？

*5. 焊接接头形式、坡口形式有哪些？其如何选择？

*6. 简述气焊和气割的原理及特点。

*7. 常见的焊接缺陷有哪些？ 说明其形成原因。

锻压实习报告

一、填空题

1. 锻压是_____和_____的合称，是利用锻压机械的锤头、砧块、冲头或通过模具对坯料施加压力，使之产生_____，从而获得所需形状和尺寸的制件的成形加工方法。

2. 锻造的根本目的是获得所需_____和_____的锻件，同时其性能和组织要符合一定的技术要求，是在一定的温度条件下，用工具或模具对坯料施加外力，使金属发生_____，从而使坯料发生体积的转移和形状的变化，获得所需要的锻件。

3. 锻造主要是指_____和_____。

4. 冲压是靠压力机和模具对板材、带材、管材和型材等施加外力，使之产生_____或_____，从而获得所需形状和尺寸的工件(冲压件)的成形加工方法。

5. 金属加热是为了提高坯料的_____，降低其_____。

6. 自由锻造是利用_____或_____使金属在上下两个砧铁之间产生变形，从而获得所需形状及尺寸的锻件。

*7. 锻造时金属坯料在_____间受力变形时，沿变形方向可以_____、_____。

*8. 自由锻造工序可分为_____、_____、_____。

*9. 锻造的基本工序有_____、_____、_____、_____、_____、_____、_____等。

*10. 自由锻常见的缺陷有_____、_____、_____等。

*11. 利用冲床的外加压力和冲模使板料产生_____或_____的加工方法，称为板料冲压。这种加工方法一般是在常温下进行的，又称_____。通常当板料

319

厚度超过_____mm 时，采用热冲压。

*12. 为防止弯裂，最小弯曲半径应为 $r=$_____ δ 。

二、简答题

1. 何为落料及冲孔？

2. 板料冲压具有哪些特点？

3. 说明自由锻常见的缺陷及其产生的原因。

*4. 简述锻压在生产中的特点以及如何应用。

*5. 锤上模锻有哪些特点？

金属热处理实习报告

一、填空题

1. 热处理工艺一般包括_____、_____、_____ 三个过程，有时只有_____、_____两个过程。这些过程互相衔接，不可间断。

2. 金属热处理工艺大体可分为_____、_____、_____ 三大类。

3. 钢铁整体热处理大致有_____、_____、_____ 和_____四种基本工艺。

4. 退火是将工件加热到适当_____，根据材料和工件尺寸采用不同的_____，然后进行_____，目的是使金属内部组织达到或接近平衡状态，获得良好的_____、_____，或者为进一步淬火作组织准备。

5. 正火是将工件加热到适宜的温度后再_____冷却，正火的效果同退火相似，只是得到的组织更细，常用于改善材料的切削性能，也有时用于对一些要求不高的零件作为最终热处理。

6. 淬火是将工件加热保温后，在_____等淬冷介质中快速冷却。

7. 化学热处理是通过改变工件表层_____、_____、_____的金属热处理工艺。

8. 钢的热处理种类很多，但它们有一个共同的特点，即都包括_____、_____两个基本过程。

*9. 加热是热处理的第一道工序。加热分两种，一种是_____；另一种是_____加热，目的是获得_____，这一过程称为奥氏体化。

*10. 加热的目的是获得_____、_____的奥氏体，冷却的目的是获得_____以满足所需的力学性能。因此，_____更是钢热处理的关键。

*11. 淬火的目的是为了得到＿＿＿＿＿＿＿＿＿＿＿＿＿＿＿＿＿。

*12. 根据回火加热温度的不同，回火常分为＿＿＿＿＿、＿＿＿＿＿、＿＿＿＿＿。

*13. 化学热处理是将工件置于一定的＿＿＿＿＿中加热和保温，使介质中的活性原子渗入工件表层，以改变工件表层的＿＿＿＿＿、＿＿＿＿＿，从而获得所需的力学性能或理化性能。

二、简答题

1. 热处理常见缺陷有哪些？

2. 什么是高温回火？

3. 影响奥氏体晶粒大小的因素有哪些？

*4. 简述金属热处理工艺分类。

*5. 钢的整体热处理包括哪些？

金属切削加工基础实习报告

一、根据图示填写各部分的名称

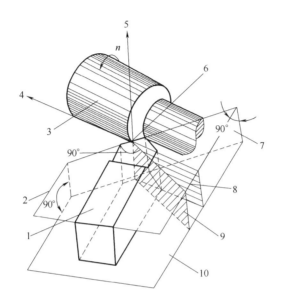

1—＿＿＿＿＿＿＿＿＿＿；2—＿＿＿＿＿＿＿＿＿＿；3—＿＿＿＿＿＿＿＿＿＿；

4—＿＿＿＿＿＿＿＿＿＿；5—＿＿＿＿＿＿＿＿＿＿；6—＿＿＿＿＿＿＿＿＿＿；

7—＿＿＿＿＿＿＿＿＿＿；8—＿＿＿＿＿＿＿＿＿＿；9—＿＿＿＿＿＿＿＿＿＿；

10—＿＿＿＿＿＿＿＿＿＿

二、填空题

1. 金属切削加工包括＿＿＿＿＿＿和＿＿＿＿＿＿两大类。＿＿＿＿＿＿主要通过金属切削机床对工件进行切削加工，其基本形式有＿＿＿＿＿＿、＿＿＿＿＿＿、＿＿＿＿＿＿、＿＿＿＿＿＿、＿＿＿＿＿＿等。

2. 金属的切削加工是通过＿＿＿＿＿＿来完成的。所谓＿＿＿＿＿＿是指在零件的切削加工过程中＿＿＿＿＿＿＿＿＿之间的相对运动，即表面成形运动。

3. 切削速度是指单位时间内，刀具沿主运动方向的＿＿＿＿＿＿。计算切削速度时，应选取刀刃上_____的点进行计算。

4. 定位基准是获得_____、_____和_____的直接基准，可以分为_____和_____，又可分为_____和_____。

*5. 韧性是指金属材料在_____作用下不被破坏的能力。只有具有较好的冲击韧性，刀具在切削加工过程中才不至于因_____、_____等外界因素而崩刃或断裂。

*6. 硬质合金是将_____、_____的金属碳化物，以钴、镍等金属为_____，通过粉末冶金的方法制成的合金。

*7. 零件的表面在切削加工后，总会留下相应的_____，通常给人的感觉就是光滑或粗糙，但即使是看起来十分光滑的零件表面，经过放大之后，也会发现零件表面遍布着_____的_____。

三、简答题

1. 切削运动可分为哪两大类？分别是什么？

2. 刀具材料具有哪些性能？

3. 零件切削步骤的安排是怎样的？

*4. 零件加工有哪些技术要求？

*5. 什么是表面粗糙度？其标准是什么？

钳工实习报告

一、根据图示填写各部分的名称

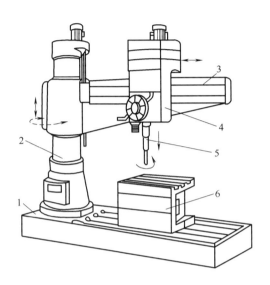

1— _____ ; 2— _____ ; 3— _____ ;

4—_____ ; 5—_____ ; 6—_____ 。

二、填空题

1. 钳工的基本操作有_____、_____ 、_____ 和_____ 。

2. 钳工常用的设备包括_____、_____等。

3. 划线的种类有_____和_____两种。

4. 手锯由_____ 和_____两部分组成。

5. 锯条的规格以_____ 和_____来表示（长度有 150~400mm ）。常用的锯条长_____ ，宽_____ ，厚_____ 。

*6. 锯削过程分_____ 、_____ 和_____三个阶段。

*7. 锉刀由_____ 、_____ 、_____ 、_____ 和等组成。

*8. 钳工加工孔的方法一般是指_____、_____和_____。

三、简答题

1. 圆杆直径是如何确定的?

2. 怎样确定攻螺纹前底孔直径和深度?

3. 孔加工操作要点是什么?

*4. 锉削注意事项有哪些?

*5. 锯条损坏的原因有哪些? 如何预防?

车削加工实习报告

一、根据图示填写各部分的名称

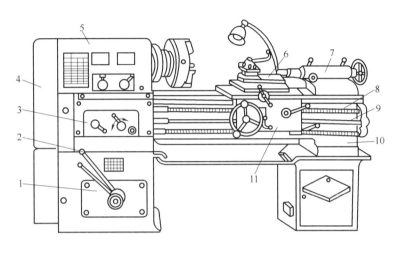

1—_____；2—_____；3—_____；

4—_____；5—_____；6—_____；

7—_____；8—_____；9—_____；

10—_____；11—_____

二、填空题

1. 车削加工是指在车床上利用_____、_____、_____

和_____等加工零件的回转表面。

2. 车削加工中为了保证工件质量和提高生产率，一般按_____、_____

和_____的顺序进行。

3. 刀架用来夹持车刀，可作纵向、横向或斜向进给运动。它由_____、_____、

_____、_____和_____组成。

*4. 车刀按加工表面特征及用途来分有_____、_____、_____

和_____等。

　　*5. 车刀刃磨主要有_____和_____两种方法。

　　*6. 为了提高生产效率，保证加工质量，生产中常把车削加工分为_____和

_____（零件精度要求高需要磨削时，车削分为_____和_____）。

　　*7. 常用的磨刀砂轮有两种：一种是_____砂轮，另一种是绿色的_____砂轮。

三、简答题

　　1. 车床根据什么来分类？有哪些种类？

　　2. 简述 CA6140 车床型号中各字母和数字的意义。

　　3. 以 CA6140 车床为例介绍卧式车床的组成。

　　*4. 刀具切削部分主要由哪几个部位构成？分别是如何定义的？

　　*5. 试说明硬质合金车刀刃磨一般步骤。

铣削加工实习报告

一、根据图示填写各部分的名称

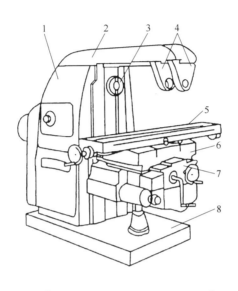

1—_____ ; 2—_____ ; 3—_____ ;

4—_____ ; 5—_____ ; 6—_____ ;

7—_____ ; 8—_____

二、填空题

1. 铣削加工时，主运动是_____，_____为进给运动。

2. 铣床的种类很多，根据它的结构形式不同，主要分为_____、_____和

_____、_____、_____铣床以及各种专门化铣床等。

3. 周铣是用圆柱形铣刀圆周上的_____对工件进行切削，根据铣刀旋转_____

和工件移动进给_____的关系，可分为_____、_____两种。

4. 齿轮加工的方法很多，按齿面加工原理可分为_____、_____两种方法。

*5. 铣刀尽可能靠近_____，使铣刀有足够的_____。

*6. 工件相对铣刀回转中心处于对称位置时称为_____。

*7. 用立铣刀铣键槽时，由于铣刀的端面齿是_____，吃刀困难，应先在封闭式键槽的一端圆弧处用_____的钻头钻一个孔，然后再用_____。

三、简答题

1. 请比较周铣法与端铣法。

2. 简述铣削平面的步骤。

*3. 简述常见的四种斜面铣削方法。

*4. 什么是展成法加工齿轮?

刨削加工实习报告

一、根据图示填写各部分的名称

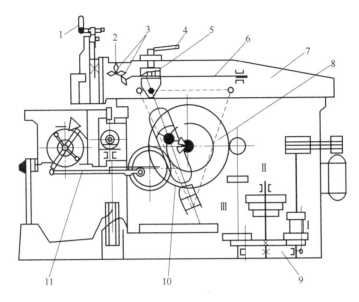

1—_____ ; 2—_____ ; 3—_____ ;

4—_____ ; 5—_____ ; 6—_____ ;

7—_____ ; 8—_____ ; 9—_____ ;

10—_____ ; 11—_____

二、填空题

1. 刨削时，刨刀(或工件)的_____是主运动，刨刀前进时切下切屑的行程，称为

_____或_____；反向退回的行程，称为_____或_____。刨刀(或工件)每次退回后作间歇横向移动称为_____。

2. 刨床类机床的主运动是刀具或工件所作的_____,进给运动由刀具或工件完成，

进给方向与主运动方向_____。

3. 刨床类机床主要有_____、_____、_____三种类型。

4. 插床实质上是_____，多用于加工与安装基面垂直的_____、_____，主要用来在单件小批生产中加工_____、_____或_____。

*5. 刨刀的种类很多，常见的刨刀有：_____用来刨水平面、_____用来刨垂直面或斜面、切刀用来刨削沟槽或切断工件、_____用来刨削 T 形槽或侧面槽、_____用来刨燕尾槽和相互成一定角度的表面、_____用来加工直线型的成型面。

*6. 与水平面成一定角度的平面叫_____。零件上的斜面分为_____和_____两种。刨削斜面与刨削垂直面基本相同。

*7. 曲柄摇臂机构的作用是将电动机传来的_____变为滑枕的_____。

*8. 滑枕主要是用来带动刨刀作_____的。滑枕前端装有刀架，其内部装有丝杠螺母传动装置，可用以改变滑枕的_____。

三、简答题

1. 简述刨削的特点及应用。

2. 刨削操作的步骤有哪些？

3. 加工垂直面时应注意哪些方面？

*4. 主要的刨削加工过程有哪些？

*5. 用平口虎钳在牛头刨床上装夹工件时的注意事项有哪些？

磨削加工实习报告

一、根据图示填写各部分的名称

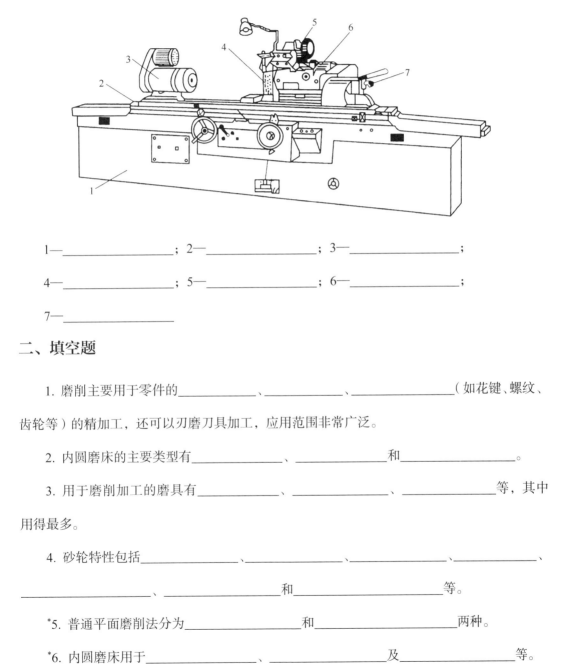

1—_____; 2—_____; 3—_____;

4—_____; 5—_____; 6—_____;

7—_____

二、填空题

1. 磨削主要用于零件的_____、_____、_____（如花键、螺纹、齿轮等）的精加工，还可以刃磨刀具加工，应用范围非常广泛。

2. 内圆磨床的主要类型有_____、_____和_____。

3. 用于磨削加工的磨具有_____、_____、_____等，其中_____用得最多。

4. 砂轮特性包括_____、_____、_____、_____、_____和_____等。

*5. 普通平面磨削法分为_____和_____两种。

*6. 内圆磨床用于_____、_____及_____等。

*7. 磨床的种类很多，其中常用的是_____、_____两种。

三、简答题

1. 万能外圆磨床与普通外圆磨床的主要区别是什么？

2. 磨削与其他切削加工(车削，铣削、刨削)相比较具有什么特点？

3. 砂轮硬度的选用原则是什么？

4. 内圆磨与外圆磨相比有什么特点？

*5. 砂轮的硬度对磨削生产率、磨削表面质量有什么影响？

*6. 什么是结合剂？影响结合剂性能的因素是什么？

*7. 如图所示，说出图中 v_w，$f_纵$，$f_横$ 的含义。

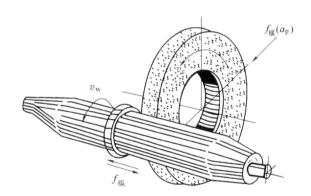

数控加工基础实习报告

一、填空题

1. 数控加工方法常见的有＿＿＿＿＿＿＿＿、＿＿＿＿＿＿＿＿、＿＿＿＿＿＿＿＿、＿＿＿＿＿＿＿＿、＿＿＿＿＿＿＿＿、＿＿＿＿＿＿＿＿、＿＿＿＿＿＿等多种加工方法。

2. 目前数控加工多应用于加工＿＿＿＿＿＿＿、＿＿＿＿＿＿＿，以及＿＿＿＿＿＿的场合。

3. 一般数控机床的组成是由＿＿＿＿＿＿＿＿、＿＿＿＿＿＿＿＿、＿＿＿＿＿＿＿＿、＿＿＿＿＿＿＿＿、＿＿＿＿＿＿＿＿、＿＿＿＿＿＿＿＿组成。

4. 现代数控加工正在向＿＿＿＿＿＿＿＿、＿＿＿＿＿＿＿＿、＿＿＿＿＿＿＿＿、＿＿＿＿＿＿＿＿、＿＿＿＿＿＿＿＿和＿＿＿＿＿＿＿＿等方向发展。

*5. 除通用辅助装置外，从目前数控机床技术现状看，还有以下经常配备的几类辅助装置：＿＿＿＿＿＿、＿＿＿＿＿＿＿＿、＿＿＿＿＿＿＿＿、＿＿＿＿＿＿＿、＿＿＿＿＿＿。

*6. 数控机床的种类很多。一般按工艺用途方式可分类为：＿＿＿＿＿＿、＿＿＿＿＿＿、＿＿＿＿＿＿＿＿、＿＿＿＿＿＿＿＿。按控制运动的方式可分类为：＿＿＿＿＿＿＿＿、＿＿＿＿＿＿＿和 ＿＿＿＿＿＿＿＿。

*7. 数控加工工艺设计的主要内容有：＿＿＿＿＿＿＿＿＿、＿＿＿＿＿＿＿＿＿、＿＿＿＿＿＿＿＿＿、＿＿＿＿＿＿＿和＿＿＿＿＿＿＿。

二、简答题

1. 请简述数控机床的工作原理。

2. 请简述数控加工的工作特点。

3. 什么是机床坐标系？什么是工件坐标系？

*4. 简述数控编程的方法。

*5. 夹具和刀具的选择应注意哪些地方？

数控车削加工实习报告

一、根据图示填写各机床的布局形式

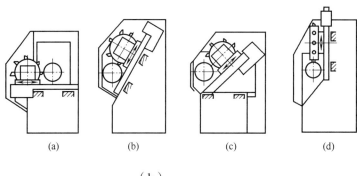

(a)　　　　　　(b)　　　　　　(c)　　　　　　(d)

（a）—＿＿＿＿＿＿＿＿＿；　　　（b）—＿＿＿＿＿＿＿＿＿；

（c）—＿＿＿＿＿＿＿＿＿；　　　（d）—＿＿＿＿＿＿＿＿＿

二、填空题

1. 数控车削是数控加工中用得最多的加工方法之一，结合数控车削的特点，与普通车床相比，数控车床适合于车削具有以下要求和特点的回转体零件：＿＿＿＿＿＿＿＿＿＿＿＿＿，

＿＿＿＿＿＿＿＿＿＿＿，＿＿＿＿＿＿＿＿＿＿＿，＿＿＿＿＿＿＿＿＿＿＿。

2. 定位基准(指精基准)选择的原则是：＿＿＿＿＿＿＿＿＿＿＿、＿＿＿＿＿＿＿＿＿＿＿、

＿＿＿＿＿＿＿＿＿＿＿、＿＿＿＿＿＿＿＿＿＿＿。

3. 常用装夹方式有：＿＿＿＿＿＿＿＿＿＿＿、＿＿＿＿＿＿＿＿＿＿＿、

＿＿＿＿＿＿＿＿＿＿＿、＿＿＿＿＿＿＿＿＿＿＿。

4. 普通机床无法加工的内容应作为数控机床的首选内容。其中包括：＿＿＿＿＿＿＿＿＿，

＿＿＿＿＿＿＿＿＿＿＿，＿＿＿＿＿＿＿＿＿＿＿，

＿＿＿＿＿＿＿＿＿＿＿。

*5. 对于普通机床难以加工、质量也难以保证的内容应作为数控机床的重点选择内容。其中包括：＿＿＿＿＿＿＿＿＿＿＿，＿＿＿＿＿＿＿＿＿＿＿，

_____。

*6. 对于加工精度为 IT9～IT7 级、表面粗糙度 Ra 为_____的除淬火钢以外的常用金属，可采用_____、 _____、_____的方案加工。

三、简答题

1. 制订零件数控车削加工工序顺序时一般遵循哪些原则？

2. 数控机床加工过程中的进给路线是指什么？

3. 数控车床的编程特点是什么？

*4. 零件结构工艺性以及其分析的主要内容是什么？

*5. 精度及技术要求分析的主要内容是什么？

数控铣削加工实习报告

一、填空题

1. 数控铣床是机床设备中应用非常广泛的加工机床，它可进行_____、_____、_____、_____、_____、_____及空间三维复杂型面的铣削加工。

2. 按主轴与工作台的位置，数控铣床可分为：_____、_____、_____三种。

3. 数控铣床按构造可分为：_____、_____、_____三类。

4. 主轴头升降式数控铣床在_____、_____、_____等方面具有很多优点，已成为数控铣床的主流。

5. 数控铣削加工具有_____、_____、_____等特点，广泛应用于形状复杂、加工精度要求较高的零件的中、小批量生产。

6. 铣削加工是机械加工中最常用的加工方法之一，它主要包括平面铣削和轮廓铣削，也可以对零件进行_____、_____、_____、_____、镗加工及螺纹加工等。

7. 数控铣床的对刀内容包括_____、_____两部分。

二、简答题

1. 数控铣床工作的主要特点是什么？

2. 数控铣程序的一般格式是什么?

3. 常采用数控铣削加工的加工内容有哪些?

4. 数控铣床的结构组成有哪些? 各部分的作用是什么?

5. 在数控铣床上所用到的刀具按切削工艺可分为哪几种?

6. 数控铣削的切入点（进刀点）、切出点（退刀点）怎么确定?

7. 数控铣削的进刀、退刀方式有哪几种?

加工中心实习报告

一、根据图示填写各部分的名称

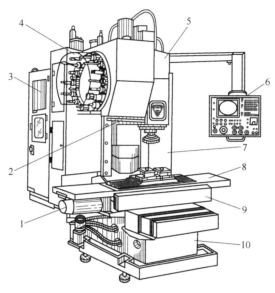

1—_____；   2—_____；   3—_____；

4—_____；   5—_____；   6—_____；

7—_____；   8—_____；   9—_____；

10—_____

二、填空题

1. 数控加工中心把_____、_____、_____、_____和

_____等功能集中在一台设备上，使其具有多种工艺手段。

2. 加工中心由_____、_____、_____、_____组成。

3. 加工中心的数控部分是由_____、_____、_____以及_____等

组成的。

4. 加工中心具有_____、_____、

_____、_____、_____、

_____、_____、有利于生产管理的现代化等特点。

*5. 加工中心加工的主要对象有_____、_____、_____、

_____和_____这几类。

*6. 加工中心的辅助装置包括_____、_____、_____、

_____、_____和_____等部分。

*7. 加工中心的基础部件由_____、_____和_____三大部

分组成。

三、简答题

1. 加工中心按换刀形式可以分为哪几类?

2. 加工中心在编程时要考虑哪些问题?

3. 在对加工中心进行换刀动作的编程安排时，应考虑哪些问题?

4. 加工中心在选择定位基准时，要全面考虑各个工位的加工情况，要达到哪些目的？

*5. 在具体确定零件的定位基准时，要遵循哪些原则？

*6. 工件安装需要注意什么问题？

*7. 加工中心操作时有哪些注意事项？

特种加工实习报告

一、根据图示填写各部分的名称

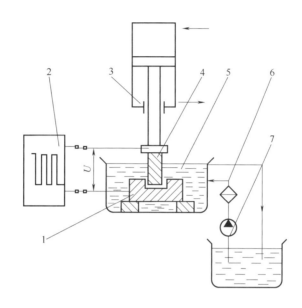

1—＿＿＿＿＿＿＿＿＿；2—＿＿＿＿＿＿＿＿＿；3—＿＿＿＿＿＿＿＿＿；

4—＿＿＿＿＿＿＿＿＿；5—＿＿＿＿＿＿＿＿＿；6—＿＿＿＿＿＿＿＿＿；

7—＿＿＿＿＿＿＿＿＿

二、填空题

1. 电火花加工又称放电加工、电蚀加工 (electro-dischargemachining，EDM)，是一种利用＿＿＿＿＿＿＿产生的热能进行加工的方法。

2. 按工具电极和工件相对运动的方式和用途的不同，电火花加工大致可分为 ＿＿＿＿＿＿＿、＿＿＿＿＿＿＿、＿＿＿＿＿＿＿、＿＿＿＿＿＿＿、＿＿＿＿＿＿＿、＿＿＿＿＿＿＿＿＿六大类。

3. 电火花线切割加工的原理是利用移动的＿＿＿＿＿＿＿＿＿作为电极，利用数控技术对工件进行＿＿＿＿＿＿＿＿＿的腐蚀作用，对工件进行加工的一种方法。

4. 根据电极丝的运行速度，电火花线切割机床通常分为两大类：一类是＿＿＿＿＿＿＿＿电火花线切割机床(WEDM—HS)，这类机床的电极丝作高速往复运动，一般走丝速度为＿＿＿＿＿＿＿ m/s，这是我国生产和使用的主要机种，也是我国独有的电火花线切割加工模式；另一类是＿＿＿＿＿＿＿＿＿电火花线切割机床(WEDM-LS)，这类机床的电极丝作低速单向运动，走丝速度低于＿＿＿＿＿＿m/s，这是国外生产和使用的主要机种。

*5. 快速成形技术经过二十多年的发展，使得其成形工艺增加至数十种之多，其中典型的工艺有＿＿＿＿＿＿＿＿＿＿、＿＿＿＿＿＿＿＿＿＿、＿＿＿＿＿＿＿＿＿＿、＿＿＿＿＿＿＿＿＿和＿＿＿＿＿＿＿＿＿等。

*6. 超声波加工实质上是磨料的＿＿＿＿＿＿＿＿＿与＿＿＿＿＿＿＿＿＿及＿＿＿＿＿＿＿＿＿的综合结果，其中＿＿＿＿＿＿＿＿＿是主要作用。

*7. 电化学加工是基于电化学作用原理而＿＿＿＿＿＿＿材料(电化学阳极溶解)或＿＿＿＿＿＿＿材料（电化学阴极沉积）的加工技术。

三、简答题

1. 特种加工与传统切削加工的不同点是什么？

2. 简述电火花加工的优点与局限性。

3. 简述线切割加工的特点。

*4. 简述电子束加工的特点。

*5. 简述超声波加工的特点。

增材制造实习报告

一、填空题

1. 快速成形技术是利用_____的离散化处理和材料堆积原理而制造零件，通过对 CAD 模型的_____，获得堆积的顺序和路径，并利用_____等物理手段，实现材料的转移、堆积、叠加，形成_____。

2. 快速成形技术是_____、_____、_____与_____的综合集成。

3. 分层实体制造，其英文缩写为_____，是被广泛应用的一种_____工艺。

4. 选择性激光烧结技术工艺是一种基于_____思想的加工过程，其成形过程可分为在计算机上的离散过程和在_____上的堆积过程。

*5. 熔融沉积制造技术是将计算机上制作的零件三维模型进行分层处理，得到各层截面的_____，按照这些轮廓信息自动生成加工路径由成形头在控制系统的控制下，先是分层固化，形成各个截面轮廓薄片，然后逐步顺序叠加成_____。

*6. 选择性激光熔融技术是利用_____在激光束的热作用下完全_____、经冷却凝固而成形的一种技术。用它能直接成形出接近_____的金属零件。

*7. 快速成形制造技术是集_____技术、_____技术、_____、新材料科学、机械电子工程等多学科、多技术为一体的新技术。

*8. 快速成形技术的第一个重要应用是产品的_____与_____。

二．简答题

1. 什么是增材制造技术？基本过程是什么？特点如何？

2. 什么是分层实体制造技术？工作原理是什么？工艺过程如何？

3. 什么是立体光刻技术？工作原理是什么？有哪些应用？

4. 什么是选择性激光烧结技术？工作原理是什么？有哪些应用？

*5. 什么是熔融沉积制造技术？工作原理是什么？有哪些应用？

*6. 什么是选择性激光熔化技术？与 SLS 技术有何不同？应用情况如何？

*7. 增材制造技术应用在哪些方面？以后的发展趋势怎样？

*8. 你了解到还有哪些先进制造工艺技术？

实习总结